普通高等教育电子信息类系列教材

# 信号与线性系统分析

主　编　陆文骏　薛　峰

副主编　吴海燕　李美莲　左常玲

参　编　李　伟　谢　芳　袁　炜　郭丁云　罗　军　熊帮玲

机械工业出版社

信号与系统描述了任意一个电子系统在外界信号输入的情况下，如何对信号进行加工、处理，然后输出信号。学习信号与系统对于理解和掌握电子系统的整体框架有着指导性的意义。本书全面系统地论述了信号与线性系统分析的基本理论和方法。全书共6章，分别是：绪论、连续时间信号与系统的时域分析、连续时间信号与系统的频域分析、连续时间信号与系统的复频域分析、离散时间信号与系统的时域分析、离散时间信号与系统的$z$域分析。

本书配套有丰富的优质学习资源，包括PPT演示文稿、习题参考答案和精品资源共享课网站，提供课内学习与课外拓展、课程学习与自评自测相结合的集成学习环境，更多的信息请访问：https://mooc1.chaoxing.com/course/202701004.html 和 http://www.ehuixue.cn/index/detail/index? cid=37024。

本书可作为应用型本科高校电气类、电子信息类和自动化类专业的教材，也可供从事相关领域应用和设计开发的研究人员、工程技术人员参考。

## 图书在版编目（CIP）数据

信号与线性系统分析/陆文骏，薛峰主编. —北京：机械工业出版社，2022.2（2025.1重印）

普通高等教育电子信息类系列教材

ISBN 978-7-111-70081-4

Ⅰ.①信… Ⅱ.①陆… ②薛… Ⅲ.①信号系统-系统分析-高等学校-教材②线性系统-系统分析-高等学校-教材 Ⅳ.①TN911.6

中国版本图书馆CIP数据核字（2022）第015862号

机械工业出版社（北京市百万庄大街22号　邮政编码100037）
策划编辑：刘琴琴　　　　　　责任编辑：刘琴琴　杨晓花
责任校对：陈　越　王　延　封面设计：张　静
责任印制：单爱军
北京虎彩文化传播有限公司印刷
2025年1月第1版第4次印刷
184mm×260mm・17.75印张・434千字
标准书号：ISBN 978-7-111-70081-4
定价：55.00元

电话服务　　　　　　　　　　网络服务
客服电话：010-88361066　　机　工　官　网：www.cmpbook.com
　　　　　010-88379833　　机　工　官　博：weibo.com/cmp1952
　　　　　010-68326294　　金　书　网：www.golden-book.com
**封底无防伪标均为盗版**　　机工教育服务网：www.cmpedu.com

# 前　言

信息科学与技术的发展已经并正在影响着社会经济的发展和人们的生活。有关信息采集、传输、处理和应用的全流程中所涉及的基本理论、相关技术及方法，已成为科技工作者的必备知识。因此，"信号与系统"作为一门研究信号与线性系统分析的基本理论和方法的基础性课程，得到了各相关专业广泛的关注。

本书全面介绍了信号与系统的基本概念、信号与线性系统分析的基本方法和典型应用。全书按照基本概念、连续时间信号与系统、离散时间信号与系统三大模块组织内容，分为绪论、连续时间信号与系统的时域分析、连续时间信号与系统的频域分析、连续时间信号与系统的复频域分析、离散时间信号与系统的时域分析、离散时间信号与系统的 $z$ 域分析。

本书的基本构思和特色如下：

1）突出了应用型本科的专业特点，遵循通俗易懂的原则，章节内容的编写尽量避免烦琐的数学推导，着重物理概念的阐述，注重物理意义的理解。同时各章都有足量的精选例题，兼顾基本练习和应用分析技巧，章末配有丰富的习题，以帮助读者加深对理论和方法的理解与应用。

2）突出软件仿真，各章末均有相应理论的 MATLAB 仿真，使抽象的概念具体化、形象化，可以与硬件实验相配合，进一步帮助读者加深理解。

3）突出应用实例分析，全书使用大量滤波、采样、通信、数字信号处理、数字图像处理和反馈系统中的应用实例，其中还加入了编者的部分产教融合成果，较好地体现了教学与科研的结合。

4）突出方法论特色，全书并行讨论连续系统、离散系统、时域和变换域的分析方法，使读者能够透彻地理解各种信号与系统的分析方法，并比较其异同。

本书由陆文骏、薛峰、吴海燕、李美莲、左常玲等编写，全书由陆文骏统稿。中国电信安徽省分公司袁炜、中国人民解放军陆军炮兵防空兵学院罗军等提供了应用案例和修改意见；张震、万金、周俞秋子、吴晓蝶、鲁露露、陈金龙、孙文清、张琦、张东、於敏睿等本科生参与了部分书稿的资料整理、图表绘制等工作。特别感谢中国人民解放军陆军炮兵防空兵学院童利标、李从利、丁函，安徽建筑大学叶菲、陈娟等在课程和教材建设过程中给予的大力支持和帮助，以及参考文献中所列出的各位作者，包括众多未能在参考文献中一一列出的作者，正是因为他们在各自领域的独到见解和特别的贡献为编者提供了宝贵而丰富的参考资料，才能够在总结现有成果的基础上，汲取各家之长，不断凝练提升，最终成稿。

本书的编写得到了安徽省教育厅高校自然科学重点项目（KJ2019A0896、KJ2020A0810）、安徽省质量工程重点项目（2020jyxm0577、2020kfkc200）、安徽省高校优秀人才支持计划项目（gxyq2020082）的资助。机械工业出版社的编辑为本书的高质量出版付出了辛勤劳动，在此一并表示衷心的感谢。

　　信号与系统的应用领域广泛，且相关技术处于不断的发展中。限于编者自身的水平和学识，书中难免存在疏漏和错误之处，诚望读者不吝赐教，以利修正，让更多的读者获益。

　　联系电子邮箱：lwjiqa@163.com。

编　者

# 目　录

# 第1章 绪 论

【本章教学目标与要求】

1）了解信号的概念和分类。

2）掌握连续时间信号的表示方法及运算。

3）学会计算信号的能量和平均功率。

4）了解系统的概念、系统的数学模型及分类。

5）掌握线性时不变系统的性质。

6）掌握连续系统的模拟。

本章作为全书的基础，重点介绍信号与系统的基本概念、分类及基本特性，介绍连续时间信号的基本运算，学习典型连续时间信号，重点讨论线性系统和非时变系统的特性，并以此为基础介绍信号与系统分析的基本内容和方法。

## 1.1 信号的描述与分类

### 1.1.1 信号的基本概念

"信号"一词在人们的日常生活与社会活动中有着广泛的含义。严格地说，信号是指消息的表现形式与传送载体，而消息则是信号的具体内容。但是，消息的传送一般都不是直接的，需借助某种物理量作为载体，如通过声、光、电等物理量的变化形式来表示和传送消息。因此，信号可以广义地定义为随一些参数变化的某种物理量。在数学上，信号可以表示为一个或多个变量的函数。例如，语音信号是空气压力随时间变化的函数，图1-1所示为语音信号的波形。

1-1 信号的基本概念

图 1-1 语音信号的波形

信号是随着时间变化的某种物理量。只有变化的量中才可能含有信息。电信号是随着时间变化的电量，它们通常是电压或电流，在某些情况下，也可以是电荷或磁通。信号表示为一个时间的函数，所以在本书的信号分析中，为便于讨论，信号和函数两词常相通用。描述

1

信号的基本方法是写出其数学表达式（此表达式是时间的函数），绘出函数的图像通常称为信号的波形。除了表达式与波形这两种直观的描述方法之外，随着问题的深入，需要用频谱分析、各种正交变换以及其他方式来描述和研究信号。

### 1.1.2 信号的分类

信号的分类方法很多，可以从不同的角度对信号进行分类。在信号与系统分析中，根据信号和自变量的特性，信号可以分为确定性信号与随机信号、连续时间信号与离散时间信号、周期信号与非周期信号、能量信号与功率信号等。

**1. 确定性信号与随机信号**

若信号被表示为一确定的时间函数，即对于指定的某一时刻，可确定一相应的函数值，这种信号称为确定性信号或规则信号，如正弦信号。但是，带有信息的信号往往具有不可预知的不确定性，这种信号称为随机信号或不确定信号。如果通信系统中传输的信号都是确定的时间函数，接收者就不可能由它得知任何新的消息，这样也就失去了通信的意义。此外，在信号传输过程中，不可避免地要受到各种干扰和噪声的影响，这些干扰和噪声都具有随机特性。对于随机信号，不能给出确切的时间函数，只可能知道它的统计特性，如在某时刻取某一数值的概率。

确定性信号与随机信号有着密切的联系，在一定条件下，随机信号也会表现出某种确定性。如乐音表现为某种周期性变化的波形，电码可描述为具有某种规律的脉冲波形等。作为理论上的抽象，应该首先研究确定性信号，在此基础之上才能根据随机信号的统计规律进一步研究随机信号的特性。

**2. 连续时间信号与离散时间信号**

按照时间函数取值的连续性与离散性，可将信号分为连续时间信号与离散时间信号（简称连续信号与离散信号）。如果在所讨论的时间间隔内，除若干不连续点之外，对于任意时间值，都可给出确定的函数值，此信号就称为连续信号，如正弦波或图 1-2 所示矩形脉冲都是连续信号。连续信号的幅值可以是连续的，也可以是离散的（只取某些规定值）。时间和幅值都为连续的信号又称为模拟信号。在实际应用中，模拟信号与连续信号两词往往不予区分。

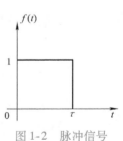

图 1-2　脉冲信号

与连续信号相对应的是离散信号。离散信号在时间上是离散的，只在某些不连续的规定瞬时给出函数值，在其他时间没有定义，如图 1-3 所示。图 1-3 中对应的函数 $x(t)$ 只在 $t = -2, -1, 0, 1, 2, 3, 4, \cdots$ 离散时刻给出函数值 $2.1, -1, 1, 2, 0, 4.3, -2 \cdots$，给出函数值的离散时刻的间隔可以是均匀的（见图 1-3），也可以是不均匀的。一般情况都采用均匀间隔，这时自变量 $t$ 简化为用整数序号 $n$ 表示，函数符号写作 $x(n)$，仅当 $n$ 为整数时 $x(n)$ 才有定义。离散时间信号也可被认为是一组序列

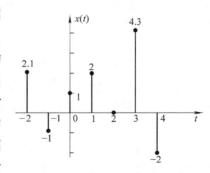

图 1-3　离散信号（抽样信号）

值的集合，以 $\{x(n)\}$ 表示。

图 1-3 中信号写作序列为

$$x(n) = \begin{cases} 2.1 & n = -2 \\ -1 & n = -1 \\ 1 & n = 0 \\ 2 & n = 1 \\ 0 & n = 2 \\ 4.3 & n = 3 \\ -2 & n = 4 \end{cases}$$

为简化表达方式，离散信号也常用集合符号表示，此信号也可写作为

$$x(n) = \{2.1, -1, 1, 2, 0, 4.3, -2\}$$
$$\uparrow$$
$$n = 0$$

(1-1)

数字 1 下面的箭头表示与 $n = 0$ 相对应，左右两边依次给出 $n$ 取负和正整数相应的 $x(n)$ 值。

如果离散时间信号的幅值是连续的，则又可称为抽样信号，如图 1-3 所示。另一种情况是离散信号的幅值也被限定为某些离散值，即时间与幅度取值都具有离散性，这种信号又称为数字信号，如图 1-4 所示，各离散时刻的函数取值只能是 0 或 1。此外，还可以有幅度为多个离散值的多电平数字信号。

图 1-4　离散信号

自然界的实际信号可能是连续时间信号，也可能是离散时间信号。例如，声道产生的语音、乐器发出的乐音都是连续时间信号，而银行发布利率、按固定时间间隔给出的股票市场指数、按年度或月份统计的人口数量都是离散时间信号。数字计算机处理的是离散时间信号，当处理对象为连续信号时需要经抽样（采样）将它转换为离散时间信号。

**3. 周期信号与非周期信号**

按照信号的重复性，信号可以分为周期信号与非周期信号。周期信号定义在 $(-\infty, \infty)$ 区间，且以固定的时间间隔重复变化。连续周期信号与离散周期信号的数学表达式分别为

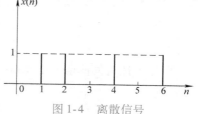

1-2 周期信号与非周期信号

$$f(t) = f(t + T_0) \qquad -\infty < t < \infty \tag{1-2}$$
$$f(k) = f(k + N) \qquad -\infty < k < \infty，k \text{ 和 } N \text{ 取整数} \tag{1-3}$$

满足式（1-3）、式（1-4）的最小正数称为周期信号的基本周期或基波周期。

非周期信号是不具有重复性的信号。

【例 1-1】　判断下列信号是否为周期信号，如果是周期信号，试计算其周期。

（1）$f_1(t) = 2 + 3\cos\left(\dfrac{2}{3}t + \theta_1\right) + 5\cos\left(\dfrac{7}{6}t + \theta_2\right)$

（2）$f_2(t) = 2\cos(2t + \theta_1) + 5\sin(\pi t + \theta_2)$

（3）$f_3(t) = 3\cos(3\sqrt{2}t + \theta_1) + 7\cos(6\sqrt{2}t + \theta_2)$

解：（1）$T_1 = 3\pi$，$T_2 = \dfrac{12}{7}\pi$，$\dfrac{T_1}{T_2} = \dfrac{7}{4}$ 为有理数，故 $f_1(t)$ 是周期信号，其周期是 $T_1$、$T_2$ 的最小公倍数 $12\pi$。

（2）$T_1 = \pi$，$T_2 = 2$，$\dfrac{T_1}{T_2} = \dfrac{\pi}{2}$ 为无理数，故 $f_2(t)$ 不是周期信号。

（3）$T_1 = \dfrac{2}{3\sqrt{2}}\pi$，$T_2 = \dfrac{2}{6\sqrt{2}}\pi$，$\dfrac{T_1}{T_2} = 2$ 为有理数，故 $f_3(t)$ 是周期信号，其周期是 $T_1$、$T_2$ 的最小公倍数 $\dfrac{2\pi}{3\sqrt{2}}$。

1-3 能量信号与功率信号

**4. 能量信号与功率信号**

按照信号二次方的可积性划分，信号可以分为能量信号与功率信号。进行这种划分的目的是了解信号作用的效果，比如人耳能区分的声音强度即与声音信号振幅的二次方成正比。

如果把信号 $x(t)$ 看作是随时间变化的电压或电流，则当信号 $x(t)$ 通过 $1\Omega$ 的电阻时，其在时间间隔 $-\dfrac{T}{2} \leqslant t \leqslant \dfrac{T}{2}$ 内所消耗的能量称为归一化能量，即

$$E = \lim_{T \to \infty} \int_{-\frac{T}{2}}^{\frac{T}{2}} |x(t)|^2 \mathrm{d}t \tag{1-4}$$

而在上述时间间隔 $-\dfrac{T}{2} \leqslant t \leqslant \dfrac{T}{2}$ 内的平均功率称为归一化功率，即

$$P = \lim_{T \to \infty} \frac{1}{T} \int_{-\frac{T}{2}}^{\frac{T}{2}} |x(t)|^2 \mathrm{d}t \tag{1-5}$$

对于离散时间信号 $x(k)$，其归一化能量 $E$ 与归一化功率 $P$ 的定义分别为

$$E = \lim_{N \to \infty} \sum_{k=-N}^{N} |x(k)|^2 \tag{1-6}$$

$$P = \lim_{N \to \infty} \frac{1}{2N+1} \sum_{k=-N}^{N} |x(k)|^2 \tag{1-7}$$

若信号的归一化能量为非零的有限值，且其归一化功率为零，即 $0 < E < \infty$，此时 $P = 0$，则该信号为能量信号；若信号的归一化能量为无限值，且其归一化功率为非零的有限值，即 $E \to \infty$，$0 < P < \infty$，则该信号为功率信号。

一个信号不可能既是能量信号也是功率信号，但可能既不是能量信号也不是功率信号。

【例 1-2】 判断下列信号是否是能量信号、功率信号。

（1）$x_1(t) = A\cos(\omega_0 t)$

（2）$x_2(t) = \mathrm{e}^{-t}$　$t \geqslant 0$

（3）$x_3(k) = \left(\dfrac{1}{2}\right)^k$

（4）$x_4(k) = C$　$C$ 为常数

解：（1）$x_1(t) = A\cos(\omega_0 t)$ 是基本周期 $T_0 = \dfrac{2\pi}{|\omega_0|}$ 的周期信号。其在一个基本周期内的能量为

$$E_0 = \int_0^{T_0} |x_1(t)|^2 dt = \int_0^{T_0} A^2 \cos^2(\omega_0 t) dt$$

$$= A^2 \int_0^{T_0} \frac{1}{2} [1 + \cos(2\omega_0 t)] dt = \frac{A^2 T_0}{2}$$

由于周期信号有无限个周期，所以 $x_1(t)$ 的归一化能量为无限值，即 $E = \lim_{n \to \infty} nE_0 = \infty$，但其归一化功率

$$P = \lim_{T \to \infty} \frac{1}{T} \int_{-\frac{T}{2}}^{\frac{T}{2}} |x_1(t)|^2 dt = \lim_{T \to \infty} \frac{1}{nT_0} nE_0 = \frac{A^2}{2}$$

是非零的有限值，因此 $x_1(t)$ 是功率信号。

（2）由式（1-4）可计算出信号 $x_2(t)$ 的归一化能量

$$E = \lim_{T \to \infty} \int_0^{T_0} |x_2(t)|^2 dt = \lim_{T \to \infty} \int_0^{T_0} e^{-2t} dt$$

$$= \lim_{T \to \infty} -\frac{1}{2}(e^{-2T_0} - 1) = \frac{1}{2}$$

是有限值，因此 $x_2(t)$ 是能量信号。

（3）由式（1-6）和式（1-7）可计算出 $x_3(k)$ 的归一化能量和归一化功率分别为

$$E = \lim_{N \to \infty} \sum_{k=-N}^{N} |x_3(k)|^2 = \lim_{N \to \infty} \sum_{k=-N}^{N} \left(\frac{1}{2}\right)^{2k} = \infty$$

$$P = \lim_{N \to \infty} \frac{1}{2N+1} \sum_{k=-N}^{N} \left(\frac{1}{2}\right)^{2k} = \infty$$

$x_3(k)$ 的归一化能量是无限值，归一化功率也是无限值，因此 $x_3(k)$ 既不是能量信号也不是功率信号。

（4）由式（1-6）和式（1-7）可计算出 $x_4(k)$ 的归一化能量和归一化功率分别为

$$E = \lim_{N \to \infty} \sum_{k=-N}^{N} |x_4(k)|^2 = \lim_{N \to \infty} \sum_{k=-N}^{N} C^2$$

$$P = \lim_{N \to \infty} \frac{1}{2N+1} \sum_{k=-N}^{N} C^2 = \lim_{N \to \infty} \frac{C^2(2N+1)}{2N+1} = C^2$$

$x_4(k)$ 的归一化能量是无限值，而归一化功率是有限值，因此 $x_4(k)$ 是功率信号。

## 1.2 信号的基本运算

所谓对信号的运算，从数学意义来说，就是将信号经过一定的数学运算转变为另一信号。这种处理的过程可以通过算法来实现，也可以让信号通过一个实体电路来实现。本节将介绍一些简单的信号处理，如加（减）、乘、反转、平移、尺度变换等。对信号复杂的处理运算将在后面逐步介绍。

1-4 信号的基本运算

### 1.2.1 信号的加（减）、乘

信号叠加的现象经常出现，比如卡拉 OK 中演唱者的歌声与背景音乐的混合就是一种信号叠加的过程，影视动画中添加背景也是如此。在信号传输过程中也常有不需要的干扰和噪

声叠加进来，影响正常信号的传输。信号相乘则常用于如调制解调、混频、频率变换等系统的分析。

两个信号的相加（减）、乘即为两个信号的时间函数相加（减）、乘，反映在波形上则是将相同时刻对应的函数值相加（减）、乘。图 1-5 是两个信号相加的一个例子。

## 1.2.2 信号的反转

信号的反转表示将 $f(t)$ 的自变量 $t$ 更换为 $-t$，此时 $f(-t)$ 的波形相当于将 $f(t)$ 以 $t=0$ 为轴反转过来，如图 1-6 所示。此运算也称为时间轴反转。

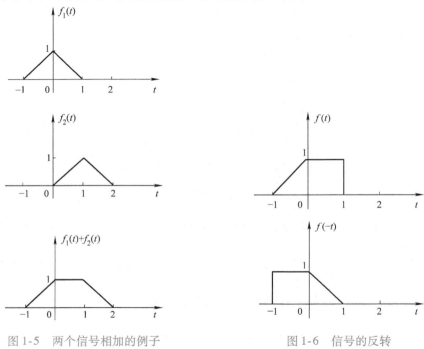

图 1-5　两个信号相加的例子　　　　图 1-6　信号的反转

## 1.2.3 信号的平移

若 $f(t)$ 表达式的自变量 $t$ 更换为 $t+t_0$（$t_0$ 为正或负实数），则 $f(t+t_0)$ 相当于 $f(t)$ 波形在 $t$ 轴上的整体移动。当 $t_0>0$ 时波形左移，当 $t_0<0$ 时波形右移，如图 1-7 所示。

在雷达、声呐以及地震信号检测等问题中容易找到信号移位现象的实例。当发射信号经同种介质传送到不同距离的接收机时，各接收信号相当于发射信号的移位，并具有不同的 $t_0$ 值（同时有衰减）。在通信系统中长距离传输电话信号时，可能听到回波，这是幅度衰减的话音延时信号。

## 1.2.4 信号的尺度变换

如果将信号 $f(t)$ 的自变量 $t$ 乘以正实系数 $\alpha$，则信号波形 $f(\alpha t)$ 是将 $f(t)$ 的波形压缩（$\alpha>1$）或扩展（$\alpha<1$）。这种运算称为时间轴的尺度倍乘或尺度变换，也可简称尺度，波形示例如图 1-8 所示。

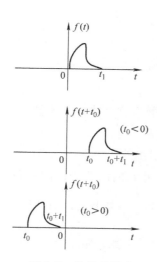

图 1-7  信号的平移

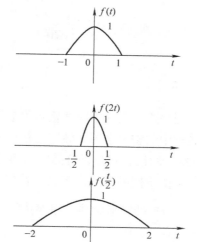

图 1-8  信号的尺度变换

若 $f(t)$ 是已录制声音的磁带，则 $f(-t)$ 表示将此磁带倒转播放产生的信号，而 $f(2t)$ 是此磁带以 2 倍速度加快播放的结果，$f\left(\dfrac{t}{2}\right)$ 则表示原磁带放音速度降至一半产生的信号。

综合以上三种情况，若 $f(t)$ 的自变量 $t$ 更换为 $\alpha t + t_0$（其中 $\alpha$、$t_0$ 是给定的实数），此时，$f(\alpha t + t_0)$ 相对于 $f(t)$ 可以是扩展（$|\alpha| < 1$）或压缩（$|\alpha| > 1$），也可能出现时间上的平移（$\alpha < 0$）（$t_0 \neq 0$），而波形整体仍保持与 $f(t)$ 相似的形状，下面给出例题。

【例 1-3】 已知信号 $f(t)$ 的波形如图 1-9a 所示，试画出 $f(-2t-1)$ 的波形。

解：（1）首先考虑移位的作用，求得 $f(t-1)$ 波形如图 1-9b 所示。

（2）将 $f(t-1)$ 作尺度倍乘，求得 $f(2t-1)$ 波形如图 1-9c 所示。

（3）将 $f(2t-1)$ 反转，求得 $f(-2t-1)$ 波形如图 1-9d 所示。

如果改变上述运算的顺序，比如先求 $f(2t)$ 或先求 $f(-t)$ 最终也会得到相同的结果。

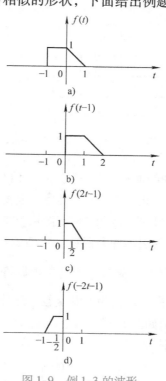

图 1-9  例 1-3 的波形

## 1.3　典型连续时间信号

### 1.3.1　单位冲激信号

某些物理现象需要用一个时间极短但取值极大的函数模型来描述，比如力学中瞬间作用的冲击力、电学中的雷击电闪、数字通信中的抽样脉冲等。

"冲激函数"的概念就是以这类实际问题为背景而引出的。

冲激函数可由不同的方式来定义。首先分析矩形脉冲如何演变为冲激函数。图 1-10 所示为宽为 $\tau$、高为 $\frac{1}{\tau}$ 的矩形脉冲，当保持矩形脉冲面积 $\tau\frac{1}{\tau}=1$ 不变，而使脉宽 $\tau$ 趋近于零时，脉冲幅度 $\frac{1}{\tau}$ 必趋于无穷大，此极限情况即为单位冲激函数，常记作 $\delta(t)$，又称为 $\delta$ 函数，可表示为

$$\delta(t)=\lim_{\tau\to 0}\frac{1}{\tau}\left[u\left(t+\frac{\tau}{2}\right)-u\left(t-\frac{\tau}{2}\right)\right] \tag{1-8}$$

冲激函数用箭头表示，如图 1-11 所示，表明 $\delta(t)$ 只在 $t=0$ 点有一"冲激"，在 $t=0$ 点以外各处，函数值都是零。

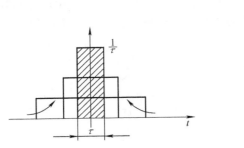

图 1-10　矩形脉冲演变为冲激函数

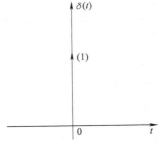

图 1-11　冲激函数 $\delta(t)$

如果矩形脉冲的面积不是固定为 1，而是 $E$，则表示一个冲激强度为 $E$ 倍单位值的 $\delta$ 函数，即 $E\delta(t)$（在用图形表示时，可将此强度 $E$ 注于箭头旁）。

以上利用矩形脉冲系列的极限来定义冲激函数（这种极限不同于一般的极限概念，可称为广义极限）。为引出冲激函数，规则函数系列的选取不限于矩形，也可换用其他形式。例如，一组底宽为 $2\tau$、高为 $\frac{1}{\tau}$ 的三角形脉冲系列，如图 1-12a 所示，若保持其面积等于 1，取 $\tau\to 0$ 的极限同样可定义为冲激函数。此外，还可利用指数函数、钟形函数、抽样函数等，这些函数系列分别如图 1-12b、c、d 所示。它们的表达式如下：

（1）三角形脉冲

$$\delta(t)=\lim_{\tau\to 0}\left\{\frac{1}{\tau}\left(1-\frac{|t|}{\tau}\right)\left[u(t+\tau)-u(t-\tau)\right]\right\} \tag{1-9}$$

（2）双边指数脉冲

$$\delta(t) = \lim_{\tau \to 0} \left( \frac{1}{2\tau} e^{-\frac{|t|}{\tau}} \right) \tag{1-10}$$

（3）钟形脉冲

$$\delta(t) = \lim_{\tau \to 0} \left[ \frac{1}{\tau} e^{-\pi \left( \frac{t}{\tau} \right)^2} \right] \tag{1-11}$$

（4）$Sa(t)$ 信号（抽样信号）

$$\delta(t) = \lim_{\tau \to 0} \left[ \frac{k}{\pi} Sa(kt) \right] \tag{1-12}$$

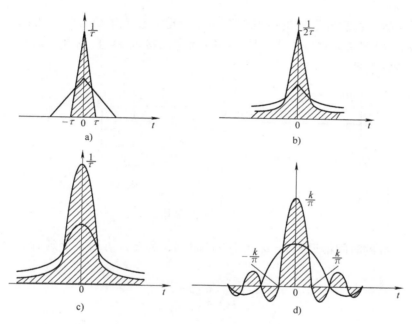

图 1-12  三角形脉冲、双边指数脉冲、钟形脉冲以及抽样函数演变为冲激函数

在式（1-12）中，$k$ 越大，函数的振幅越大，且离开原点时函数振荡越快，衰减越迅速。而曲线下的净面积保持 1，那么当 $k \to \infty$ 时，便得到冲激函数。

狄拉克（Dirac）给出 $\delta$ 函数的另一种定义方式为

$$\begin{cases} \int_{-\infty}^{\infty} \delta(t) \mathrm{d}t = 1 \\ \delta(t) = 0 \qquad t \neq 0 \end{cases} \tag{1-13}$$

此定义与式（1-9）的定义相符合。有时也称 $\delta$ 函数为狄拉克函数。

仿此，为描述在任一点 $t = t_0$ 处出现的冲激，可定义 $\delta(t - t_0)$ 函数为

$$\begin{cases} \int_{-\infty}^{\infty} \delta(t - t_0) \mathrm{d}t = 1 \\ \delta(t - t_0) = 0 \qquad t \neq t_0 \end{cases} \tag{1-14}$$

式（1-14）函数图形如图 1-13 所示。

## 1.3.2　单位阶跃信号

单位阶跃信号的波形如图 1-14a 所示，通常用符号 $u(t)$ 表示为

$$u(t) = \begin{cases} 0 & t < 0 \\ 1 & t > 0 \end{cases} \qquad (1\text{-}15)$$

在跳变点 $t = 0$ 处，函数值未定义，或在 $t = 0$ 处规定

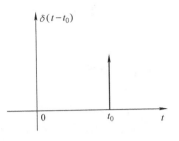

图 1-13　$t_0$ 时刻出现的冲激 $\delta(t - t_0)$

函数值 $u(0) = \dfrac{1}{2}$。

单位阶跃函数的物理背景是在 $t = 0$ 时刻对某一电路接入单位电源（可以是直流电压源或直流电流源），并且无限持续下去。图 1-14b 为电路接入 1V 直流电压源的情况，在接入端口处电压为阶跃信号 $u(t)$。

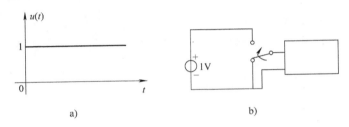

图 1-14　单位阶跃函数

如果接入电源的时间推迟到 $t = t_0 (t_0 > 0)$ 时刻，那么，可用一个延时的单位阶跃函数表示为

$$u(t - t_0) = \begin{cases} 0 & t < t_0 \\ 1 & t > t_0 \end{cases} \qquad (1\text{-}16)$$

## 1.3.3　单边指数信号

指数信号的波形如图 1-15 所示，其数学表达式为

$$f(t) = K e^{\alpha t} \qquad (1\text{-}17)$$

式中，$\alpha$ 为实数，若 $\alpha > 0$，信号将随时间而增长，若 $\alpha < 0$，信号则随时间而衰减，在 $\alpha = 0$ 的特殊情况下，信号不随时间而变化，成为直流信号；常数 $K$ 为指数信号在 $t = 0$ 点的初始值。

指数 $\alpha$ 的绝对值大小反映了信号增长或衰减的速率，$|\alpha|$ 越大，增长或衰减的速率越快。通常将 $|\alpha|$ 的倒数称为指数信号的时间常数，记作 $\tau$，即 $\tau = \dfrac{1}{|\alpha|}$，$\tau$ 越大，指数信号增长或衰减的速率越慢。

实际上，较多遇到的是衰减指数信号，如图 1-16 所示的波形，其表达式为

$$f(t) = \begin{cases} 0 & t < 0 \\ e^{-\frac{t}{\tau}} & t \geqslant 0 \end{cases} \qquad (1\text{-}18)$$

在 $t=0$ 处，$f(0)=1$；在 $t=\tau$ 处，$f(\tau)=\dfrac{1}{e}=0.368$。也即，经时间 $\tau$，信号衰减到原初始值的 $36.8\%$。指数信号的一个重要特性是它对时间的微分和积分仍然是指数形式。

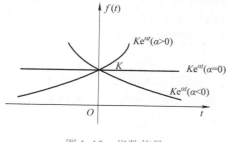

图 1-15　指数信号

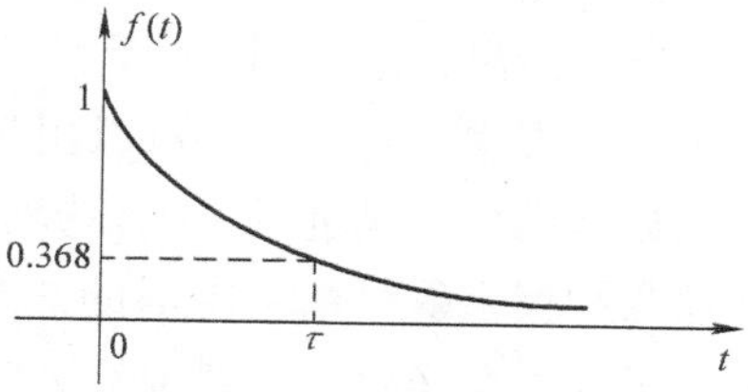

图 1-16　单边指数衰减信号

## 1.4　连续时间系统的描述与分类

### 1.4.1　系统的数学模型

科学的每一分支都有自己的一套模型理论，在模型的基础上可以运用数学工具进行研究。为便于对系统进行分析，同样需要建立系统的模型。所谓模型，是系统物理特性的数学抽象，以数学表达式或具有理想特性的符号组合图形来表征系统特性。

例如，由电阻器、电容器和线圈组合而成的串联回路，可抽象表示为如图 1-17 所示的模型。一般情况下，可以认为 $R$ 代表电阻器的阻值，$C$ 代表电容器的容量，$L$ 代表线圈的电感量。若激励信号是电压源 $e(t)$，欲求解电流 $i(t)$，由元件的理想特性与基尔霍夫电压定律（KVL），可以建立微分方程为

$$LC\frac{\mathrm{d}^2 i(t)}{\mathrm{d}t^2}+RC\frac{\mathrm{d}i(t)}{\mathrm{d}t}+i(t)=C\frac{\mathrm{d}e(t)}{\mathrm{d}t} \tag{1-19}$$

这就是电阻器、电容器与线圈串联组合系统的数学模型。在电子技术中经常用到的理想特性元件模型还有互感器、回转器、各种受控源、运算放大器等，它们的数学表示和符号图形在电路分析基础课程中都已述及，此处不再重复。

系统模型的建立是有一定条件的，对于同一物理系统，在不同条件之下，可以得到不同形式的数学模型。严格讲，只能得到近似的模型。例如，上述图 1-17 与式（1-19）只是在工作频率较低，而且线圈、电容器损耗相对很小情况下的近似。如果考虑电路中的寄生参量，如分布电容、引线电感和损耗，而且工作频率较高，则系统模型将变得十分复杂，图 1-17 与式（1-19）就不能应用，工作频率更高时，无法再用集总参数模型来表示此系统，需采用分布参数模型。

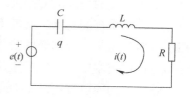

图 1-17　RLC 串联回路

从另一方面讲，对于不同的物理系统，经过抽象和近似有可能得到形式上完全相同的数学模型。即使对于理想元件组成的系统，在不同电路结构情况下，其数学模型也有可能一

致。例如，根据网络对偶理论可知，一个 $G$（电导）、$C$（电容）、$L$（电感）组成的并联回路，在电流源激励下求其端电压的微分方程将与式（1-19）形式相同。

对于较复杂的系统，其数学模型可能是一个高阶微分方程，规定此微分方程的阶次就是系统的阶数，比如图 1-17 的系统是二阶系统。也可以把这种高阶微分方程改成以一阶联立方程组的形式给出，这是同一个系统模型的两种不同表现形式，前者称为输入 – 输出方程，后者称为状态方程，它们之间可以相互转换。

建立数学模型只是进行系统分析工作的第一步，为求得给定激励条件下系统的响应，还应当知道激励接入瞬时系统内部的能量储存情况。储能的来源可能是先前激励（或扰动）作用的后果，没有必要追究详细的历史演变过程，只需知道激励接入瞬时系统的状态。系统的起始状态由若干独立条件给出，独立条件的数目与系统的阶次相同。例如，图 1-17 电路的数学模型是二阶微分方程，通常以起始时刻电容端电压与电感电流作为两个独立条件表征它的起始状态。

如果系统数学模型、起始状态以及输入激励信号都已确定，即可运用数学方法求解其响应。一般情况下可以对所得结果做出物理解释、赋予物理意义。综上所述，系统分析的过程是从实际物理问题抽象为数学模型，经数学解析后再回到物理实际的过程。

### 1.4.2 系统的分类

所谓系统（system），当然不限于前面所说的通信系统、自动控制系统，它也包括诸如机械系统、化工系统之类的其他物理系统，还包括像生产管理、交通运输等社会经济方面的系统。从一般的意义上说，系统是一个由若干互有关联的单元组成的并具有某种功能以用来达到某些特定目的的有机整体。例如，系统的组成单元可以是一些巨大的机器设备，甚至把参与其中工作的人也包括进去，这些单元组织成为一个庞大的体系去完成某种极其复杂的任务；简单的组成单元也可以仅仅是一些电阻、电容元件，把它们连接起来成为具有某种简单功能的电路。这些单元及其组成的体系也可以是非物理实体，所以系统的意义十分广泛。

电子学中的系统，常常是各种不同复杂程度的用作信号传输与处理的元件或部件的组合体。通常的概念，一般是把系统看成比电路更为复杂、规模更大的组合。但实际上却很难从复杂程度或规模大小来确切地区分什么是电路、什么是系统，这两者的区别不如说是观点上、处理问题的角度上的差别。电路的观点，着重在电路中各支路或回路的电流及各节点的电压上；而系统的观点，则着重在输入、输出间的关系或者运算功能上。因此，一个 $RC$ 电路也可以认为是一个初级的信号处理系统，它在一定的条件下具有微分或积分的运算功能。在信号传输技术中，一般都是从系统的观点去分析问题。

系统的功能可以用图 1-18 的框图来表示。图中的方框代表某种系统，$x(t)$ 为输入信号的函数，称为激励（excitation），$y(t)$ 为输出信号的函数，称为响应（response）。图 1-18 为单输入 – 单输出系统，复杂的系统可以有多个输入和多个输出。

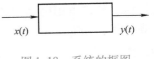

图 1-18　系统的框图

系统的功能和特性就是通过由怎样的激励产生怎样的响应来体现。不同的系统具有各种不同的特性。

系统的分类错综复杂，主要考虑其数学模型的差异来划分不同的类型。

**1. 连续时间系统与离散时间系统**

若系统的输入和输出都是连续时间信号且其内部也未转换为离散时间信号，则称此系统为连续时间系统。若系统的输入和输出都是离散时间信号，则称此系统为离散时间系统。*RLC* 电路都是连续时间系统，而数字计算机就是一个典型的离散时间系统。实际上，离散时间系统经常与连续时间系统组合应用，这种情况称为混合系统。

连续时间系统的数学模型是微分方程，而离散时间系统则用差分方程描述。

**2. 线性系统与非线性系统**

1-5 线性系统
与非线性系统

具有叠加性与齐次性的系统称为线性系统。所谓叠加性是指当几个激励信号同时作用时，总的输出响应等于每个激励单独作用所产生的响应之和；而齐次性是指当输入信号乘以某常数时，响应也倍乘相同的常数。不满足叠加性或齐次性的系统是非线性系统。

【例 1-4】　已知某零状态系统激励与响应的关系为 $y(t) = 3x(t) + 2$。试判别该系统是否为线性系统。

解：假设 $x_1(t)$ 单独激励时引起的响应为 $y_1(t)$，$x_2(t)$ 单独激励时引起的响应为 $y_2(t)$，即 $y_1(t) = 3x_1(t) + 2$，$y_2(t) = 3x_2(t) + 2$，则当激励 $x_a(t) = k_1 x_1(t) + k_2 x_2(t)$ 时，该系统的响应为

$$y_a(t) = 3x_a(t) + 2$$
$$= 3[k_1 x_1(t) + k_2 x_2(t)] + 2$$

而 $k_1 y_1(t) + k_2 y_2(t) = k_1[3x_1(t) + 2] + k_2[3x_2(t) + 2] \neq y_a(t)$，该系统的响应不满足线性特性，所以该系统为非线性系统。实际上，该系统可以看作是一个具有零位误差的放大器，它既不满足齐次性又不满足叠加性。

**3. 时不变系统与时变系统**

1-6 时不变系统
与时变系统

如果系统的参数不随时间而变化，则称此系统为时不变系统（或非时变系统、定常系统）。在同样的起始状态下，系统响应与激励施加于系统的时刻无关。写成数学表达式，若激励为 $x(t)$，产生响应 $y(t)$，则当激励为 $x(t - t_0)$ 时，响应为 $y(t - t_0)$，这表明当激励延迟一段时间 $t_0$ 时，其输出响应也同样延迟 $t_0$ 时间，波形形状不变。如果系统的参量随时间改变，则称其为时变系统（或参变系统）。

【例 1-5】　试判断下列系统是否为时不变系统。

$$(1)\ y(t) = \int_0^t x(\lambda)\mathrm{d}\lambda \qquad (2)\ y(t) = tx(t) \qquad (3)\ y(t) = \sin[x(t)]$$

解：（1）当激励 $x_1(t) = x(t - t_0)$ 时，该系统的响应为

$$y_1(t) = \int_0^t x_1(\lambda)\mathrm{d}\lambda = \int_0^t x(\lambda - t_0)\mathrm{d}\lambda = \int_{-t_0}^{t - t_0} x(\tau)\mathrm{d}\tau$$

而 $y(t - t_0) = \int_0^{t - t_0} x(\lambda)\mathrm{d}\lambda = \int_0^{t - t_0} x(\tau)\mathrm{d}\tau \neq y_1(t)$，不满足时不变性，所以该系统为时变系统。

（2）当激励 $x_1(t) = x(t - t_0)$ 时，该系统的响应为

$$y_1(t) = tx_1(t) = tx(t - t_0)$$

而 $y(t - t_0) = (t - t_0)x_1(t - t_0) \neq y_1(t)$，不满足时不变性，所以该系统为时变系统。

（3）当激励 $x_1(t) = x(t - t_0)$ 时，该系统的响应为

$$y_1(t) = \sin[x_1(t)] = \sin[x(t - t_0)]$$

而 $y(t - t_0) = \sin[x(t - t_0)] = y_1(t)$，满足时不变性，所以该系统为时不变系统。

### 4. 因果系统与非因果系统

1-7 因果系统
与非因果系统

因果系统是指响应不会超前于激励的系统，反之称为非因果系统。系统的因果特性是指任何时刻的响应只取决于激励的现在与过去值，而与激励的将来值无关，比如 $y(t) = \int_{-\infty}^{t} x(\tau)\mathrm{d}\tau$。现实存在的系统都是因果系统。非因果系统不是真实存在的系统，而是一种理想化的模型，比如后面要介绍的理想滤波器。例如，零状态响应为 $y_{zs}(t) = 2x(t), t > 0$ 的系统，其输出不超前于输入，所以是因果系统；零状态响应为 $y_{zs}(t) = 2x(t-3), t > 0$ 的系统，其输出也不超前于输入，所以它也是因果系统；而零状态响应为 $y_{zs}(t) = 2x(t+3), t > 0$ 的系统，其输出超前于输入，所以是非因果系统。

此外，系统还可分为稳定系统与非稳定系统、集中参数系统与分布参数系统、记忆系统（也称动态系统，其响应与激励作用的历史有关）与非记忆系统（也称即时系统，其响应只取决于当前的激励，与激励作用的历史无关）等。

### 1.4.3 系统的框图描述

1-8 系统的
框图描述

除利用数学表达式描述系统模型之外，也可借助框图（block diagram）表示系统模型。每个框图反映某种数学运算功能，给出该框图输入与输出信号的约束条件，若干个框图组成一个完整的系统。对于线性微分方程描述的系统，其基本运算单元是相加、倍乘（标量乘法运算）和积分（或微分）。图 1-19a、b、c 分别为这三种基本单元的框图及其运算功能。

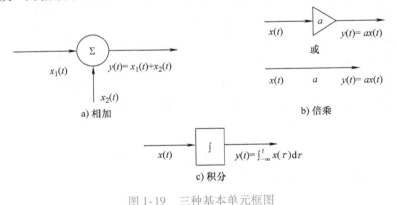

图 1-19　三种基本单元框图

## 1.5　线性时不变系统的分析方法概述

系统分析的任务，通常是在给定系统的结构和参数的情况下去研究系统的特性，包括已

知系统的输入激励，欲求系统的输出响应；有时也可以从已给的系统激励和响应去分析系统应有的特性。知道了系统的特性，就有可能去进一步综合这个系统，但综合任务一般不属于分析的范畴。

在系统理论中，线性时不变系统的分析占有特殊的重要地位。这首先是因为许多实用的系统具有线性时不变的特性，或者人们希望具有这种特性。有些非线性系统在一定的工作条件下，也近似地具有线性系统的特性，因而可以用线性系统的分析方法来加以处理，比如在小信号工作条件下的线性放大器就是如此。其次是在系统理论中，只有线性时不变系统已经建立了一套完整的分析方法，对于时变的尤其是非线性系统的分析，都存在一定的困难，实用的非线性系统和时变系统的分析方法，大多是在线性时不变系统分析方法的基础上加以引申得来的。此外，就综合而言，由于线性时不变系统易于综合实现，因此工程上许多重要的问题都是基于逼近线性模型来进行设计而得到解决的。本书着重讨论确定性输入信号作用下的集总参数线性时不变（linear time invariant，LTI）系统，包括连续时间系统与离散时间系统。

## 1.5.1　线性时不变系统的基本特性

为便于全书讨论，这里将线性时不变系统的一些基本特性做如下说明。

### 1. 叠加性与齐次性

上一节已给出叠加性与齐次性的文字定义，现用数学符号和框图来说明。如果对于给定的系统，$x_1(t)$、$y_1(t)$ 和 $x_2(t)$、$y_2(t)$ 分别代表两对激励与响应，则当激励为 $c_1x_1(t) + c_2x_2(t)$（$c_1$、$c_2$ 分别为常数）时，系统的响应为 $c_1y_1(t) + c_2y_2(t)$，如图 1-20 所示。

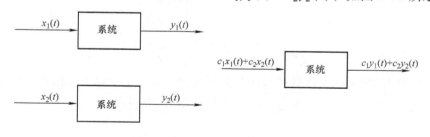

图 1-20　线性系统的叠加性与齐次性

由常系数线性微分方程描述的系统，若起始状态为零，则系统满足叠加性与齐次性。若起始状态非零，则必须将外加激励信号与起始状态的作用分别处理才能满足叠加性与齐次性，否则可能引起混淆。

### 2. 时不变特性

对于时不变系统，由于系统参数本身不随时间改变，因此，在同样起始状态下，系统响应与激励施加于系统的时刻无关。写成数学表达式，若激励为 $x(t)$，产生响应为 $y(t)$，则当激励为 $x(t-t_0)$ 时，响应为 $y(t-t_0)$。时不变特性如图 1-21 所示，它表明当激励延迟一段时间 $t_0$ 时，其输出响应也同样延迟一段时间 $t_0$，波形形状不变。

### 3. 微分特性

对于 LTI 系统，满足如下的微分特性：若系统在激励 $x(t)$ 作用下产生响应 $y(t)$，则当

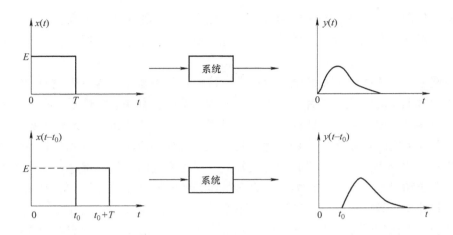

图 1-21　时不变特性

激励为 $\dfrac{\mathrm{d}x(t)}{\mathrm{d}t}$ 时，响应为 $\dfrac{\mathrm{d}y(t)}{\mathrm{d}t}$。

　　根据线性时不变特性容易证明此结论。首先由时不变特性可知，激励 $x(t)$ 对应输出 $y(t)$，则激励 $x(t-\Delta t)$ 产生响应 $y(t-\Delta t)$。由叠加性与齐次性可知，若激励为 $\dfrac{x(t)-x(t-\Delta t)}{\Delta t}$，则响应为 $\dfrac{y(t)-y(t-\Delta t)}{\Delta t}$，取 $\Delta t\rightarrow 0$ 的极限，得到导数关系。若激励为

$$\lim_{\Delta t\to 0}\frac{x(t)-x(t-\Delta t)}{\Delta t}=\frac{\mathrm{d}}{\mathrm{d}t}x(t) \tag{1-20}$$

则响应为

$$\lim_{\Delta t\to 0}\frac{y(t)-y(t-\Delta t)}{\Delta t}=\frac{\mathrm{d}}{\mathrm{d}t}y(t) \tag{1-21}$$

　　这表明当系统的输入由原激励信号改为其导数时，输出也由原响应函数变成其导数。显然，此结论可扩展至高阶导数与积分。微分特性如图 1-22 所示。

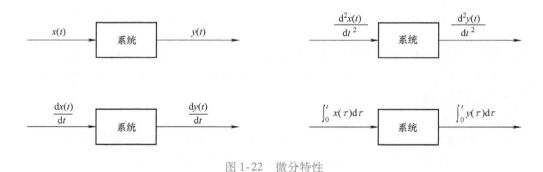

图 1-22　微分特性

### 4. 因果性

因果系统是指系统在 $t_0$ 时刻的响应只与 $t=t_0$ 和 $t<t_0$ 时刻的输入有关，也就是说，激励

是产生响应的原因，响应是激励引起的后果，这种特性称为因果性（causality）。否则，即为非因果系统。

例如，系统模型若为 $y_1(t) = x_1(t-1)$，其输出不超前于输入，则此系统是因果系统；如果系统模型为 $y_2(t) = x_2(t+1)$，其输出超前于输入，则为非因果系统。

通常由电阻器、电感线圈、电容器构成的实际物理系统都是因果系统。而在信号处理技术领域中，待处理的时间信号已被记录并保存下来，可以利用后一时刻的输入来决定前一时刻的输出（比如信号的压缩、扩展、求统计平均值等），那么将构成非因果系统。在语音信号处理、地球物理学、气象学、股票市场分析以及人口统计学等领域都可能遇到此类非因果系统。

## 1.5.2　系统分析方法

在系统分析中，LTI 系统的分析具有重要意义。这不仅是因为在实际应用中经常遇到 LTI 系统，而且还有一些非线性系统或时变系统在限定范围与指定条件下，遵从线性时不变特性的规律；另一方面，LTI 系统的分析方法已经形成了完整的、严密的体系，日趋完善和成熟。

下面就系统分析方法做一概述，着重说明线性时不变系统的分析方法。

1）在建立系统模型方面，系统的数学描述方法可分为两大类型，分别是输入－输出描述法和状态变量描述法。

输入－输出描述法着眼于系统激励与响应之间的关系，并不关心系统内部变量的情况。对于在通信系统中大量遇到的单输入－单输出系统，应用这种方法较方便。

状态变量描述法不仅可以给出系统的响应，还可提供系统内部各变量的情况，也便于多输入－多输出系统的分析。在近代控制系统的理论研究中，广泛采用状态变量描述法。

2）从系统数学模型的求解方法来讲，大体上可分为时间域方法与变换域方法两大类型。

时间域方法直接分析时间变量的函数，研究系统的时间响应特性或称时域特性。这种方法的主要优点是物理概念清楚。对于输入－输出描述的数学模型，可以利用经典法解常系数线性微分方程或差分方程，辅以算子符号方法可使分析过程适当简化；对于状态变量描述的数学模型，则需求解矩阵方程。在线性系统时域分析方法中，卷积方法最受重视。

变换域方法是将信号与系统模型的时间变量函数变换成相应变换域的某种变量函数。例如，傅里叶变换（FT）以频率为独立变量，以频域特性为主要研究对象；而拉普拉斯变换（LT）与 Z 变换则注重研究极点与零点分析，利用 $s$ 域或 $z$ 域的特性解释现象和说明问题。目前，在离散系统分析中，正交变换的内容日益丰富，如离散傅里叶变换（DFT）、离散沃尔什变换（DWT）等。为提高计算速度，人们对于快速算法产生了巨大兴趣，又出现了如快速傅里叶变换（FFT）等计算方法。变换域方法可以将时域分析中的微分、积分运算转化为代数运算，或将卷积积分变换为乘法。在解决实际问题时又有许多方便之处，如根据信号占有频带与系统通带间的适应关系来分析信号传输问题往往比时域法简便和直观。在信号处理问题中，经正交变换，将时间函数用一组变换系数（谱线）来表示，在允许一定误差的情况下，变换系数的数目可以很少，有利于判别信号中带有特征性的分量，也便于传输。

LTI 系统的研究，以叠加性、齐次性和时不变特性作为分析一切问题的基础。按照这一观点去观察问题，时间域方法与变换域方法并没有本质区别。这两种方法都是把激励信号分解为某种基本单元，在这些单元信号分别作用的条件下求得系统的响应，然后叠加。例如，在时域卷积方法中这种单元是冲激函数，在傅里叶变换中是正弦函数或指数函数，在拉普拉斯变换中则是复指数信号。因此，变换域方法不仅可以视为求解数学模型的有力工具，而且能够赋予明确的物理意义。基于这种物理解释，时间域方法与变换域方法得到了统一。

随着现代科学技术的迅猛发展，新的信号与系统分析方法不断涌现。其中计算机辅助分析方法就是近年来较为活跃的方法，这种方法利用计算机进行数值运算，从而免去复杂的人工运算，且计算结果精确可靠，因而得到广泛的应用和发展。本书中引入了广泛用于数值计算和可视化图形处理的高级计算机语言 MATLAB，来进行信号与系统分析。此外，计算机技术的飞速发展与应用为信号分析提供了有力的支持，但同时对信号分析的深度与广度也提出了更高的要求，特别是对离散时间信号的分析。因此，近年来，离散时间信号的理论研究得到很大发展，离散时间信号与系统的分析已形成一门新的课程。

综上所述，信号与系统分析这门课程主要研究确定信号与线性非时变系统。该课程利用了较多的高等数学知识与电路分析的内容。在学习过程中，着重掌握信号与系统分析的物理含义，将数学概念、物理概念及其工程概念相结合，注意其提出问题、分析问题与解决问题的方法，只有这样才可以真正理解信号与系统分析的实质内容，为以后的学习与应用奠定坚实的基础。

## 1.6 信号的 MATLAB 仿真

### 1.6.1 连续时间信号的 MATLAB 表示

MATLAB 提供了大量的产生基本信号的函数。最常用的指数信号、正弦信号是 MATLAB 的内部函数，即不安装任何工具箱就可调用的函数。

**1. 指数信号**

指数信号在 MATLAB 中可用 exp 函数表示，其调用形式为

$$y = A * \exp(a * t)$$

图 1-23 所示因果衰减指数信号（取 $A = 2$，$a = -0.5$）的 MATLAB 程序如下：

```
A = 2;
a = -0.5;
t = 0:0.1:10;
y = A * exp( a * t);
plot(t,y)
```

**2. 正弦信号**

正弦信号 $A\cos(\omega t + \varphi)$ 和 $A\sin(\omega t + \varphi)$ 分别用 MATLAB 的内部函数 cos 和 sin 表示，其

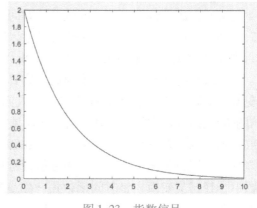

图 1-23　指数信号

调用形式为

$$y = A * cos(wO * t + phi)$$
$$y = A * sin(wO * t + phi)$$

图 1-24 所示正弦信号（取 A = 3，wO = 1）的 MATLAB 程序如下：

```
A = 3;
wO = 1;
t = 0:pi/20:2 * pi;
y = A * sin( wO * t);
plot(t,y)
```

除了内部函数外，在信号处理工具箱（signal processing toolbox）里还提供了诸如方波、三角波、周期性方波等信号处理中常用的信号。

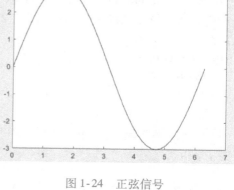

图 1-24　正弦信号

**3. 抽样信号 $Sa(t)$**

抽样信号 $Sa(t)$ 在 MATLAB 中用 sinc 函数表示，其调用形式为

$$y = sinc(t)$$

图 1-25 所示抽样函数的 MATLAB 程序如下：

```
t = -4 * pi:pi/100 * 3 * pi:4 * pi;
y = sinc(t/pi);
plot(t,y)
```

**4. 矩形脉冲信号**

矩形脉冲信号在 MATLAB 中用 rectpuls 函数表示，其调用形式为

$$y = rectpuls(t,w)$$

rectpuls 函数用以产生一个幅度为 1、宽度为 width、以零点为对称的矩形波。width 的默认值为 1。图 1-26 所示为 200ms 的矩形脉冲，采样频率为 10kHz，宽度为 20ms。MATLAB 程序如下：

```
fs = 10e3;
t = -0.1:1/fs:0.1;
w = 20e - 3;
x = rectpuls(t,w);
plot(t,x,'k')
```

**5. 三角波脉冲信号**

三角波脉冲信号在 MATLAB 中用 tripuls 函数表示，其调用形式为

$$y = tripuls (t, width, skew)$$

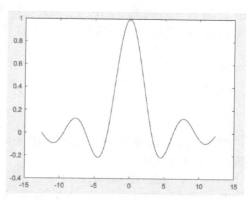

图 1-25　抽样信号

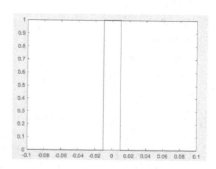

图 1-26　矩形脉冲信号

tripuls 函数用以产生一个最大幅度为 1、宽度为 width 的三角波。函数值的非零范围为（−width/2，width/2）。skew 定义为 2 倍的三角波顶点坐标 y 与三角波宽度之比，即 skew = 2y/width，其取值范围为 − 1 ~ + 1，决定了三角波的形状。width 的默认值为 1，skew 默认值为 0。tripuls (t) 产生宽度为 1 的对称三角波。图 1-27 所示三角波的 MATLAB 程序如下：

```
t = −4:0.001:4;
y = tripuls( t,4,0.5 );
plot( t,y )
```

图 1-27　三角波脉冲信号

**6. 周期矩形脉冲信号**

周期矩形脉冲信号在 MATLAB 中用 square 函数表示，其调用形式为

$$x = square( wO * t,duty\_cycle )$$

square 函数用以产生一个幅度为 + 1 和 − 1、基波频率为 $f$（即周期 $T = 1/f$）的矩形脉冲信号。duty_ cycle 是指一个周期内正脉冲的宽度和负脉冲宽度的百分比，默认值为 1。如图 1-28 所示，周期 $T = 1$，正、负脉冲宽度比为 20% 的矩形脉冲的 MATLAB 程序如下：

```
t = −2 * pi/100:pi/1024:2 * pi/100;
y = square( 2 * pi * 30 * t,50 );
plot( t,y,'k' );
ylim( [ − 1.5 1.5 ] )
```

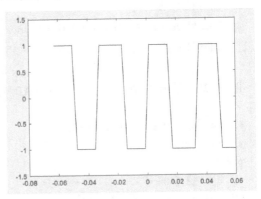

图 1-28　周期矩形脉冲信号

**7. 周期三角波信号**

周期三角波信号在 MATLAB 中用 sawtooth 函数表示，其调用形式为

$$x = sawtooth( wo * t,width )$$

图 1-29 所示为 10 个周期的三角波信号，基波频率为 50Hz，采样频率为 1kHz。MAT-LAB 程序如下：

```
T = 10 * (1/50);
Fs = 1000;
dt = 1/Fs;
t = 0:dt:T − dt;
x = sawtooth( 2 * pi * 50 * t );
plot( t,x,'K' )
```

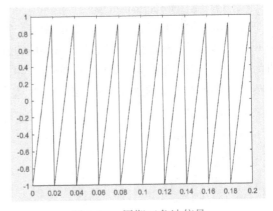

图 1-29　周期三角波信号

## 1.6.2　信号基本运算的 MATLAB 实现

【例 1-6】　以 f( t ) 为三角信号为例，求 f( 2t )、f( 2 − 2t )。

解：MATLAB 程序如下：

```
t = −3:0.001:3;
```

**20**

```
ft = tripuls(t,4,0.5);
subplot(3,1,1);
plot(t,ft);
grid on;
title ('f(t)');
ft1 = tripuls(2 * t,4,0.5);
subplot(3,1,2);
plot(t,ft1);
grid on;
title ('f(2t)');
ft2 = tripuls(2 - 2 * t,4,0.5);
subplot(3,1,3);
plot(t,ft2);
grid on;
title ('f(2 - 2t)');
```

运行结果如图 1-30 所示。

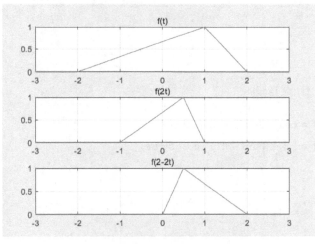

图 1-30　周期三角波信号

【例 1-7】　已知 $f1(t) = sinwt$，$f2(t) = sin8wt$，$w = 2pi$，求 $f1(t) + f2(t)$ 和 $f1(t)f2(t)$ 的波形图。

解：MATLAB 程序如下：

```
w = 2 * pi;
t = 0:0.01:3;
f1 = sin(w * t);
f2 = sin(8 * w * t);
subplot(211)
plot(t,f1 + 1,':',t,f1 - 1,':',t,f1 + f2)
grid on,title('f1(t) + f2(t)')
subplot(212)
plot(t,f1,':',t, - f1,':',t,f1. * f2)
```

grid on,title('f1(t) * f2(t)')

运行结果如图 1-31 所示。

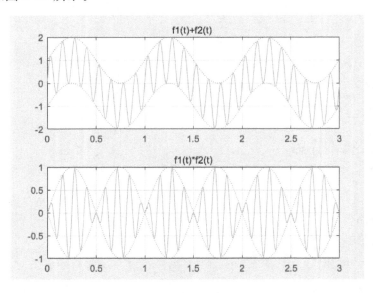

图 1-31　周期三角波信号

### 1.6.3　MATLAB 仿真作业

1. 实现函数 $f(t) = \cos(18\pi t) + \cos(20\pi t)$。

2. 实现函数 $f(t) = [2 + 2\sin(4\pi t)]\cos(50\pi t)$。

## 习题

**一、填空题**

1. $e^{-\alpha t}\sin(\omega t)$ 是_____（填连续或离散）信号，若是离散信号，该信号_____（填是或不是）数字信号。

2. $e^{-nT}$ 是_____（填连续或离散）信号，若是离散信号，该信号_____（填是或不是）数字信号。

3. $\cos(n\pi)$ 是_____（填连续或离散）信号，若是离散信号，该信号_____（填是或不是）数字信号。

4. $\sin(n\omega_0)$（$\omega_0$ 为任意值）是_____（填连续或离散）信号，若是离散信号，该信号_____（填是或不是）数字信号。

5. 信号 $\cos(10t) - \cos(30t)$ _____（填是或不是）周期信号，若是周期信号，周期为_____。

6. 信号 $e^{j10t}$ _____（填是或不是）周期信号，若是周期信号，周期为_____。

7. 信号 $[5\sin(8t)]^2$ _____（填是或不是）周期信号，若是周期信号，周期为_____。

8. 信号 $\sum\limits_{n=\infty}^{\infty} (-1)^n [u(t-nT) - u(t-nT-T)]$ _____（填是或不是）周期信号，若是周期信号，周期为_____。

9. 信号 $f(t) = e^{j(\pi t - 1)}$ _____（填是或不是）周期信号，若是周期信号，周期为_____。

10. 已知 $f(t)$，将 $f(-at)$ _____（填左移或右移）_____可得 $f(t_0 - at)$。

11. 系统 $y(t) = \dfrac{dx(t)}{dt}$ 为_____（填线性或非线性）系统、_____（填时变或非时变）系统、_____（填因果或非因果）系统。

12. 系统 $y(t) = x(t)u(t)$ 为_____（填线性或非线性）系统、_____（填时变或非时变）系统、_____（填因果或非因果）系统。

13. 系统 $y(t) = \sin[x(t)]u(t)$ 为_____（填线性或非线性）系统、_____（填时变或非时变）系统、_____（填因果或非因果）系统。

14. 系统 $y(t) = x(1-t)$ 为_____（填线性或非线性）系统、_____（填时变或非时变）系统、_____（填因果或非因果）系统。

15. 系统 $y(t) = x(2t)$ 为_____（填线性或非线性）系统、_____（填时变或非时变）系统、_____（填因果或非因果）系统。

## 二、画图题

1. 已知信号 $f(t)$ 的波形如图 1-32 所示，画出 $f(-3t-2)$ 的波形。

2. 已知信号 $f(t)$ 的波形如图 1-33 所示，画出 $f(2t-1)u(t-1)$ 的波形。

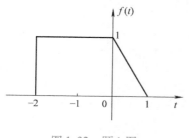

图 1-32 题 1 图

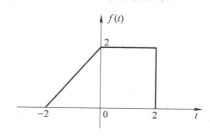

图 1-33 题 2 图

3. 已知信号 $f\left(-\dfrac{t}{2}\right)$ 的波形如图 1-34 所示，画出 $f(t+1)u(-t)$ 的波形。

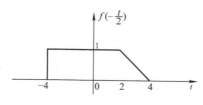

图 1-34 题 3 图

4. 画出信号 $f(t) = [u(t) - u(t-T)]\sin\left(\dfrac{4\pi}{T}t\right)$ 的波形图。

5. 粗略画出函数表达式 $f(t) = t[u(t) - u(t-1)] + u(t-1)$ 的波形图。

### 三、简答题

1. 写出图 1-35 波形的函数表达式。

2. 写出图 1-36 波形的函数表达式。

3. 写出图 1-37 波形的函数表达式。

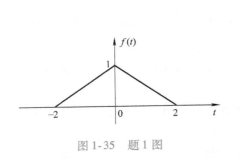

图 1-35  题 1 图

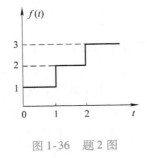

图 1-36  题 2 图

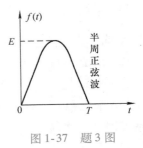

图 1-37  题 3 图

4. 判断信号 $u(t)$ 是功率信号还是能量信号，若是功率信号，平均功率是多少？若是能量信号，能量为多少？

5. 判断信号 $u(t) - u(t-1)$ 是功率信号还是能量信号，若是功率信号，平均功率是多少？若是能量信号，能量为多少？

6. 判断信号 $3\cos(\omega_0 t + \theta)$ 是功率信号还是能量信号，若是功率信号，平均功率是多少？若是能量信号，能量为多少？

# 第2章 连续时间信号与系统的时域分析

【本章教学目标与要求】

1）掌握冲激函数及其性质。

2）掌握连续信号的时域分解和卷积积分。

3）掌握卷积的图解和卷积积分限的确定，卷积积分的运算性质和含有冲激函数的卷积。

4）掌握连续时间系统的零输入响应与零状态响应、单位冲激响应与单位阶跃响应及全响应的概念。

5）学会由微分方程求系统的冲激响应、零输入响应、零状态响应及全响应的求解方法。

本章首先介绍单位冲激函数的特点及其性质、介绍信号的分解方法和卷积积分的性质及求解方法；然后介绍连续时间系统的零输入响应与零状态响应、单位冲激响应与单位阶跃响应及全响应。其中，将信号分解为冲激信号和用卷积分析法求解线性时不变连续时间系统的零状态响应是本章的重点。

## 2.1 单位冲激信号的性质

### 2.1.1 筛选特性

2-1 单位冲激信号的性质

如果信号 $x(t)$ 是一个在 $t=t_0$ 处连续的普通函数，则有

$$x(t)\delta(t-t_0) = x(t_0)\delta(t-t_0) \tag{2-1}$$

式（2-1）表明连续时间信号 $x(t)$ 与冲激信号 $\delta(t-t_0)$ 相乘，筛选出信号 $x(t)$ 在 $t=t_0$ 时的函数值 $x(t_0)$。由于冲激信号 $\delta(t-t_0)$ 在 $t \neq t_0$ 处的值都为零，故 $x(t)$ 与冲激信号 $\delta(t-t_0)$ 相乘，$x(t)$ 只有在 $t=t_0$ 时的函数值对冲激信号 $\delta(t-t_0)$ 有影响，如图 2-1 所示。

### 2.1.2 抽样特性

如果信号 $x(t)$ 是一个在 $t=t_0$ 处连续的普通函数，则有

$$\int_{-\infty}^{\infty} x(t)\delta(t-t_0)\mathrm{d}t = x(t_0) \tag{2-2}$$

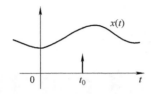 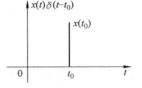

a) $x(t)$信号与冲激信号$\delta(t-t_0)$       b) $x(t)$与$\delta(t-t_0)$的乘积结果

图 2-1  冲激信号的筛选特性

冲激信号的抽样特性表明，一个连续时间信号 $x(t)$ 与冲激信号 $\delta(t-t_0)$ 相乘，并在 $(-\infty,+\infty)$ 时间域上积分，其结果为信号 $x(t)$ 在 $t=t_0$ 时的函数值 $x(t_0)$。

**证明**：利用筛选特性，有

$$\int_{-\infty}^{\infty} x(t)\delta(t-t_0)\mathrm{d}t = \int_{-\infty}^{\infty} x(t_0)\delta(t-t_0)\mathrm{d}t = x(t_0)\int_{-\infty}^{\infty}\delta(t-t_0)\mathrm{d}t$$

由于

$$\int_{-\infty}^{\infty}\delta(t-t_0)\mathrm{d}t = 1$$

固有

$$\int_{-\infty}^{\infty} x(t_0)\delta(t-t_0)\mathrm{d}t = x(t_0)$$

### 2.1.3  尺度变换特性

尺度变换定义为

$$\delta(at) = \frac{1}{|a|}\delta(t) \tag{2-3}$$

式（2-3）可从冲激信号的广义函数定义来证明。即只需证明

$$\int_{-\infty}^{\infty}\varphi(t)\delta(at)\mathrm{d}t = \int_{-\infty}^{\infty}\varphi(t)\frac{1}{|a|}\delta(t)\mathrm{d}t$$

式中，$\varphi(t)$ 为任意的连续时间信号。证明过程如下：

$$\text{左式} = \int_{-\infty}^{\infty}\varphi(t)\delta(at)\mathrm{d}t \underline{\underline{at=x}} \int_{-\infty}^{\infty}\varphi\left(\frac{x}{a}\right)\delta(x)\frac{\mathrm{d}x}{|a|} = \frac{\varphi(0)}{|a|}$$

$$\text{右式} = \int_{-\infty}^{\infty}\varphi(t)\frac{\delta(t)}{|a|}\mathrm{d}t = \frac{\varphi(0)}{|a|}$$

左式和右式相等，因此式（2-3）成立。由尺度变换特性可得出如下推论：

推论1：冲激信号是偶函数。取 $a=-1$，可得

$$\delta(t) = \delta(-t) \tag{2-4}$$

推论2：         $$\delta(at+b) = \frac{1}{|a|}\delta\left(t+\frac{b}{a}\right) \qquad a\neq 0 \tag{2-5}$$

### 2.1.4  卷积特性

卷积积分定义为

$$x(t)*g(t) = \int_{-\infty}^{\infty} x(\tau)g(t-\tau)\mathrm{d}\tau \tag{2-6}$$

如果信号 $x(t)$ 是一个任意连续时间函数，则有

$$x(t) * \delta(t - t_0) = x(t - t_0) \tag{2-7}$$

式（2-7）表明任意连续时间信号 $x(t)$ 与单位冲激信号 $\delta(t)$ 相卷积，其结果为信号 $x(t)$ 的延时 $x(t - t_0)$。

**证明**：根据卷积的定义，有

$$x(t) * \delta(t - t_0) = \int_{-\infty}^{\infty} x(\tau)\delta(t - \tau - t_0)\mathrm{d}\tau$$

利用 $\delta(t)$ 的偶函数特性和抽样特性，可得

$$x(t) * \delta(t - t_0) = \int_{-\infty}^{\infty} x(\tau)\delta[\tau - (t - t_0)]\mathrm{d}\tau = x(t - t_0)$$

## 2.1.5  冲激信号与阶跃信号的关系

单位阶跃信号的积分为

$$\int_{-\infty}^{t} \delta(\tau)\mathrm{d}\tau = \begin{cases} 1 & t > 0 \\ 0 & t < 0 \end{cases} = u(t) \tag{2-8}$$

即连续时间单位阶跃信号是单位冲激信号的积分。根据式（2-8），单位冲激信号可以看作单位阶跃信号的一次微分，即

$$\frac{\mathrm{d}u(t)}{\mathrm{d}t} = \delta(t) \tag{2-9}$$

直接利用普通信号的微分理解式（2-9）存在一定困难，因为 $u(t)$ 在 $t = 0$ 点不连续、不可微。然而，可以将 $u(t)$ 在 $t = 0$ 点从 0 到 1 的跃变近似表示为在很短的时间间隔 $\Delta$ 内从 0 到 1 的渐变，如图 2-2a 所示，即 $u(t) = \lim_{\Delta \to 0} u_\Delta(t)$。对 $u_\Delta(t)$ 求导可得 $\delta_\Delta(t)$，如图 2-2b 所示，$\delta_\Delta(t)$ 是宽为 $\Delta$、高为 $\frac{1}{\Delta}$、面积为 1 的矩形脉冲。利用单位冲激信号的极限模型定义，可得

$$\delta(t) = \lim_{\Delta \to 0} \delta_\Delta(t) = \lim_{\Delta \to 0} \frac{\mathrm{d}u_\Delta(t)}{\mathrm{d}t} = \frac{\mathrm{d}u(t)}{\mathrm{d}t}$$

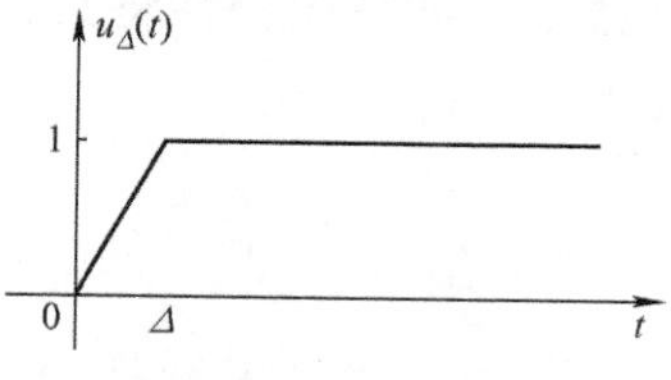

a) 单位阶跃信号的连续近似 $u_\Delta(t)$ 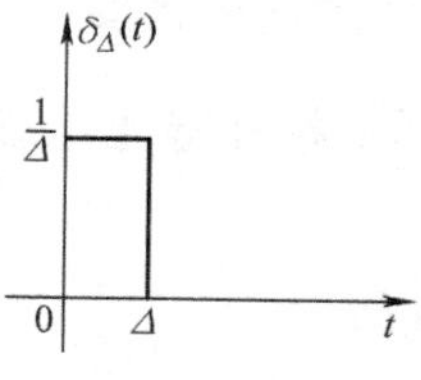      b) $u_\Delta(t)$ 的导数

图 2-2  单位阶跃信号的导数

由上面的分析可以看出，阶跃信号 $u(t)$ 在 $t = 0$ 点不连续，跃变值为 1，对其求导后即产生强度为 1 的单位冲激信号 $\delta(t)$。这一结论适用于任意信号，即对信号求导时，信号在不连续点的导数为冲激信号或延时冲激信号，冲激信号的强度就是不连续点的跳跃值。

冲激信号的上述特性在信号与系统的分析中有着重要的作用，下面举例说明。

【例 2-1】 利用冲激信号的性质计算下列各式。

（1） $\sin t\delta\left(t - \dfrac{\pi}{2}\right)$

（2） $\displaystyle\int_{-4}^{3} e^{-t}\delta(t - 6)\,\mathrm{d}t$

（3） $(t + 2)\delta(2 - 2t)$

（4） $\displaystyle\int_{-\infty}^{t} \cos\tau\delta(\tau)\,\mathrm{d}\tau$

解：（1）利用冲激信号的筛选特性，可得

$$\sin t\delta\left(t - \frac{\pi}{2}\right) = \sin\frac{\pi}{2}\delta\left(t - \frac{\pi}{2}\right) = \delta\left(t - \frac{\pi}{2}\right)$$

（2）利用冲激信号的筛选特性，可得

$$\int_{-4}^{3} e^{-t}\delta(t - 6)\,\mathrm{d}t = e^{-6}\int_{-4}^{3} \delta(t - 6)\,\mathrm{d}t$$

由于冲激信号 $\delta(t-6)$ 在 $t \neq 6$ 时为零，故其在区间 $[-4,3]$ 上的积分为零，由此可得

$$\int_{-4}^{3} e^{-t}\delta(t - 6)\,\mathrm{d}t = 0$$

（3）利用冲激信号的展缩特性和抽样特性，可得

$$(t + 2)\delta(2 - 2t) = \frac{1}{|-2|}(t + 2)\delta(t - 1) = \frac{3}{2}\delta(t - 1)$$

（4）利用冲激信号的筛选特性，可得

$$\int_{-\infty}^{t} \cos\tau\delta(\tau)\,\mathrm{d}\tau = \int_{-\infty}^{t} \cos0\,\delta(\tau)\,\mathrm{d}\tau = \cos0\int_{-\infty}^{t} \delta(\tau)\,\mathrm{d}\tau$$

再利用冲激信号与阶跃信号的关系，可得

$$\int_{-\infty}^{t} \cos\tau\delta(\tau)\,\mathrm{d}\tau = \cos0\int_{-\infty}^{t} \delta(\tau)\,\mathrm{d}\tau = u(t)$$

从以上例题可以看出，在冲激信号的抽样特性中，其积分区间不一定都是 $(-\infty, +\infty)$，但只要积分区间不包括冲激信号 $\delta(t - t_0)$ 的 $t = t_0$ 时刻，则积分结果必为零。此外，对于 $\delta(at + b)$ 形式的冲激信号，要先利用冲激信号的展缩特性将其化为 $\dfrac{1}{|a|}\delta\left(t + \dfrac{b}{a}\right)$ 形式后，才可利用冲激信号的抽样特性与筛选特性。

## 2.2　卷积积分

在信号分析与系统分析时，常常需要将信号分解为基本信号的线性组合。这样，对信号与系统的分析就变为对基本信号的分析，从而将复杂问题简单化，且可以使信号与系统分析的物理过程更加清晰。

信号可以从不同角度分解。这里仅介绍任意信号可以分解为连续的冲激信号之和，引出卷积积分的概念以及任意信号作用下的零状态响应问题，进而说明卷积积分的物理意义和求解方法。

## 2.2.1　时域信号的分解

2-2 时域信号
的分解

为方便讨论，本节讨论的门函数 $p(t)$ 如图 2-3a 所示，当 $\Delta \to 0$ 时，$p(t) \to \delta(t)$，则图 2-3b 中高度为 $A$ 的门函数为 $f_1(t) = A\Delta p(t)$。对于任意波形的信号 $f(t)$ 都可以分割为许多相邻的矩形脉冲，如图 2-4 所示。

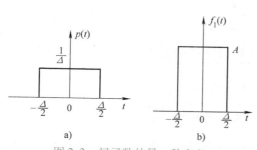

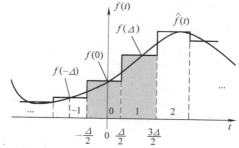

图 2-3　门函数的另一种定义

图 2-4　用窄脉冲之和近似表示任意信号

对于 $t = n\Delta$ 时刻的矩形脉冲，其高度就是 $f(n\Delta)$，因此有

第 "0" 号脉冲：高度为 $f(0)$，宽度为 $\Delta$，用 $p(t)$ 表示为 $f(0)\Delta p(t)$；

第 "1" 号脉冲：高度为 $f(\Delta)$，宽度为 $\Delta$，用 $p(t-\Delta)$ 表示为 $f(\Delta)\Delta p(t-\Delta)$；

第 "−1" 号脉冲：高度为 $f(-\Delta)$，宽度为 $\Delta$，用 $p(t+\Delta)$ 表示为 $f(-\Delta)\Delta p(t+\Delta)$；

$$\cdots$$

第 "n" 号脉冲：高度为 $f(n\Delta)$，宽度为 $n\Delta$，用 $p(t-n\Delta)$ 表示为：$f(n\Delta)\Delta p(t-n\Delta)$。

无穷多个矩形脉冲的叠加可用来近似原信号 $f(t)$，即

$$\hat{f}(t) = \sum_{n=-\infty}^{\infty} f(n\Delta)\Delta p(t-n\Delta) \tag{2-10}$$

根据函数积分原理，当 $\Delta$ 很小时，可以用这些小矩形来近似表示信号 $f(t)$。当 $\Delta \to 0$ 时，式 (2-10) 可表示为

$$\lim_{\Delta \to 0} \hat{f}(t) = f(t) = \int_{-\infty}^{\infty} f(\tau)\delta(t-\tau)\,\mathrm{d}\tau \tag{2-11}$$

可见，任意波形的信号可以表示为无限多个强度为 $f(\tau)\mathrm{d}\tau$ 的冲激信号的积分，也就是说，任意波形的信号可以分解为连续的冲激信号的线性组合，这是非常重要的结论。因为它表明不同的信号都可以分解为冲激信号的加权和，不同的只是它们的强度不同。这样，当求解信号通过连续时间线性非时变系统产生的响应时，只需求解冲激信号通过该系统产生的响应，然后利用线性非时变系统特性进行叠加和延时，即可求得信号产生的响应。

因此，任意信号 $f(t)$ 分解为冲激信号的线性组合是连续时间系统时域分析的基础。

## 2.2.2　卷积的定义

卷积方法最早的研究可追溯到 19 世纪初期的数学家欧拉（Euler）、泊松（Poisson）等人，之后许多科学家对此问题做了大量工作。而目前随着信号与系统理论研究的深入及计算机技术的发展，不仅卷积方法得到了广泛的应用，而且反卷积的问题也越来越受重视。反卷积是卷积的逆运算，在现代地震勘探、超声诊断、光学成像、系统辨识及其他诸多信号处理领域

中，卷积和反卷积无处不在，而且很多都是有待深入开发研究的课题。

本节研究系统在任意波形信号下产生的零状态响应，引出卷积积分的定义（为简便起见，这里直接用 $y(t)$ 表示零状态响应）。

对于线性时不变系统来说，若系统的冲激响应为 $h(t)$，则可推导出系统对任意激励信号的零状态响应，推导过程为：

根据 $h(t)$ 的定义：$\qquad\qquad \delta(t) \to h(t)$

由时不变性：$\qquad\qquad\quad \delta(t-\tau) \to h(t-\tau)$

由齐次性：$\qquad\qquad\quad f(\tau)\delta(t-\tau) \to f(\tau)h(t-\tau)$

由叠加性：$\qquad\quad \displaystyle\int_{-\infty}^{\infty} f(\tau)\delta(t-\tau)\,\mathrm{d}\tau \to \int_{-\infty}^{\infty} f(\tau)h(t-\tau)\,\mathrm{d}\tau$

即 $\qquad\qquad\qquad\quad f(t) \to \displaystyle\int_{-\infty}^{\infty} f(\tau)h(t-\tau)\,\mathrm{d}\tau$

因此，任意信号 $f(t)$ 作用于线性系统引起的零状态响应为

$$y(t) = \int_{-\infty}^{\infty} f(\tau)h(t-\tau)\,\mathrm{d}\tau \qquad\qquad (2\text{-}12)$$

式（2-12）称为 $f(t)$ 和 $h(t)$ 的卷积积分，简称卷积，记为 $y(t) = f(t) * h(t)$。

上述推导过程也表示了卷积积分的物理意义，即卷积的原理就是将任意信号 $f(t)$ 分解为冲激信号之和，借助系统的冲激响应 $h(t)$，求解系统对任意激励信号的零状态响应。这种方法将使零状态响应的计算大为简化，称这种分析方法为卷积积分法。

注意：

1）积分是在虚设变量 $\tau$ 下进行的，$\tau$ 为积分变量，$t$ 为参变量，结果仍为 $t$ 的函数。

2）式（2-12）是卷积积分的一般形式，这里的积分限取 $-\infty$ 和 $\infty$，这是由于对 $f(t)$ 和 $h(t)$ 的作用时间范围没有加以限制，而实际由于系统的因果性或激励信号存在时间的局限性，其积分限会有变化，这一点借助卷积的图形解释可以看得很清楚，相关内容将在下一小节讲解。

【例 2-2】 已知 $f(t) = \mathrm{e}^t\,(-\infty < t < \infty)$，$h(t) = (6\mathrm{e}^{-2t}-1)\mu(t)$，求 $y_{zs}(t)$。

解：由卷积的定义式，得

$$y(t) = f(t) * h(t) = \int_{-\infty}^{\infty} \mathrm{e}^{\tau}\left[6\mathrm{e}^{-2(t-\tau)}-1\right]\varepsilon(t-\tau)\,\mathrm{d}\tau$$

当 $t < \tau$，即 $\tau > t$ 时，$u(t-\tau) = 0$

$$
\begin{aligned}
y_{zs}(t) &= \int_{-\infty}^{t} \mathrm{e}^{\tau}\left[6\mathrm{e}^{-2(t-\tau)}-1\right]\mathrm{d}\tau \\
&= \int_{-\infty}^{t} (6\mathrm{e}^{-2t}\mathrm{e}^{3\tau} - \mathrm{e}^{\tau})\,\mathrm{d}\tau \\
&= \mathrm{e}^{-2t}\int_{-\infty}^{t} (6\mathrm{e}^{3\tau})\,\mathrm{d}\tau - \int_{-\infty}^{t} \mathrm{e}^{\tau}\,\mathrm{d}\tau \\
&= \mathrm{e}^{-2t}2\mathrm{e}^{3\tau}\Big|_{-\infty}^{t} - \mathrm{e}^{\tau}\Big|_{-\infty}^{t} \\
&= 2\mathrm{e}^{-2t}\mathrm{e}^{3t} - \mathrm{e}^t \\
&= \mathrm{e}^t
\end{aligned}
$$

### 2.2.3　卷积的图解法

2-3　卷积
的图解法

用图解方法能够直观地理解卷积积分的计算过程，可以把一些抽象的关系形象化，进一步加深对卷积的物理意义的理解。

卷积过程可分解为四步：

1）换元：$t$ 换为 $\tau \rightarrow$ 得 $f(\tau)$、$h(\tau)$。

2）反转平移：由 $f(\tau)$ 反转 $\rightarrow$ 得 $f(-\tau)$，右移 $t \rightarrow$ 得 $f(t-\tau)$。

（建议：对简单信号进行反转平移）

3）乘积：$f(t-\tau)h(\tau)$。

4）积分：对 $\tau$ 从 $-\infty$ 到 $\infty$ 对乘积项积分。

【例 2-3】　已知 $f(t)$ 和 $h(t)$ 的波形如图 2-5 所示，求 $y(t)=f(t)*h(t)$。

解：第一步：换元。即 $h(t)$ 换元为 $h(\tau)$，$f(t)$ 换元为 $f(\tau)$。

第二步：反转平移。由于 $h(\tau)$ 函数形式复杂，因此将 $f(\tau)$ 进行反转平移，结果如图 2-6 所示。

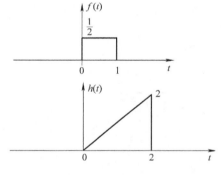

图 2-5　$f(t)$ 和 $h(t)$ 的波形

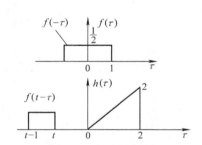

图 2-6　$f(t)$ 和 $h(t)$ 经过换元、
反转平移后的波形

下面将两者重叠部分相乘做积放在一起进行，过程如下：

1）$t<0$ 时，$f(t-\tau)$ 向左移，如图 2-7a 所示，$f(t-\tau)h(\tau)=0$，故 $y_{zs}(t)=0$。

2）$0 \leqslant t \leqslant 1$ 时，$f(t-\tau)$ 向右移，如图 2-7b 所示，$y_{zs}(t)=\int_0^t \tau \frac{1}{2}\mathrm{d}\tau=\frac{1}{4}t^2$。

3）$1 \leqslant t \leqslant 2$ 时，如图 2-7c 所示，$y_{zs}(t)=\int_{t-1}^t \tau \frac{1}{2}\mathrm{d}\tau=\frac{1}{2}t-\frac{1}{4}$。

4）$2 \leqslant t \leqslant 3$ 时，如图 2-7d 所示，$y_{zs}(t)=\int_{t-1}^2 \tau \frac{1}{2}\mathrm{d}\tau=-\frac{1}{4}t^2+\frac{1}{2}t+\frac{3}{4}$。

5）$t>3$ 时，如图 2-7e 所示，$f(t-\tau)h(\tau)=0$，故 $y_{zs}(t)=0$。

$f(t)$ 和 $h(t)$ 的卷积结果随 $t$ 变化的曲线如图 2-8 所示。

从卷积的图解法求解过程可以看出，卷积积分限的确定取决于两个函数交叠部分的范围，卷积结果所占的有效时宽等于两个函数各自时宽之和。可以说卷积积分中积分限的确定是非常关键的，在运算中要注意。

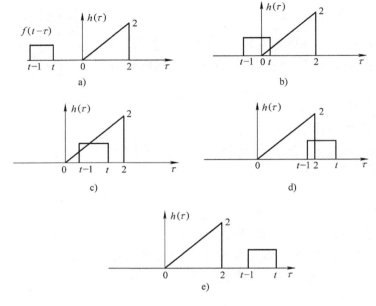

图 2-7　卷积积分的求解过程

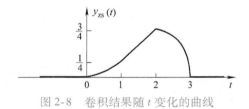

图 2-8　卷积结果随 $t$ 变化的曲线

## 2.3　卷积积分的性质

卷积积分是一种数学运算，它有许多重要的性质（或运算规则），这些性质在信号与系统分析中有着重要的作用，灵活地运用它们能简化卷积运算。下面的讨论均设卷积积分是收敛的(或存在的)。

2-4　卷积积分
的性质

### 2.3.1　卷积的代数性质

通常乘法运算中的某些代数定律也适用于卷积运算。

**1. 交换律**

$$f_1(t) * f_2(t) = f_2(t) * f_1(t) \tag{2-13}$$

交换律意味着两个函数在卷积积分中的次序是可以任意交换的。

**2. 结合律**

$$[f_1(t) * f_2(t)] * f_3(t) = f_1(t) * [f_2(t) * f_3(t)] \tag{2-14}$$

结合律包含两次卷积运算，是一个二重积分，只要改换积分次序即可证明此定律。

**3. 分配律**

$$f_1(t) * [f_2(t) + f_3(t)] = f_1(t) * f_2(t) + f_1(t) * f_3(t) \tag{2-15}$$

将分配律用于系统分析时，相当于并联系统的冲激响应等于组成并联系统的各子系统冲激响应之和。

### 2.3.2 卷积的微积分性质

上述卷积代数定律与乘法运算的性质类似，但是卷积的微分或积分却与两函数相乘的微分或积分性质不同。

设 $y(t) = f_1(t) * f_2(t)$，其微分、积分和微积分性质如下：

**1. 微分性质**

$$y'(t) = f_1'(t) * f_2(t) = f_1(t) * f_2'(t) \tag{2-16}$$

两个函数卷积后的导数等于其中一个函数的导数与另一个函数的卷积。

**2. 积分性质**

$$\int_{-\infty}^{t} [f_1(\tau) * f_2(\tau)] d\tau = \left[ \int_{-\infty}^{t} f_1(\tau) d\tau \right] * f_2(t)$$
$$= f_1(t) * \left[ \int_{-\infty}^{t} f_2(\tau) d\tau \right] \tag{2-17}$$

两个函数卷积后的积分等于其中一个函数的积分与另一个函数的卷积。

**3. 微积分性质**

在 $f_1(-\infty) = 0$ 或 $\int_{-\infty}^{\infty} f_2(\tau) d\tau = 0$ 的前提下，有

$$y(t) = \left[ \int_{-\infty}^{t} f_1(\tau) d\tau \right] * f_2'(t)$$
$$= f_1'(t) * \left[ \int_{-\infty}^{t} f_2(\tau) d\tau \right] \tag{2-18}$$

注意：式(2-18) 成立的条件为求导的那个函数在 $t = -\infty$ 处为 0，或者被积分的那个函数在 $(-\infty, \infty)$ 区间上的积分值为 0。

### 2.3.3 卷积的时移性质

若 $y(t) = f_1(t) * f_2(t)$，则

$$y(t - t_0) = f_1(t) * f_2(t - t_0) = f_1(t - t_0) * f_2(t) \tag{2-19}$$

或者若 $y(t) = f_1(t) * f_2(t)$，则

$$y(t - t_1 - t_2) = f_1(t - t_1) * f_2(t - t_2)$$
$$= f_1(t - t_2) * f_2(t - t_1) \tag{2-20}$$

### 2.3.4 含冲激信号的卷积性质

$$f(t) * \delta(t) = \delta(t) * f(t) = f(t) \tag{2-21}$$

式(2-21)表明任意函数 $f(t)$ 与单位冲激函数 $\delta(t)$ 卷积的结果还是 $f(t)$ 本身。

进一步可得

$$f(t) * \delta(t - t_0) = f(t - t_0) \tag{2-22}$$

式(2-22)表明任意函数 $f(t)$ 与一个延迟了 $t_0$ 个单位的单位冲激函数进行卷积，结果是使 $f(t)$ 也延迟 $t_0$ 个单位，波形不变，这一性质称为重现性质。

利用卷积的微分、积分性质，还可以得到

$$f(t) * \delta'(t) = f'(t) \tag{2-23}$$

$$f(t) * u(t) = \int_{-\infty}^{t} f(\tau) \, \mathrm{d}\tau \tag{2-24}$$

利用卷积的性质能够大大简化卷积运算。

还可以得到以下结论：

$$u(t) * u(t) = tu(t) \tag{2-25}$$

$$u(t) * tu(t) = \frac{t^2}{2} u(t) \tag{2-26}$$

## 2.4　系统的响应

在连续时间 LTI 系统的时域分析中，可以将系统的初始状态作为一种输入激励。根据系统的线性特性，将系统的响应看作是初始状态与输入激励分别单独作用于系统而产生的响应叠加。其中，由初始状态单独作用于系统而产生的输出称为零输入响应，记作 $y_{zi}(t)$；而由输入激励单独作用于系统而产生的输出称为零状态响应，记作 $y_{zs}(t)$。因此，系统的完全响应 $y(t)$ 为

$$y(t) = y_{zi}(t) + y_{zs}(t) \qquad t > 0 \tag{2-27}$$

对于由系统初始状态产生的零输入响应，可以通过齐次微分方程来求解。对于与系统外部输入激励有关的零状态响应的求解，则通过卷积积分的方法来求解。

在线性非时变系统响应时域求解中，将完全响应分解为零输入响应和零状态响应，使得线性非时变系统在理论上更完善，在实际应用中更简便。利用输入激励与单位冲激响应的卷积积分计算线性非时变系统的零状态响应，思路清晰，物理概念明确，是线性非时变系统分析的基本方法。系统的单位冲激响应反映了系统的时域特性，以及系统的因果性、稳定性的判断等方面，在系统的零状态响应求解中起着十分重要的作用。

$n$ 阶连续时间 LTI 系统由 $n$ 阶线性常系数微分方程描述，其一般形式为

$$y^{(n)}(t) + a_{n-1} y^{(n-1)}(t) + \cdots + a_1 y'(t) + a_0 y(t)$$
$$= b_m x^{(m)}(t) + b_{m-1} x^{(m-1)}(t) + \cdots + b_1 x'(t) + b_0 x(t) \qquad t > 0 \tag{2-28}$$

式中，$a_0, a_1, \cdots, a_{n-1}$ 与 $b_0, b_1, \cdots, b_m$ 为常数。

### 2.4.1　零输入响应与零状态响应

**1. 连续时间系统的零输入响应**

系统的零输入响应是输入信号为零，仅由系统的初始

2-5　零输入响应与零状态响应

状态单独作用于系统而产生的输出响应。系统的初始状态 $y(0^-), y'(0^-), \cdots, y^{(n-1)}(0^-)$ 是

指系统没有外部激励时系统的固有状态，反映的是系统以往的历史信息。

描述 $n$ 阶连续时间 LTI 系统的数学模型是常系数线性微分方程，根据微分方程的理论和零输入响应的定义，零输入响应对应齐次微分方程的齐次解。令式（2-28）右端的输入为零，得齐次微分方程为

$$y^{(n)}(t) + a_{n-1}y^{(n-1)}(t) + \cdots + a_1 y'(t) + a_0 y(t) = 0 \tag{2-29}$$

其解的基本形式为 $Ke^{st}$。将 $Ke^{st}$ 代入式（2-29），可得

$$Ks^n e^{st} + Ka_{n-1}s^{n-1}e^{st} + \cdots + Ka_1 s e^{st} + Ka_0 e^{st} = 0 \tag{2-30}$$

由于 $K=0$ 对应的解是无意义的，在 $K \neq 0$ 的条件下可得

$$s^n + a_{n-1}s^{n-1} + \cdots + a_1 s + a_0 = 0 \tag{2-31}$$

式（2-31）称为微分方程对应的特征方程。解特征方程求得特征根 $s_i(i=1,2,\cdots,n)$，由特征根可写出齐次解的形式如下：

1）当特征根是不等实根 $s_1,s_2,\cdots,s_n$ 时，有

$$y_{zi}(t) = K_1 e^{s_1 t} + K_2 e^{s_2 t} + \cdots + K_n e^{s_n t} \tag{2-32}$$

2）当特征根是相等实根 $s_1 = s_2 = \cdots = s_n = s$ 时，有

$$y_{zi}(t) = K_1 e^{st} + K_2 t e^{st} + \cdots + K_n t^{n-1} e^{st} \tag{2-33}$$

3）当特征根是成对共轭复根 $s_1 = \sigma_1 \pm j\omega_1$，$s_2 = \sigma_2 \pm j\omega_2$，$\cdots$，$s_i = \sigma_i \pm j\omega_i$，$i = \dfrac{n}{2}$ 时，有

$$y_{zi}(t) = e^{\sigma_1 t}[K_1 \cos(\omega_1 t) + K_1 \sin(\omega_1 t)] + \cdots + e^{\sigma_i t}[K_i \cos(\omega_i t) + K_i \sin(\omega_i t)] \tag{2-34}$$

根据系统的初始状态确定以上各式中的待定系数 $K$，即可得到系统的零输入响应。

【例 2-4】　已知某二阶连续时间 LTI 系统的微分方程为 $y''(t) + 6y'(t) + 8y(t) = x(t)$，$t>0$，初始状态 $y(0^-)=1$，$y'(0^-)=2$，求系统的零输入响应 $y_{zi}(t)$。

解：系统的特征方程为

$$s^2 + 6s + 8 = 0$$

解特征方程，得特征根为 $s_1 = -2$，$s_2 = -4$（两不等实根），故设系统的零输入响应 $y_{zi}(t)$ 为

$$y_{zi}(t) = K_1 e^{-2t} + K_2 e^{-4t} \qquad t \geqslant 0^-$$

代入初始状态 $y(0^-)$ 和 $y'(0^-)$ 的值，有

$$y(0^-) = K_1 + K_2 = 1$$

$$y'(0^-) = -2K_1 - 4K_2 = 2$$

解得 $K_1 = 3$，$K_2 = -2$。因此零输入响应为

$$y_{zi}(t) = 3e^{-2t} - 2e^{-4t} \qquad t \geqslant 0^-$$

可见系统零输入响应与输入无关，系统微分方程对应的特征根决定系统零输入响应的形式，系统初始状态只影响系统零输入响应的系数。

【例 2-5】　已知某三阶连续时间 LTI 系统的微分方程为 $y'''(t) + 2y''(t) + 2y'(t) = x(t)$，$t>0$，初始状态 $y(0^-)=1$，$y'(0^-)=-3$，$y''(0^-)=2$，求系统的零输入响应 $y_{zi}(t)$。

解：系统的特征方程为

$$s^3 + 2s^2 + 2s = 0$$

解特征方程，得特征根为 $s_1 = 0$，$s_2 = -1 + \mathrm{j}$，$s_3 = -1 - \mathrm{j}$（一个实根，两个共轭复根）。故设系统的零输入响应 $y_{zi}(t)$ 为 $y_{zi}(t) = K_1 + \mathrm{e}^{-t}(K_2 \cos t + K_3 \sin t)$，$t \geq 0^-$。

代入初始状态 $y(0^-)$、$y'(0^-)$ 和 $y''(0^-)$，有

$$y(0^-) = K_1 + K_2 = 1$$

$$y'(0^-) = -K_2 + K_3 = -3$$

$$y''(0^-) = -2K_3 = 2$$

解得 $K_1 = -1$，$K_2 = 2$，$K_3 = -1$。因此零输入响应为

$$y_{zi}(t) = -1 + \mathrm{e}^{-t}(2\cos t - \sin t) \qquad t \geq 0^-$$

若系统是以具体电路形式给出，则需要根据电路结构与元件参数求出其对应的微分方程式，然后再用上述方法计算零输入响应。

**【例2-6】** 已知图2-9所示 $RLC$ 串联电路，$R = 2\Omega$，$L = \dfrac{1}{2}\mathrm{H}$，$C = \dfrac{1}{2}\mathrm{F}$，电容上的初始储能为 $u_C(0^-) = 1\mathrm{V}$，电感上的初始储能为 $i_L(0^-) = 1\mathrm{A}$，试求输入激励 $x(t)$ 为零时的电容电压 $u_C(t)$。

**解：** 根据基尔霍夫电压定律（KVL），由图2-9电路可列出电容电压 $u_C(t)$ 的微分方程如下：

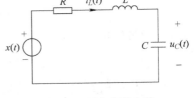

图2-9　$RLC$ 串联电路

$$u_R(t) + u_C(t) + u_L(t) = x(t)$$

即有

$$LCu_C''(t) + RCu_C'(t) + u_C(t) = x(t) \qquad t \geq 0$$

代入 $R$、$L$、$C$ 元件参数值并化简得

$$u_C''(t) + 4u_C'(t) + 4u_C(t) = 4x(t) \qquad t \geq 0$$

这是一个二阶系统，系统的特征根为 $s_1 = s_2 = -2$，为两相等实根，故零输入响应 $u_C(t)$ 的一般形式为

$$u_C(t) = (K_1 + K_2 t)\mathrm{e}^{-2t} \qquad t \geq 0^-$$

确定 $u_C(t)$ 中的待定系数需要知道 $u_C(0^-)$ 和 $u_C'(0^-)$ 两个初始状态。已知 $u_C(0^-)$ 和 $i_L(0^-)$，由电感元件的伏安关系

$$u_C(t) = \frac{1}{C} \int_{-\infty}^{t} i_L(\tau)\,\mathrm{d}\tau$$

可得

$$u_C'(t) = \frac{1}{C} i_L(t)$$

故有

$$u_C'(0^-) = \frac{1}{C} i_L(0^-) = 2\mathrm{V}$$

代入初始状态 $u_C(0^-)$ 和 $u_C'(0^-)$，有

$$u_C(0^-) = K_1 = 1$$

$$u_C'(0^-) = -2K_1 + K_2 = 2$$

解得 $K_1 = 1$，$K_2 = 4$，故零输入响应 $u_C(t)$ 为

$$u_C(t) = (1 + 4t) e^{-2t} \qquad t \geqslant 0^-$$

**2. 连续时间系统的零状态响应**

连续时间系统的零状态响应是当系统的初始状态为零时，由外部激励 $x(t)$ 作用于系统而产生的系统响应，用 $y_{zs}(t)$ 表示。求解系统的零状态响应可以采用求解微分方程的经典法，但更常用的方法是卷积法。

对于线性非时变系统，通过卷积法求系统零状态响应 $y_{zs}(t)$ 的基本方法是将任意信号 $x(t)$ 分解为单位冲激信号的线性组合，通过分析单位冲激信号作用于系统的零状态响应，然后利用线性非时变系统的特性，从而解得系统在任意信号 $x(t)$ 激励下的零状态响应。

根据信号分解理论，连续时间 LTI 系统的零状态响应 $y_{zs}(t)$ 等于输入激励 $x(t)$ 与系统的冲激响应 $h(t)$ 的卷积积分，即

$$y_{zs}(t) = \int_{-\infty}^{\infty} x(\tau) h(t - \tau) \, d\tau = x(t) * h(t) \tag{2-35}$$

【例 2-7】　已知某连续时间 LTI 系统的冲激响应为 $h(t) = (e^{-2t} - e^{-5t}) u(t)$，激励信号 $x(t) = u(t)$，试求系统的零状态响应 $y_{zs}(t)$。

解：利用式 (2-35) 可求出系统的零状态响应 $y_{zs}(t)$ 为

$$
\begin{aligned}
y_{zs}(t) &= x(t) * h(t) \\
&= \int_{-\infty}^{\infty} x(\tau) h(t - \tau) \, d\tau \\
&= \begin{cases} \displaystyle\int_0^t e^{-2(t-\tau)} d\tau - \int_0^t e^{-5(t-\tau)} d\tau & t > 0 \\ 0 & t < 0 \end{cases} \\
&= (0.3 - 0.5 e^{-2t} + 0.2 e^{-5t}) u(t)
\end{aligned}
$$

由以上分析可见，在利用卷积法求解连续时间 LTI 系统的零状态响应时，首先需要分析得出系统的冲激响应 $h(t)$，然后通过卷积积分方法得到系统的零状态响应。

## 2.4.2　单位冲激响应与单位阶跃响应

**1. 单位冲激响应**

连续系统的冲激响应定义为在系统初始状态为零的条件

2-6　单位冲激响应

下，以单位冲激信号激励系统所产生的输出响应，用 $h(t)$ 表示。由于系统冲激响应 $h(t)$ 要求系统在零状态条件下，且输入激励为单位冲激信号 $\delta(t)$，因而冲激响应 $h(t)$ 仅取决于系统的内部结构及其元件参数。因此，系统的冲激响应 $h(t)$ 可以表征系统本身的特性。换句话说，不同的系统就会有不同的冲激响应 $h(t)$。连续时间 LTI 系统的冲激响应 $h(t)$ 在求解系统零状态响应 $y_{zs}(t)$ 中起着十分重要的作用。因此，冲激响应 $h(t)$ 的分析是系统分析的重要内容。

冲激响应 $h(t)$ 定义为：系统在单位冲激信号的激励下产生的零状态响应。由于任意信号可以用冲激信号的组合表示，即

$$e(t) = \int_{-\infty}^{\infty} e(\tau) \delta(t - \tau) \, d\tau \tag{2-36}$$

若把它作用到冲激响应为 $h(t)$ 的线性时不变系统，则系统的响应为

$$r(t) = H[e(t)]$$

$$= H\left[\int_{-\infty}^{\infty} e(\tau)\delta(t-\tau)\mathrm{d}\tau\right]$$

$$= \int_{-\infty}^{\infty} e(\tau)H[\delta(t-\tau)]\mathrm{d}\tau \qquad (2-37)$$

$$= \int_{-\infty}^{\infty} e(\tau)h(t-\tau)\mathrm{d}\tau$$

这就是卷积积分。由于是在零状态下定义的，因而式$(2-37)$表示根据连续时间 LTI 系统的数学模型，其冲激响应 $h(t)$ 满足微分方程

$$h^{(n)}(t) + a_{n-1}h^{(n-1)}(t) + \cdots + a_1 h'(t) + a_0 h(t)$$

$$= b_m \delta^{(m)}(t) + b_{m-1}\delta^{(m-1)}(t) + \cdots + b_1 \delta'(t) + b_0 \delta(t) \qquad (2-38)$$

及初始状态 $h^{(i)}(0^-) = 0(i = 0,1,\cdots,n-1)$。由于 $\delta(t)$ 及其各阶导数在 $t \geq 0^+$ 时都等于零，故式$(2-38)$右端各项在 $t \geq 0^+$ 时恒等于零，这时式$(2-38)$成为齐次方程，这样冲激响应 $h(t)$ 的形式与齐次解的形式相同，即根据式$(2-32) \sim$ 式$(2-34)$可以写出 $h(t)$ 的基本形式。

如果系统的特征根是不等实根，且当 $n > m$ 时，$h(t)$ 可以表示为

$$h(t) = \left(\sum_{i=1}^{n} K_i \mathrm{e}^{s_i t}\right)u(t) \qquad (2-39)$$

式中，待定系数 $K_i(i = 1,2,\cdots,n)$ 可以采用冲激平衡法确定，即将式$(2-39)$代入式$(2-38)$中，为保持系统对应的微分方程式恒等，方程式两边所具有的冲激信号及其高阶导数必须相等，根据此规则即可求得系统的冲激响应 $h(t)$ 中的待定系数。当 $n \leq m$ 时，要使方程式两边所具有的冲激信号及其高阶导数相等，则 $h(t)$ 表示式中还应含有 $\delta(t)$ 及其相应阶的导数 $\delta^{(m-n)}(t),\delta^{(m-n-1)}(t),\cdots,\delta'(t)$ 等项。下面举例说明冲激响应的求解。

【例 2-8】 已知某连续时间 LTI 系统的微分方程式为 $y'(t) + 4y(t) = 2x(t)$，$t \geq 0$，试求系统的冲激响应 $h(t)$。

解：根据系统冲激响应 $h(t)$ 的定义，当 $x(t) = \delta(t)$ 时，$y(t)$ 即为 $h(t)$，即原微分方程式为

$$h'(t) + 4h(t) = 2\delta(t) \qquad t \geq 0$$

由于微分方程式的特征根 $s_1 = -4$，且 $n > m$，因此冲激响应 $h(t)$ 可表示为

$$h(t) = A\mathrm{e}^{-4t}u(t)$$

式中，$A$ 为待定系数。代入原方程式有

$$\frac{\mathrm{d}}{\mathrm{d}t}[A\mathrm{e}^{-4t}u(t)] + 4A\mathrm{e}^{-4t}u(t) = 2\delta(t)$$

即

$$A\mathrm{e}^{-4t}\delta(t) - 4A\mathrm{e}^{-4t}u(t) + 4A\mathrm{e}^{-4t}u(t) = 2\delta(t)$$

有

$$A\delta(t) = 2\delta(t)$$

解得 $A = 2$。因此可得系统的冲激响应为

$$h(t) = 2\mathrm{e}^{-4t}u(t)$$

在例 2-8 中，利用了阶跃信号 $u(t)$ 与冲激信号 $\delta(t)$ 的微积分关系。即只要 $h(t)$ 中含有 $u(t)$，则 $h'(t)$ 中必含有 $\delta(t)$、$h''(t)$ 中必含有 $\delta'(t)$，依此类推。此外，在对 $Ae^{st}u(t)$ 进行求导时，必须按两个函数乘积的导数公式进行，即

$$[x(t)g(t)]' = x'(t)g(t) + x(t)g'(t) \qquad (2-40)$$

求导后，对含有 $\delta(t)$ 的项利用冲激信号的筛选特性进行化简，即

$$x(t)\delta(t) = x(0)\delta(t) \qquad (2-41)$$

【例 2-9】　已知某连续时间 LTI 系统的微分方程式为 $y'(t) + 4y(t) = 3x'(t) + 2x(t)$，$t \geq 0$，试求系统的冲激响应 $h(t)$。

解：根据系统冲激响应 $h(t)$ 的定义，当 $x(t) = \delta(t)$ 时，$y(t)$ 即为 $h(t)$，即原微分方程式为

$$h'(t) + 4h(t) = 3\delta'(t) + 2\delta(t) \qquad t \geq 0$$

由于动态方程式的特征根 $s_1 = -4$，且 $n = m$，为了保持微分方程式的左右平衡，冲激响应 $h(t)$ 必含有 $\delta(t)$ 项，因此冲激响应 $h(t)$ 的形式为

$$h(t) = Ae^{-4t}u(t) + B\delta(t)$$

式中，$A$、$B$ 为待定系数。将 $h(t)$ 代入原方程式有

$$\frac{\mathrm{d}}{\mathrm{d}t}[Ae^{-4t}u(t) + B\delta(t)] + 4[Ae^{-4t}u(t) + B\delta(t)] = 3\delta'(t) + 2\delta(t)$$

即

$$(A + 4B)\delta(t) + B\delta'(t) = 3\delta'(t) + 2\delta(t)$$

有

$$\begin{cases} A + 4B = 2 \\ B = 3 \end{cases}$$

解得 $A = -10$，$B = 3$。因此可得系统的冲激响应为

$$h(t) = -10e^{-4t}u(t) + 3\delta(t)$$

从例 2-9 可以看出，冲激响应 $h(t)$ 中是否含有冲激信号 $\delta(t)$ 及其高阶导数，是通过观察微分方程右边的 $\delta(t)$ 的导数最高次与方程左边 $h(t)$ 的导数最高次来决定的。对于 $h(t)$ 的 $u(t)$ 项，其形式由特征方程的特征根来决定，其设定形式与零输入响应的设定方式相同，即将特征根分为不等根、重根、共轭复根等几种情况分别设定。

**2. 单位阶跃响应**

阶跃响应 $g(t)$ 定义为系统在单位阶跃信号 $u(t)$ 的激励下产生的零状态响应。系统的阶跃响应 $g(t)$ 满足方程

$$g^{(n)}(t) + a_{n-1}g^{(n-1)}(t) + \cdots + a_1g'(t) + a_0g(t)$$
$$= b_m u^{(m)}(t) + b_{m-1}u^{(m-1)}(t) + \cdots + b_1 u'(t) + b_0 u(t) \qquad (2-42)$$

及起始状态 $g^{(k)}(0^-) = 0 (k = 0, 1, \cdots, n-1)$。可以看出方程右端的自由项含有 $\delta(t)$ 及其各阶导数，同时还包含阶跃函数 $u(t)$，因而阶跃响应表示式中，除去含齐次解形式之外，还应增加待解项。

【例 2-10】　已知某连续时间 LTI 系统的微分方程式为 $y''(t) + 7y'(t) + 10y(t) = x''(t) + 6x'(t) + 4x(t)$，$t \geq 0$，试求系统的阶跃响应 $g(t)$。

解：系统的阶跃响应 $g(t)$ 满足方程

$$g''(t) + 7g'(t) + 10g(t) = \delta'(t) + 6\delta(t) + 4u(t)$$

及起始状态 $g(0^-) = g'(0^-) = 0$。其解的形式为

$$g(t) = A_1 e^{-2t} + A_2 e^{-5t} + B \quad t \geq 0^+$$

对于特解 $B$，由 $t \geq 0^+$ 代入方程可得 $10B = 4$，得 $B = \dfrac{2}{5}$。

利用冲激函数匹配法求常数 $A_1$、$A_2$。设

$$\begin{cases} g''(t) = a\delta'(t) + b\delta(t) + c\Delta u(t) \\ g'(t) = a\delta(t) + b\Delta u(t) \qquad\qquad 0^- < t < 0^+ \\ g(t) = a\Delta u(t) \end{cases}$$

代入原方程

$$[a\delta'(t) + b\delta(t) + c\Delta u(t)] + 7[a\delta(t) + b\Delta u(t)] + 10a\Delta u(t) = \delta'(t) + 6\delta(t) + 4\Delta u(t)$$

得 
$$\begin{cases} a = 1 \\ b + 7a = 6 \\ c + 7b + 10a = 4 \end{cases}$$

求出 
$$\begin{cases} a = 1 \\ b = -1 \\ c = 1 \end{cases}$$

因而有 
$$\begin{cases} g(0^+) = a + g(0^-) = 1 \\ g'(0^+) = b + g'(0^-) = -1 \end{cases}$$

代入方程 
$$\begin{cases} A_1 + A_2 + \dfrac{2}{5} = 1 \\ -2A_1 - 5A_2 = -1 \end{cases}$$

解得 
$$\begin{cases} A_1 = \dfrac{2}{3} \\ A_2 = -\dfrac{1}{15} \end{cases}$$

因而要求的系统阶跃响应为

$$g(t) = \left( \frac{2}{3}e^{-2t} - \frac{1}{15}e^{-5t} + \frac{2}{5} \right) u(t)$$

## 2.5  MATLAB 仿真

### 2.5.1  仿真实例

【例 2-11】 已知某 LTI 系统的微分方程为 $y''(t) + 2y'(t) + 100y(t) = f(t)$，其中 $y(0) = y'(0) = 0$，$f(t) = 10\sin(2\pi t)$，求系统的输出 $y(t)$。

解：显然，这是一个求系统零状态响应的问题。MATLAB 程序如下：

```
ts = 0; te = 5; dt = 0.01;
```

```
sys = tf([1],[1,2,100]);
t = ts:dt:te;
f = 10 * sin(2 * pi * t);
y = lsim(sys,f,t);
plot(t,y);
xlabel('Time(sec)');
ylabel('y(t)');
```

运行结果如图 2-10 所示。

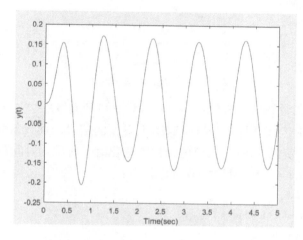

图 2-10　例 2-11 运行结果

【例 2-12】　已知某 LTI 系统的微分方程为 $y''(t) + 2y'(t) + 100y(t) = 10f(t)$，求系统的冲激响应和阶跃响应的波形。

解：MATLAB 程序如下：

```
ts = 0;te = 5;dt = 0.01;
sys = tf([10],[1,2,100]);
t = ts:dt:te;
h = impulse(sys,t);
figure;
plot(t,h);
    xlabel('Time(sec)');
    ylabel('h(t)');
g = step(sys,t);
figure;
plot(t,g);
    xlabel('Time(sec)');
ylabel('g(t)');
```

运行结果如图 2-11 所示。

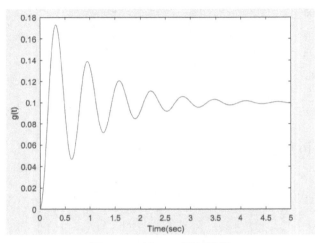

图 2-11　例 2-12 运行结果

【例 2-13】　用数值计算法求 $f_1(t) = u(t) - u(t-2)$ 与 $f_2(t) = e^{-3t}u(t)$ 的卷积积分。

解：因为 $f_2(t) = e^{-3t}u(t)$ 是一个持续时间无限长的信号，而计算机数值计算不可能计算真正的无限长信号，所以在进行 $f_2(t)$ 的抽样离散化时，所取的时间范围让 $f_2(t)$ 衰减到足够小就可以了，本例取 $t = 2.5$。MATLAB 程序如下：

```
dt = 0. 01; t = - 1:dt:2. 5;
f1 = heaviside(t) - heaviside(t - 2);
f2 = exp( - 3 * t). * heaviside(t);
f = conv(f1,f2) * dt; n = length(f); tt = (0:n - 1) * dt - 2;
subplot(221), plot(t,f1), grid on;
axis([ - 1,2. 5, - 0. 2,1. 2]); title('f1(t)'); xlabel('t')
subplot(222), plot(t,f2), grid on;
axis([ - 1,2. 5, - 0. 2,1. 2]); title('f2(t)'); xlabel('t')
subplot(212), plot(tt,f), grid on;
title('f(t) = f1(t) * f2(t)'); xlabel('t')
```

运行结果如图 2-12 所示。

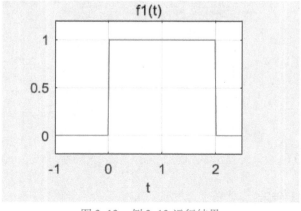

图 2-12　例 2-13 运行结果

由于 $f_1(t)$ 和 $f_2(t)$ 的时间范围都是从 $t=-1$ 开始，所以卷积结果的时间范围从 $t=-2$ 开始，增量还是取样间隔 $\Delta$，这就是语句 tt $= (0:n-1)*dt-2$ 的由来。

### 2.5.2　MATLAB 仿真作业

1. 实现卷积 $f(t)*h(t)$，其中 $f(t)=2[u(t)-u(t-1)]$，$h(t)=u(t)-u(t-2)$。
2. 设方程 $y''(t)+5y'(t)+6y(t)=2e^{-t}u(t)$，试求零状态响应 $y(t)$。

## 习题

#### 一、填空题

1. $\delta(t)*\cos(\omega t+45°)$ 等于_____。

2. $\cos\omega t*[\delta(t+1)-\delta(t-1)]$ 等于_____。

3. $\sin\pi t[u(t)-u(t-1)]*[\delta(t-1)-\delta(t+2)]$ 等于_____。

4. $f(t-t_0)*\delta(t-t_0)$ 等于_____。

5. $f(t-t_0)*\delta(t+t_0)$ 等于_____。

6. $[\sin\omega(t-t_0)+\cos2\omega(t+t_0)]*\delta(t+t_0)$ 等于_____。

7. $\delta(t-t_0)*\delta(t-t_0)$ 等于_____。

8. $f(t)*\delta''(t-t_0)$ 等于_____。

9. $f(t-t_0)*\delta''(t-t_0)$ 等于_____。

10. $f'(t-t_0)*\delta'(t-t_0)$ 等于_____。

#### 二、计算题

1. 求 $f_1(t)=u(t)$ 与 $f_2(t)=e^{-\alpha t}u(t)$ 的卷积。

2. 求 $f_1(t)=\sin(2\pi t)[u(t)-u(t-1)]$ 与 $f_2(t)=u(t)$ 的卷积。

3. 求 $f_1(t)=e^{-t}u(t)$ 与 $f_2(t)=u(t-1)$ 的卷积。

4. 求 $f_1(t)=u(t)$ 与 $f_2(t)=u(t)$ 的卷积。

5. 求 $f_1(t)=e^{-3t}u(t)$ 与 $f_2(t)=\dfrac{d[e^{-t}\delta(t)]}{dt}$ 的卷积。

6. 试求卷积 $(1-e^{-2t})u(t)*\delta'(t)*u(t)$。

7. 试求卷积 $e^{-t}u(t)*u(t)*\delta(t-t_0)$。

8. 已知 $f(t)*tu(t)=(t+e^{-t}-1)u(t)$，求 $f(t)$。

9. 已知 $f(t)*u(t)=(e^{-t}-1)u(t)$，求 $f(t)$。

10. 已知 $f(t)*tu(t)=(1-e^{-t})u(t)$，求 $f(t)$。

#### 三、应用题

1. 已知系统微分方程相应的齐次方程为 $\dfrac{d^2}{dt^2}y(t)+4\dfrac{d}{dt}y(t)+3y(t)=0$，若初始条件为 $y(0^+)=0$，$y'(0^+)=2$，求其零输入响应。

2. 已知系统微分方程相应的齐次方程为 $\dfrac{d^2}{dt^2}y(t)+2\dfrac{d}{dt}y(t)+y(t)=0$，若初始条件为

$y(0^+)=1$，$y'(0^+)=2$，求其零输入响应。

3. 给定系统微分方程$\dfrac{d^2}{dt^2}y(t)+7\dfrac{d}{dt}y(t)+10y(t)=0$，起始状态$y(0^-)=1$，$y'(0^-)=3$，求系统的零输入响应。

4. 一线性时不变系统，在相同的初始条件下，当激励为$f(t)$（$t<0$，$f(t)=0$）时，其全响应为$y_1(t)=2e^{-t}+\cos2t$，$t>0$；当激励为$2f(t)$时，其全响应为$y_2(t)=e^{-t}+2\cos2t$，$t>0$。求激励为$4f(t)$时系统的零状态响应。

5. 一线性时不变系统，在相同的初始条件下，当激励为$f(t)$时，其全响应为$y_1(t)=(2e^{-3t}+\sin2t)u(t)$；当激励为$2f(t)$时，其全响应为$y_2(t)=(e^{-3t}+2\sin2t)u(t)$。求激励为$0.5f(t)$时的零状态响应。

6. 一线性时不变系统，在相同的初始条件下，当激励为$f(t)$时，其全响应为$y_1(t)=(2e^{-3t}+\sin2t)u(t)$；当激励为$2f(t)$时，其全响应为$y_2(t)=(e^{-3t}+2\sin2t)u(t)$。求在初始条件增大1倍，激励为$0.5f(t)$时的全响应。

7. 一线性时不变系统，在相同的初始条件下，当激励为$f(t)$时，其全响应为$y_1(t)=(2e^{-3t}+\sin2t)u(t)$；当激励为$2f(t)$时，其全响应为$y_2(t)=(e^{-3t}+2\sin2t)u(t)$。求在同样的初始条件下，激励为$f(t-t_0)$时的全响应。

8. 一线性时不变系统，在相同的初始条件下，当激励为$f(t)$时，其全响应为$y_1(t)=(2e^{-3t}+\sin2t)u(t)$；当激励为$2f(t)$时，其全响应为$y_2(t)=(e^{-3t}+2\sin2t)u(t)$。求在初始条件增大1倍，激励为$0.5f(t)$时的全响应。

**四、画图题**

1. 已知$f_1(t)=u(t+1)-u(t-1)$，$f_2(t)=\delta(t+5)+\delta(t-5)$，画出$s(t)=f_1(t)*f_2(t)$的图形。

2. 已知$f_1(t)=u(t+1)-u(t-1)$，$f_2(t)=\delta(t+5)+\delta(t-5)$，$f_3(t)=\delta(t+\dfrac{1}{2})+\delta(t-\dfrac{1}{2})$，画出$s(t)=f_1(t)*f_2(t)*f_3(t)$的图形。

3. 已知$f_1(t)=u(t+1)-u(t-1)$，$f_2(t)=\delta(t+5)+\delta(t-5)$，画出$s(t)=\{[f_1(t)*f_2(t)][u(t+5)-u(t-5)]\}*f_2(t)$的图形。

4. 已知$f_1(t)=u(t+1)-u(t-1)$，$f_2(t)=\delta(t+\dfrac{1}{2})+\delta(t-\dfrac{1}{2})$，画出$s(t)=f_1(t)*f_2(t)$的图形。

5. 图2-13所示为$f_1(t)$、$f_2(t)$的波形图，试用图解法粗略画出$f_1(t)*f_2(t)$的波形。

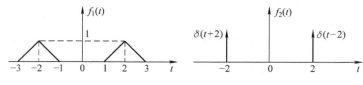

图2-13　题5图

6. 图 2-14 所示为 $f_1(t)$、$f_2(t)$ 的波形图，试用图解法粗略画出 $f_1(t) * f_2(t)$ 的波形。

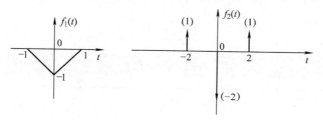

图 2-14　题 6 图

# 第3章 连续时间信号与系统的频域分析

【本章教学目标与要求】

1）熟悉周期信号的傅里叶级数展开式、掌握信号频谱的有关概念。
2）熟悉典型周期信号的傅里叶级数。
3）熟悉典型非周期信号的傅里叶变换。
4）理解由傅里叶级数到傅里叶变换的过渡以及它们的物理意义。
5）掌握傅里叶变换的基本性质和应用。
6）熟悉周期信号的傅里叶变换特点以及与周期信号的傅里叶级数之间的联系与区别。
7）掌握线性时不变系统的频域分析方法及频率特性。
8）掌握系统无失真传输条件。
9）掌握理想低通滤波器的网络函数。
10）了解理想低通滤波器的上升时间与带宽之间的关系。
11）了解抽样信号傅里叶变换的特点。
12）掌握时域抽样定理。
13）熟悉调制与解调的工作原理及应用，重点掌握频分复用的原理。
14）了解从抽样信号恢复连续时间信号的原理，掌握零阶抽样保持的方法。

从本章开始由时域分析转入变换域分析，在变换域分析中，首先讨论傅里叶变换。傅里叶变换是在傅里叶级数正交函数展开的基础上发展而产生的，这方面的问题也称为傅里叶分析。

傅里叶分析的研究与应用至今已经历了一百余年。1822 年，法国数学家傅里叶（1768—1830）在研究热传导理论时发表了著作《热的分析理论》，提出并证明了将周期函数展开为正弦级数的原理，奠定了傅里叶级数的理论基础。其后，泊松、高斯等人把这一成果应用到电学中去。虽然在电力工程中，伴随着电机制造、交流电的产生与传输等实际问题的需要，三角函数、指数函数以及傅里叶分析等数学工具早已得到广泛的应用，但是在通信系统中普遍应用这些数学工具还经历了一段过程，因为当时要找到简便而实用的方法来产生、传输、分离和变换各种频率的正弦信号还有一定的困难。直到 19 世纪末，人们才制造出用于工程实际的电容器。进入 20 世纪以后，谐振电路、滤波器、正弦振荡器等一系列具体问题的解决为正弦函数与傅里叶分析的进一步应用开辟了广阔的前景。从此，人们逐渐认识到，在通信与控制系统的理论研究和实际应用中，采用频率域（频域）的分析方法较之经典的时间域（时域）方法有许多突出的优点。当今，傅里叶分析方法已经成为信号分析与系统设计不可缺少的重要工具。自 20 世纪 70 年代以来，随着计算机、数字集成电路技术的发展，人们对各种二值正交函数（如沃尔什函数）的研究产生了兴趣，它为通信、数字信号处理等技术领域的研究提供了多种途径和手段。虽然人们认识到傅里叶分析绝不是信息科学与技术领域中唯一的变换域方法，但也不得不承认，在此领域中，傅里叶分析始终有着极其广泛的应用，是研究其他变换方法的基础。而且由于计算机技术的普遍应用，在傅里叶分析方法中出现了所谓快速傅里叶变换（FFT），它为这一数学工具赋予了新的生命力。目前，快速傅里叶变换的研究与应用已相当成熟，而且仍在不断更新与发展。傅里叶分析方法不仅应用于电力工程、通信和控制领域之中，而且在力学、光学、量子物理和各种线性系统分析等许多有关数学、物理和工程技术领域中得到了广泛而普遍的应用。

　　本章从傅里叶级数正交函数展开问题开始讨论，引出傅里叶变换，建立信号频谱的概念。通过典型信号频谱以及傅里叶变换性质的研究，初步掌握傅里叶分析方法的应用。对于周期信号而言，在进行频谱分析时可以利用傅里叶级数，也可以利用傅里叶变换，傅里叶级数相当于傅里叶变换的一种特殊表达形式。第 3.4 节专门研究了周期信号的傅里叶变换，并对比研究了周期信号与抽样信号的傅里叶变换，这将有利于从连续时间信号分析逐步过渡到离散时间信号分析。作为傅里叶变换的最重要应用之一，第 3.4 节还介绍了抽样定理，这一定理奠定了近代数字通信的理论基础。

## 3.1　周期信号的傅里叶分析

### 3.1.1　三角函数形式的傅里叶级数

3-1　三角函数形式的傅里叶级数

　　由高等数学课程已知，按照傅里叶级数的定义，周期函数 $f(t)$ 可由三角函数的线性组合来表示。若 $f(t)$ 的周期为 $T_1$，角频率 $\omega_1 = \dfrac{2\pi}{T_1}$，频率 $f_1 = \dfrac{1}{T_1}$，傅里叶级数展开式为

$$
\begin{aligned}
f(t) &= a_0 + a_1\cos(\omega_1 t) + b_1\sin(\omega_1 t) + a_2\cos(2\omega_1 t) + \\
&\quad b_2\sin(2\omega_1 t) + \cdots + a_n\cos(n\omega_1 t) + b_n\sin(n\omega_1 t) + \cdots \\
&= a_0 + \sum_{n=1}^{\infty}\left[a_n\cos(n\omega_1 t) + b_n\sin(n\omega_1 t)\right]
\end{aligned}
\tag{3-1}
$$

式中，$n$ 为正整数，各次谐波成分的幅度值按以下各式计算：

　　直流分量

$$
a_0 = \frac{1}{T_1}\int_{t_0}^{t_0+T_1} f(t)\,\mathrm{d}t
\tag{3-2}
$$

　　余弦分量的幅度

$$
a_n = \frac{2}{T_1}\int_{t_0}^{t_0+T_1} f(t)\cos(n\omega_1 t)\,\mathrm{d}t
\tag{3-3}
$$

　　正弦分量的幅度

$$b_n = \frac{2}{T_1} \int_{t_0}^{t_0+T_1} f(t) \sin(n\omega_1 t) \, dt \tag{3-4}$$

其中 $n = 1, 2, \cdots$。为方便起见，通常积分区间 $t_0 \sim t_0 + T_1$ 取为 $0 \sim T_1$ 或 $-\dfrac{T_1}{2} \sim +\dfrac{T_1}{2}$。

三角函数集是一组完备的正交函数集，本章着重研究从傅里叶级数引出信号频谱以及傅里叶变换的概念。

必须指出，并非任意周期信号都能进行傅里叶级数展开。被展开的函数 $f(t)$ 需要满足以下的一组充分条件，这组条件称为狄利克雷（Dirichlet）条件：

1）在一个周期内，如果有间断点存在，则间断点的数目应是有限个。

2）在一个周期内，极大值和极小值的数目应是有限个。

3）在一个周期内，信号是绝对可积的，即 $\displaystyle\int_{t_0}^{t_0+T_1} |f(t)| \, dt$ 等于有限值（$T_1$ 为周期）。

通常周期性信号都能满足狄利克雷条件，因此，以后除非特殊需要，一般不再考虑这一条件。

若将式（3-1）中的同频率项加以合并，可以写成另一种形式，即

$$f(t) = c_0 + \sum_{n=1}^{\infty} c_n \cos(n\omega_1 t + \varphi_n) \tag{3-5}$$

或

$$f(t) = d_0 + \sum_{n=1}^{\infty} d_n \sin(n\omega_1 t + \theta_n)$$

比较式（3-1）和式（3-5），可以看出傅里叶级数中各个量之间有如下关系：

$$\begin{cases}
a_0 = c_0 = d_0 \\
c_n = d_n = \sqrt{a_n^2 + b_n^2} \\
a_n = c_n \cos\varphi_n = d_n \sin\theta_n \\
b_n = -c_n \sin\varphi_n = d_n \cos\theta_n \\
\tan\theta_n = \dfrac{a_n}{b_n} \\
\tan\varphi_n = -\dfrac{b_n}{a_n} \quad n = 1,2,\cdots
\end{cases} \tag{3-6}$$

式（3-1）表明任何周期信号只要满足狄利克雷条件就可以分解成直流分量及许多正弦、余弦分量。这些正弦、余弦分量的频率必定是基频 $f_1(f_1 = 1/T_1)$ 的整数倍。通常把频率为 $f_1$ 的分量称为基波，频率为 $2f_1$，$3f_1$，$\cdots$ 的分量分别称为二次谐波、三次谐波、$\cdots$。显然，直流分量的大小以及基波与各次谐波的幅度、相位取决于周期信号的波形。

从式（3-3）~式（3-6）可以看出，各分量的幅度 $a_n$、$b_n$、$c_n$ 及相位 $\varphi_n$ 都是 $n\omega_1$ 的函数。如果把 $c_n$ 对 $n\omega_1$ 的关系画成如图 3-1a 所示的线图，便可清楚而直观地看出各频率分量的相对大小。这种图称为信号的幅度频谱或简称为幅度谱。图中每条线代表某一频率分量的幅度，称为谱线。连接各谱线顶点的曲线（如图 3-1 中虚线所示）称为包络线，它反映各分量的幅度变化情况。类似地，还可以画出各分量的相位 $\varphi_n$ 对频率 $n\omega_1$ 的线图，如图 3-1b 所

示，这种图称为相位频谱或简称相位谱。周期信号的频谱只会出现在 $0$，$\omega_1$，$2\omega_1$，$\cdots$ 离散频率点上，这种频谱称为离散谱，它是周期信号频谱的主要特点。

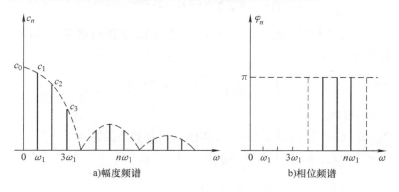

a)幅度频谱　　　　　　b)相位频谱

图 3-1　周期信号的频谱

## 3.1.2　指数形式的傅里叶级数

周期信号的傅里叶级数展开也可表示为指数形式，已知

$$f(t) = a_0 + \sum_{n=1}^{\infty} \left[ a_n \cos(n\omega_1 t) + b_n \sin(n\omega_1 t) \right] \tag{3-7}$$

根据欧拉公式，有

$$\cos(n\omega_1 t) = \frac{1}{2}(e^{jn\omega_1 t} + e^{-jn\omega_1 t})$$

$$\sin(n\omega_1 t) = \frac{1}{2j}(e^{jn\omega_1 t} - e^{-jn\omega_1 t})$$

将上式代入式 (3-7)，可得

$$f(t) = a_0 + \sum_{n=1}^{\infty} \left[ \frac{a_n - jb_n}{2} e^{jn\omega_1 t} + \frac{a_n + jb_n}{2} e^{-jn\omega_1 t} \right] \tag{3-8}$$

令

$$F(n\omega_1) = \frac{1}{2}(a_n - jb_n) \quad n = 1,2,\cdots \tag{3-9}$$

考虑到 $a_n$ 是 $n$ 的偶函数，$b_n$ 是 $n$ 的奇函数 [见式 (3-3)、式 (3-4)]，由式 (3-9) 可知

$$F(-n\omega_1) = \frac{1}{2}(a_n + jb_n)$$

将上述结果代入式 (3-8)，可得

$$f(t) = a_0 + \sum_{n=1}^{\infty} \left[ F(n\omega_1) e^{jn\omega_1 t} + F(-n\omega_1) e^{-jn\omega_1 t} \right]$$

令 $F(0) = a_0$，考虑到

$$\sum_{n=1}^{\infty} F(-n\omega_1) e^{-jn\omega_1 t} = \sum_{n=-1}^{-\infty} F(n\omega_1) e^{jn\omega_1 t}$$

可得到 $f(t)$ 的指数形式傅里叶级数为

$$f(t) = \sum_{n=-\infty}^{\infty} F(n\omega_1) e^{jn\omega_1 t} \tag{3-10}$$

若将式（3-3）、式（3-4）代入式（3-9），就可以得到指数形式傅里叶级数的系数 $F(n\omega_1)$（或简写作 $F_n$）为

$$F_n = \frac{1}{T_1} \int_{t_0}^{t_0+T_1} f(t) e^{-jn\omega_1 t} dt \tag{3-11}$$

其中 $n$ 为 $-\infty \sim \infty$ 的整数。

从式（3-6）、式（3-9）可以看出 $F_n$ 与其他系数有如下关系：

$$\begin{cases} F_0 = c_0 = d_0 = a_0 \\ F_n = |F_n| e^{j\varphi_n} = \frac{1}{2}(a_n - jb_n) \\ F_{-n} = |F_{-n}| e^{-j\varphi_n} = \frac{1}{2}(a_n + jb_n) \\ |F_n| = |F_{-n}| = \frac{1}{2}c_n = \frac{1}{2}d_n = \frac{1}{2}\sqrt{a_n^2 + b_n^2} \\ |F_n| + |-F_n| = c_n \\ F_n + F_{-n} = a_n \\ b_n = j(F_n + F_{-n}) \\ c_n^2 = d_n^2 = a_n^2 + b_n^2 = 4F_n F_{-n} \quad n = 1,2,\cdots \end{cases} \tag{3-12}$$

同样可以画出指数形式表示的信号频谱。因为 $F_n$ 一般是复函数，所以称这种频谱为复数频谱。根据 $F_n = |F_n| e^{j\varphi_n}$ 可以画出复数幅度谱 $|F_n| \sim \omega$ 与复数相位谱 $\varphi_n \sim \omega$，如图 3-2a、b 所示。然而，当 $F_n$ 为实数时，可以用 $F_n$ 的正负表示的 0、$\pi$，因此经常把幅度谱与相位谱合画在一张图上，如图 3-2c 所示。由此可知，图中每条谱线幅度 $|F_n| = \frac{1}{2}c_n$。由于在式（3-10）中不仅包括正频率项而且含有负频率项，因此这种频谱相对于纵轴左右是对称的。

比较图 3-1 和图 3-2 可以看出这两种频谱表示方法实质上是一样的，其不同之处仅在于图 3-1 中每条谱线代表一个分量的幅度，而图 3-2 中每个分量的幅度一分为二，在正、负频率相对应的位置上各为一半，所以，只有把正、负频率上对应的这两条谱线矢量相加起来才代表一个分量的幅度。应该指出在负数频谱中出现的负频率是由于将 $\sin(n\omega_1 t)$、$\cos(n\omega_1 t)$ 写成指数形式时，从数学的观点自然分成 $e^{jn\omega_1 t}$ 以及 $e^{-jn\omega_1 t}$ 两项，因而引入了 $-jn\omega_1 t$ 项。所以，负频率的出现完全是数学运算的结果，并没有任何物理意义，只有把负频率项与相应的正频率项成对地合并起来，才是实际的频谱函数。

下面利用傅里叶级数的有关结论研究周期信号的功率特性。为此，将傅里叶级数表示式（3-1）或式（3-10）的两边二次方，并在一个周期内进行积分，再利用三角函数及复指数函数的正交性，可以得到周期信号 $f(t)$ 的平均功率 $P$ 与傅里叶系数的关系为

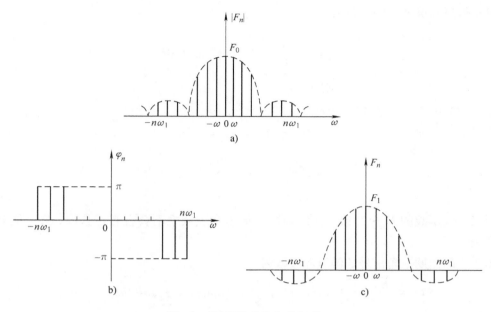

图 3-2　周期信号的复数频谱

$$P = \overline{f^2(t)} = \frac{1}{T_1}\int_{t_0}^{t_0+T_1} f^2(t)\,\mathrm{d}t$$

$$= a_0^2 + \frac{1}{2}\sum_{n=1}^{\infty}(a_n^2 + b_n^2) = c_0^2 + \frac{1}{2}\sum_{n=1}^{\infty}c_n^2$$

$$= \sum_{n=-\infty}^{\infty}|F_n|^2 \tag{3-13}$$

式（3-13）表明周期信号的平均功率等于傅里叶级数展开各谐波分量有效值的二次方和，也即时域与频域的能量守恒。式（3-13）称为帕塞瓦尔定理（或方程）。

在要求把已知信号 $f(t)$ 展开为傅里叶级数时，如果 $f(t)$ 是实函数而且它的波形满足某种对称性，则在其傅里叶级数中有些项将不出现，留下的各项系数的表达式也变得比较简单。波形的对称性有两类：一类是对整周期对称，如偶函数和奇函数；另一类是对半周期对称，如奇谐函数、偶谐函数。前者决定级数中只可能含有余弦项或正弦项，后者决定级数中只可能含有偶次项或奇次项。

下面讨论几种对称条件。

（1）偶函数

若信号波形相对于纵轴是对称的，即满足

$$f(t) = f(-t)$$

此时 $f(t)$ 是偶函数，如图 3-3 所示周期三角信号为偶函数。

这样，式（3-3）中的 $f(t)\cos(n\omega_1 t)$ 为偶函数，而式（3-4）中的 $f(t)\sin(n\omega_1 t)$ 为奇函

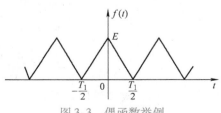

图 3-3　偶函数举例

数，于是傅里叶级数中的系数为

$$\begin{cases} a_n = \dfrac{4}{T_1}\int_0^{\frac{T_1}{2}} f(t)\cos(n\omega_1 t)\,\mathrm{d}t \\ b_n = 0 \end{cases} \tag{3-14}$$

由式（3-6）、式（3-12）可得

$$\begin{cases} c_n = d_n = a_n = 2F_n \\ F_n = F_{-n} = \dfrac{a_n}{2} \\ \varphi_n = 0 \end{cases}$$

所以，偶函数的 $F_n$ 为实数。在偶函数的傅里叶级数中不会含有正弦项，只可能含有直流项和余弦项。

图 3-3 的周期三角信号的傅里叶级数为

$$f(t) = \frac{E}{2} + \frac{4E}{\pi^2}\Big[\cos(\omega_1 t) + \frac{1}{9}\cos(3\omega_1 t) + \frac{1}{25}\cos(5\omega_1 t) + \cdots\Big]$$

（2）奇函数

若波形相对于纵坐标是反对称的，即满足

$$f(t) = -f(-t)$$

此时 $f(t)$ 是奇函数，如图 3-4 所示周期锯齿信号为奇函数。

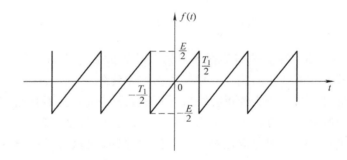

图 3-4 奇函数举例

由式（3-3）、式（3-4）可以看出傅里叶级数中的系数为

$$\begin{cases} a_0 = 0 \\ a_n = 0 \\ b_n = \dfrac{4}{T_1}\int_0^{\frac{T_1}{2}} f(t)\sin(n\omega_1 t)\,\mathrm{d}t \end{cases}$$

由式（3-6）、式（3-12）可得

$$\begin{cases} c_n = d_n = b_n = 2\mathrm{j}F_n \\[2mm] F_n = -F_{-n} = -\dfrac{1}{2}\mathrm{j}b_n \\[2mm] \varphi_n = -\dfrac{\pi}{2} \\[2mm] \theta_n = 0 \end{cases}$$

所以，奇函数的 $F_n$ 为虚数。在奇函数的傅里叶级数中不会含有余弦项，只可能包含正弦项。虽然在奇函数上加以直流成分，它不再是奇函数，但在其傅里叶级数中仍然不会含有余弦项。

图 3-4 的周期锯齿信号的傅里叶级数为

$$f(t) = \frac{E}{\pi}\Big[\sin(\omega_1 t) - \frac{1}{2}\sin(2\omega_1 t) + \frac{1}{3}\sin(3\omega_1 t) - \cdots\Big]$$

显然，周期锯齿信号不包含余弦项，只含有正弦项。

（3）奇谐函数

若波形沿时间轴平移半个周期并相对于该轴上下反转，此时波形并不发生变化，即满足

$$f(t) = -f\Big(t \pm \frac{T_1}{2}\Big) \tag{3-15}$$

此时 $f(t)$ 称为半波对称函数或称为奇谐函数，如图 3-5a 所示。

由图 3-5a 可以明显地看出，直流分量 $a_0$ 必然等于零。为了说明半波对称对傅里叶系数 $a_n$、$b_n$ 的影响，图 3-5b、c、d、e 中用虚线分别画出了 $\cos(\omega_1 t)$、$\sin(\omega_1 t)$、$\cos(2\omega_1 t)$ 及 $\sin(2\omega_1 t)$ 的波形，图中实线表示半波对称函数 $f(t)$。从这几幅图可以定性地看出，式（3-3）中被积函数 $f(t)\cos(n\omega_1 t)$ 和式（3-4）中被积函数 $f(t)\sin(n\omega_1 t)$ 的形状。显然，$f(t)\cos(\omega_1 t)$ 和 $f(t)\sin(\omega_1 t)$ 积分存在，而 $f(t)\cos(2\omega_1 t)$ 和 $f(t)\sin(2\omega_1 t)$ 积分为零。可以得到傅里叶级数中的系数为

$$\begin{cases} a_1 = \dfrac{4}{T_1}\displaystyle\int_0^{\frac{T_1}{2}} f(t)\cos(\omega_1 t)\,\mathrm{d}t \\[3mm] b_1 = \dfrac{4}{T_1}\displaystyle\int_0^{\frac{T_1}{2}} f(t)\sin(\omega_1 t)\,\mathrm{d}t \\[2mm] a_2 = 0 \\[1mm] b_2 = 0 \end{cases}$$

依此类推，可得

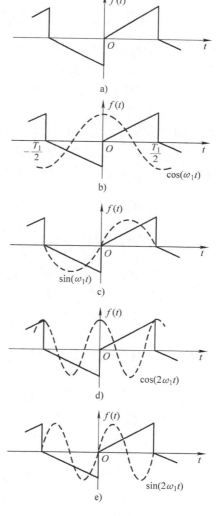

图 3-5　奇谐函数举例

$$\begin{cases} a_0 = 0 \\ a_n = b_n = 0 & n\text{ 为偶数} \\ a_n = \dfrac{4}{T_1}\displaystyle\int_0^{\frac{T_1}{2}} f(t)\cos(n\omega_1 t)\,\mathrm{d}t & n\text{ 为奇数} \\ b_n = \dfrac{4}{T_1}\displaystyle\int_0^{\frac{T_1}{2}} f(t)\sin(n\omega_1 t)\,\mathrm{d}t & n\text{ 为奇数} \end{cases} \tag{3-16}$$

可见，在半波对称周期函数的傅里叶级数中，只会含有基波和奇次谐波的正弦、余弦项，而不会包含偶次谐波项，这也是"奇谐函数"名称的来由。注意：不要把奇函数和奇谐函数相混淆，前者只可能包含正弦项，而后者只可能包含奇次谐波的正弦、余弦项。

由上可见，当波形满足某种对称关系时，在傅里叶级数中某些项将不出现。熟悉傅里叶级数这种性质后，可以对波形应包含哪些谐波成分迅速做出判断，以便简化傅里叶系数的计算。在允许的情况下，可以移动函数的坐标使波形具有某种对称性，以简化运算。

### 3.1.3 典型周期信号的傅里叶级数

周期信号的频谱分析可利用傅里叶级数，也可借助傅里叶变换。本节以傅里叶级数展开形式研究典型周期信号的频谱，第 3.4 节利用傅里叶变换研究周期信号的频谱。

3-2 周期矩形脉冲信号

**1. 周期矩形脉冲信号**

设周期矩形脉冲信号 $f(t)$ 的脉冲宽度为 $\tau$，脉冲幅度为 $E$，重复周期为 $T_1$（显然，角频率 $\omega_1 = 2\pi f_1 = 2\pi/T_1$），如图 3-6 所示。

图 3-6 周期矩形信号在一个周期内

$\left(-\dfrac{T_1}{2} \leqslant t \leqslant \dfrac{T_1}{2}\right)$ 的表达式为

$$f(t) = E\left[u\left(t + \frac{\tau}{2}\right) - u\left(t - \frac{\tau}{2}\right)\right]$$

利用式（3-1），可以把周期矩形信号 $f(t)$ 展开成三角形式的傅里叶级数为

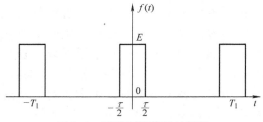

图 3-6 周期矩形信号的波形

$$f(t) = a_0 + \sum_{n=1}^{\infty}\left[a_n\cos(n\omega_1 t) + b_n\sin(n\omega_1 t)\right]$$

根据式（3-3）、式（3-4）可以求出各系数，其中直流分量为

$$a_0 = \frac{1}{T_1}\int_{-\frac{T_1}{2}}^{\frac{T_1}{2}} f(t)\,\mathrm{d}t = \frac{1}{T_1}\int_{-\frac{\tau}{2}}^{\frac{\tau}{2}} E\,\mathrm{d}t = \frac{E\tau}{T_1} \tag{3-17}$$

余弦分量的幅度为

$$\begin{aligned} a_n &= \frac{2}{T_1}\int_{-\frac{T_1}{2}}^{\frac{T_1}{2}} f(t)\cos(n\omega_1 t)\,\mathrm{d}t \\ &= \frac{2}{T_1}\int_{-\frac{\tau}{2}}^{\frac{\tau}{2}} E\cos\left(n\frac{2\pi}{T_1}t\right)\mathrm{d}t \\ &= \frac{2E}{n\pi}\sin\left(\frac{n\pi\tau}{T_1}\right) \end{aligned}$$

或写作

$$a_n = \frac{2E\tau}{T_1} Sa\left(\frac{n\pi\tau}{T_1}\right)$$

$$= \frac{E\tau\omega_1}{\pi} Sa\left(\frac{n\omega_1\tau}{2}\right) \tag{3-18}$$

式中，$Sa$ 为抽样函数，且有

$$Sa\left(\frac{n\pi\tau}{T_1}\right) = \frac{\sin\left(\dfrac{n\pi\tau}{T_1}\right)}{\dfrac{n\pi\tau}{T_1}}$$

由于 $f(t)$ 是偶函数，由式（3-4）可得

$$b_n = 0$$

这样，周期矩形信号的三角形式傅里叶级数为

$$f(t) = \frac{E\tau}{T_1} + \frac{2E\tau}{T_1} \sum_{n=1}^{\infty} Sa\left(\frac{n\pi\tau}{T_1}\right)\cos(n\omega_1 t) \tag{3-19}$$

或

$$f(t) = \frac{E\tau}{T_1} + \frac{E\tau\omega_1}{\pi} \sum_{n=1}^{\infty} Sa\left(\frac{n\omega_1\tau}{2}\right)\cos(n\omega_1 t)$$

若将 $f(t)$ 展开为指数形式的傅里叶级数，由式（3-11）可得

$$F_n = \frac{1}{T_1}\int_{-\frac{\tau}{2}}^{\frac{\tau}{2}} E e^{-jn\omega_1 t}\mathrm{d}t = \frac{E\tau}{T_1} Sa\left(\frac{n\omega_1\tau}{2}\right)$$

所以

$$f(t) = \sum_{n=-\infty}^{\infty} F_n e^{jn\omega_1 t} = \frac{E\tau}{T_1}\sum_{n=-\infty}^{\infty} Sa\left(\frac{n\omega_1\tau}{2}\right)e^{jn\omega_1 t}$$

对式（3-19）而言，若给定 $\tau$、$T_1$（或 $\omega_1$）、$E$，就可以求出直流分量、基波与各次谐波分量的幅度，分别为

$$\begin{cases} c_n = a_n = \dfrac{2E\tau}{T_1} Sa\left(\dfrac{n\omega_1\tau}{T_1}\right) & n = 1,2,\cdots \\[2mm] c_0 = a_0 = \dfrac{E\tau}{T_1} \end{cases}$$

图 3-7a、b 分别为幅度谱 $|c_n|$ 和相位谱 $\varphi_n$ 的图形。考虑到这里 $c_n$ 是实数，因此一般把幅度谱 $c_n$、相位谱 $\varphi_n$ 合画在一幅图上，如图 3-7c 所示。同样，也可画出复数频谱 $F_n$，如图 3-7d所示。

从以上分析可以看出：

1）周期矩形脉冲如同一般的周期信号，它的频谱是离散的，两谱线的间隔为 $\omega_1$（$\omega_1 = 2\pi/T_1$），脉冲重复周期越大，谱线越靠近。

2）直流分量、基波及各谐波分量的大小正比于脉幅 $E$ 和脉宽 $\tau$，反比于周期 $T_1$。各谱线的幅度按 $Sa\left(\dfrac{n\pi\tau}{T_1}\right)$ 包络线的规律变化。例如，当 $n=1$ 时，基波幅度为 $\dfrac{2E}{\pi}\sin\left(\dfrac{\pi\tau}{T_1}\right)$，二次谐

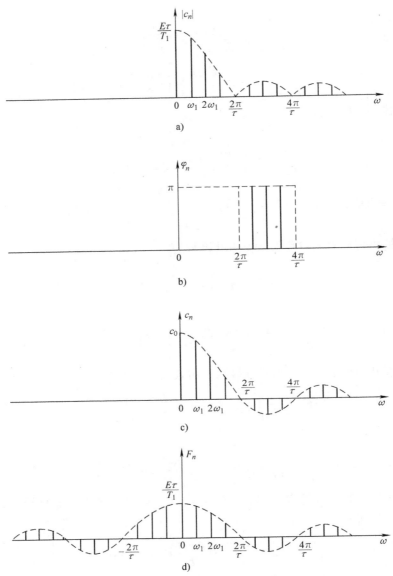

图 3-7　周期矩形信号的频谱

波的幅度为 $\dfrac{E}{\pi}\sin\left(\dfrac{2\pi\tau}{T_1}\right)$。当 $\omega=\dfrac{2m\pi}{\tau}$ （$m=1$，$2$，$\cdots$）时，谱线的包络线经过零点。当 $\omega$ 位于 $0$，$2.86\dfrac{\pi}{\tau}\left(\approx3\dfrac{\pi}{\tau}\right)$，$4.92\dfrac{\pi}{\tau}\left(\approx5\dfrac{\pi}{\tau}\right)$，$\cdots$时，谱线的包络线为极值，极值的大小相应分别为 $\dfrac{2E\tau}{T_1}$，$-0.217\dfrac{2E\tau}{T_1}$，$0.128\dfrac{2E\tau}{T_1}$，$\cdots$，如图 3-8 所示。

3）周期矩形信号包含无穷多条谱线，也就是说它可以分解成无穷多个频率分量。但其主要能量集中在第一个零点以内，实际上，在允许一定失真的条件下，可以要求一个通信系统只把 $\omega\leqslant\dfrac{2\pi}{\tau}$ 频率范围内的各个频谱分量传送过去，而舍弃 $\omega>\dfrac{2\pi}{\tau}$ 的分量。因此常常把 $\omega=$

$0 \sim \dfrac{2\pi}{\tau}$ 这段频率范围称为矩形信号的频带宽度，记作 $B$，于是

$$B_\omega = \frac{2\pi}{\tau}$$

或

$$B_f = \frac{1}{\tau} \tag{3-20}$$

显然，频带宽度 $B$ 只与脉宽 $\tau$ 有关，而且成反比关系。

为了说明在不同的脉宽 $\tau$ 和不同的周期 $T_1$ 的情况下周期矩形信号频谱的变化规律，图 3-9 画出了当 $\tau$ 保持不变，而 $T_1 = 5\tau$ 和 $T_1 = 10\tau$ 两种情况时的频谱；图 3-10 画出了当 $T_1$ 保持不变，而 $\tau = \dfrac{T_1}{5}$ 与 $\tau = \dfrac{T_1}{10}$ 两种情况时的频谱。

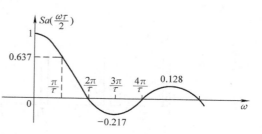

图 3-8　周期矩形信号归一化频谱包络线

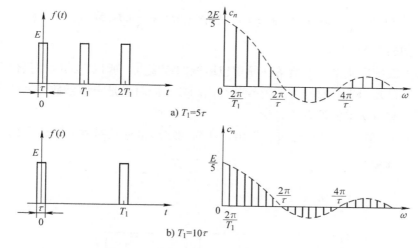

图 3-9　不同 $T_1$ 值下周期矩形信号的频谱

图 3-6 所讨论的对称方波信号是周期矩形信号的一种特殊情况，两者相比，对称方波信号有以下两个特点：

1）它是正负交替的信号，其直流分量 $a_0$ 等于零。

2）它的脉宽恰好等于周期的一半，即 $\tau = \dfrac{T_1}{2}$。

这样，由周期矩形信号的傅里叶级数式（3-19）可以直接得到对称方波信号的傅里叶级数，即

$$f(t) = \frac{2E}{\pi}\Big[\cos(\omega_1 t) - \frac{1}{3}\cos(3\omega_1 t) + \frac{1}{5}\cos(5\omega_1 t) - \cdots\Big]$$

$$= \frac{2E}{\pi}\sum_{n=1}^{\infty}\frac{1}{n}\sin\Big(\frac{n\pi}{2}\Big)\cos(n\omega_1 t) \tag{3-21}$$

或者写作

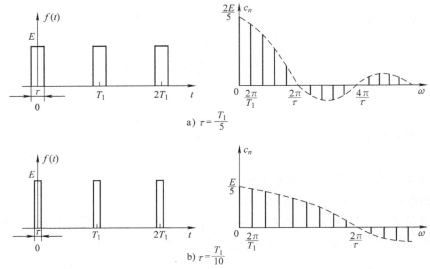

a) $\tau = \dfrac{T_1}{5}$

b) $\tau = \dfrac{T_1}{10}$

图 3-10  不同 $\tau$ 值下周期矩形信号的频谱

$$f(t) = \frac{2E}{\pi}\Big[\cos(\omega_1 t) + \frac{1}{3}\cos(3\omega_1 t + \pi) + \frac{1}{5}\cos(5\omega_1 t) + \cdots\Big]$$

其波形与频谱如图 3-11 所示。

由于对称方波的偶次谐波恰恰落在频谱包络线的零值点，所以它的频谱只包含基波和奇次谐波。上一节已经指出，对称方波信号既是偶函数，同时又是奇谐函数，因此在它的频谱中只会包含基波和奇次谐波的余弦分量。

由式（3-19）、式（3-21）还可以看出，在周期矩形信号及对称方波信号的频谱中，谐波的幅度以 $\dfrac{1}{n}$ 的规律收敛。

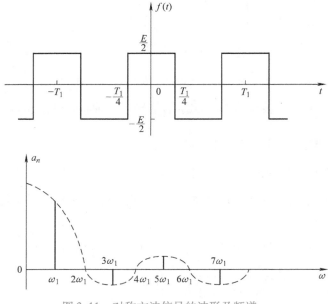

图 3-11  对称方波信号的波形及频谱

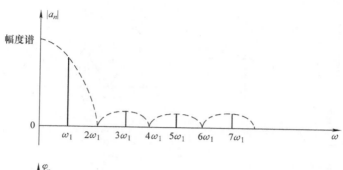

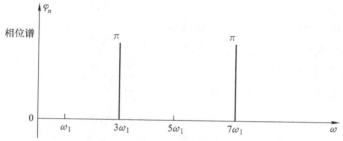

图 3-11　对称方波信号的波形及频谱（续）

### 2. 周期锯齿脉冲信号

周期锯齿脉冲信号如图 3-12 所示。显然它是奇函数，因而 $a_n = 0$，并由式（3-4）可以求出傅里叶级数的系数 $b_n$。这样，便可得到周期锯齿脉冲信号的傅里叶级数为

$$f(t) = \frac{E}{\pi}\Big[ \sin(\omega_1 t) - \frac{1}{2}\sin(2\omega_1 t) + \frac{1}{3}\sin(3\omega_1 t) - \frac{1}{4}\sin(4\omega_1 t) + \cdots \Big]$$

$$= \frac{E}{\pi}\sum_{n=1}^{\infty}(-1)^{n+1}\frac{1}{n}\sin(n\omega_1 t) \tag{3-22}$$

周期锯齿脉冲信号的频谱只包含正弦分量，谐波的幅度以 $\dfrac{1}{n}$ 的规律收敛。

### 3. 周期三角脉冲信号

周期三角脉冲信号如图 3-13 所示。显然它是偶函数，因而 $b_n = 0$，由式（3-2）、式（3-3）可以求出傅里叶级数的系数 $a_0$、$a_n$。这样，便可得到周期三角脉冲信号的傅里叶级数为

$$f(t) = \frac{E}{\pi} + \frac{4E}{\pi^2}\Big[ \cos(\omega_1 t) + \frac{1}{3^2}\cos(3\omega_1 t) + \frac{1}{5^2}\cos(5\omega_1 t) + \cdots \Big]$$

$$= \frac{E}{\pi} + \frac{4E}{\pi^2}\sum_{n=1}^{\infty}\frac{1}{n^2}\sin^2\Big(\frac{n\pi}{2}\Big)\cos(n\omega_1 t) \tag{3-23}$$

周期三角脉冲的频谱只包含直流、基波及奇次谐波频率分量，谐波的幅度以 $\dfrac{1}{n^2}$ 的规律收敛。

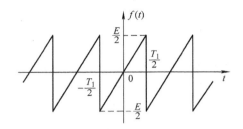

图 3-12　周期锯齿脉冲信号的波形

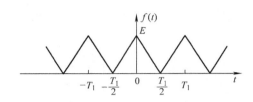

图 3-13　周期三角脉冲信号的波形

**4. 周期半波余弦信号**

周期半波余弦信号如图 3-14 所示。显然它是偶函数，因而 $b_n = 0$，由式（3-2）、式（3-3）可以求出傅里叶级数的系数 $a_0$、$a_n$。这样，便可得到周期半波余弦信号的傅里叶级数为

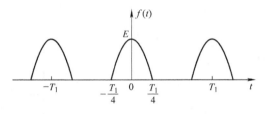

图 3-14　周期半波余弦信号的波形

$$f(t) = \frac{E}{\pi} + \frac{E}{2}\Big[\cos(\omega_1 t) + \frac{4}{3\pi}\cos(2\omega_1 t) - \frac{4}{15\pi}\cos(4\omega_1 t) + \cdots\Big]$$

$$= \frac{E}{\pi} - \frac{2E}{\pi}\sum_{n=1}^{\infty}\frac{1}{(n^2-1)}\cos\Big(\frac{n\pi}{2}\Big)\cos(n\omega_1 t) \tag{3-24}$$

式中，$\omega_1 = \dfrac{2\pi}{T_1}$。

可见，周期半波余弦信号的频谱只含有直流、基波和偶次谐波分量，谐波的幅度以 $\dfrac{1}{n^2}$ 规律收敛。

**5. 周期全波余弦信号**

令余弦信号为

$$f_1(t) = E\cos(\omega_0 t)$$

式中，$\omega_0 = \dfrac{2\pi}{T_0}$。

此时，全波余弦信号 $f(t)$ 为

$$f(t) = |f(t)| = E|\cos(\omega_0 t)|$$

由图 3-15 可见，$f(t)$ 的周期 $T$ 是 $f_1(t)$ 的一半，即 $T_1 = T = \dfrac{T_0}{2}$，而频率 $\omega_1 = \dfrac{2\pi}{T_1} = 2\omega_0$。因为 $f(t)$ 是偶函数，所以 $b_n = 0$。由式（3-2）、式（3-3）可以求出傅里叶级数的系数 $a_0$、$a_n$。这样，便可得到周期全波余弦信号的傅里叶级数为

$$f(t) = \frac{2E}{\pi} + \frac{4E}{3\pi}\cos(\omega_1 t) - \frac{4E}{15\pi}\cos(2\omega_1 t) + \frac{4E}{35\pi}\cos(3\omega_1 t) - \cdots$$

$$= \frac{2E}{\pi} + \frac{4E}{\pi}\Big[\frac{1}{3}\cos(2\omega_0 t) - \frac{1}{15}\cos(4\omega_0 t) + \frac{1}{35}\cos(6\omega_0 t) - \cdots\Big]$$

$$= \frac{2E}{\pi} + \frac{4E}{\pi} \sum_{n=1}^{\infty} (-1)^{n+1} \frac{1}{(4n^2 - 1)} \cos(2n\omega_0 t) \qquad (3\text{-}25)$$

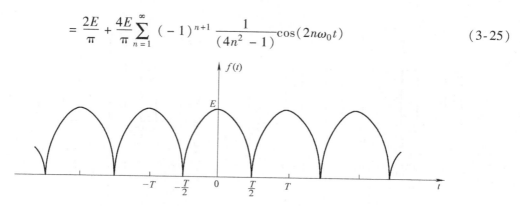

图 3-15　周期全波余弦信号的波形

可见，周期全波余弦信号的频谱包含直流分量及 $\omega_1$ 的基波和各次谐波分量，或者说，只包含直流分量及 $\omega_0$ 的偶次谐波分量，谐波的幅度以 $\frac{1}{n^2}$ 的规律收敛。

## 3.2　非周期信号的傅里叶分析

### 3.2.1　傅里叶变换的定义

3-3　傅里叶
变换的定义

在上一节已经讨论了周期信号的傅里叶分析，并得到了它的离散频谱。本节把上述傅里叶分析方法推广到非周期信号中去，导出傅里叶变换。

仍以周期矩形信号为例，由图 3-16 可见，当周期 $T_1$ 无限增大时，则周期信号就转化为非周期性的单脉冲信号。所以，可以把非周期信号看成是周期 $T_1$ 趋于无限大的周期信号。

上一节已经指出，当周期信号的周期 $T_1$ 增大时，谱线的间隔 $\omega_1\left(\omega_1 = \frac{2\pi}{T_1}\right)$ 变小，若周期 $T_1$ 趋于无限大，则谱线的间隔趋于无限小，从而离散频谱就变成了连续频谱。同时，由式（3-11）可知，由于周期 $T_1$ 趋于无限大，谱线的长度 $F(n\omega_1)$ 趋于零。也就是说，按 3.1 节表示的频谱将化为乌有，失去应有的意义。但是，从物理概念上考虑，既然成为一个信号，必然含有一定的能量，无论信号怎样分解，其所含能量是不变的。所以，不管周期增大到什么程度，频谱的分布依然存在。或者从数学角度看，在极限情况下，无限多的无穷小量之和仍可等于一有限值，此有限值的大小取决于信号的能量。基于上述原因，对非周期信号不能再采用 3.1 节频谱的表示方法，而必须引入一个新的量，称为频谱密度函数。

下面由周期信号的傅里叶级数推导出傅里叶变换，并说明频谱密度函数的意义。设有一周期信号 $f(t)$ 及其复数频谱 $F(n\omega_1)$ 如图 3-16 所示，将 $f(t)$ 展开成指数形式的傅里叶级数为

$$f(t) = \sum_{n=-\infty}^{\infty} F(n\omega_1) \mathrm{e}^{\mathrm{j}n\omega_1 t} \qquad (3\text{-}26)$$

其频谱为

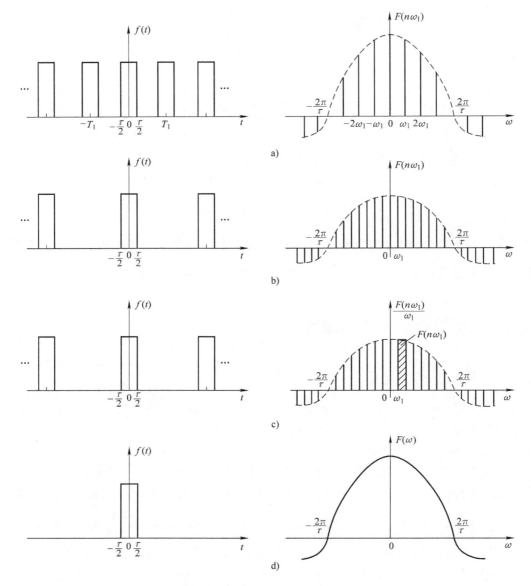

图 3-16   从周期信号的离散频谱到非周期信号的连续频谱

$$F(n\omega_1) = \frac{1}{T_1}\int_{-\frac{\tau_1}{2}}^{\frac{\tau_1}{2}} f(t)\,\mathrm{e}^{-jn\omega_1 t}\mathrm{d}t$$

两边乘以 $T_1$，可得

$$F(n\omega_1)T_1 = \frac{2\pi F(n\omega_1)}{\omega_1} = \int_{-\frac{\tau_1}{2}}^{\frac{\tau_1}{2}} f(t)\,\mathrm{e}^{-jn\omega_1 t}\mathrm{d}t \tag{3-27}$$

对于非周期信号，重复周期 $T_1 \to \infty$，重复频率 $\omega_1 \to 0$，谱线间隔 $\Delta(n\omega_1) \to \mathrm{d}\omega$，而离散

频率 $n\omega_1$ 变成连续频率 $\omega$。在这种极限情况下，$F(n\omega_1) \to 0$，但量 $2\pi\dfrac{F(n\omega_1)}{\omega_1}$ 可望不趋于零，

而趋近于有限值，且变成一个连续函数，通常记作 $F(\omega)$ 或 $F(\mathrm{j}\omega)$，即

$$F(\omega) = \lim_{\omega_1 \to 0} \frac{2\pi F(n\omega_1)}{\omega_1} = \lim_{T_1 \to \infty} F(n\omega_1) T_1 \tag{3-28}$$

式中，$\dfrac{F(n\omega_1)}{\omega_1}$ 表示单位频带的频谱值，即频谱密度的概念。因此 $F(\omega)$ 称为原函数 $f(t)$ 的频谱密度函数，或简称为频谱函数。若以 $\dfrac{F(n\omega_1)}{\omega_1}$ 的幅度为高，以间隔 $\omega_1$ 为宽画一个小矩形，如图 3-16c 所示，则该小矩形的面积等于 $\omega = n\omega_1$ 频率处频谱值 $F(n\omega_1)$。

式（3-27）在非周期信号的情况下将变成为

$$F(\omega) = \lim_{T_1 \to \infty} \int_{-\frac{T_1}{2}}^{\frac{T_1}{2}} f(t) \mathrm{e}^{-\mathrm{j}n\omega_1 t} \mathrm{d}t$$

即

$$F(\omega) = \int_{-\infty}^{\infty} f(t) \mathrm{e}^{-\mathrm{j}\omega t} \mathrm{d}t \tag{3-29}$$

同样，傅里叶级数为

$$f(t) = \sum_{-\infty}^{\infty} F(n\omega_1) \mathrm{e}^{\mathrm{j}n\omega_1 t}$$

考虑到谱线间隔 $\Delta(n\omega_1) \to \mathrm{d}\omega$，上式可改写为

$$f(t) = \sum_{n\omega_1 = -\infty}^{\infty} \frac{F(n\omega_1)}{\omega_1} \mathrm{e}^{\mathrm{j}n\omega_1 t} \Delta(n\omega_1)$$

在极限的情况下，上式中各量应作如下改变：

$$\begin{cases} n\omega_1 \to \omega \\[4pt] \Delta(n\omega_1) \to \mathrm{d}\omega \\[4pt] \dfrac{F(n\omega_1)}{\omega_1} \to \dfrac{F(\omega)}{2\pi} \\[4pt] \displaystyle\sum_{n\omega_1 = -\infty}^{\infty} \to \int_{-\infty}^{\infty} \end{cases}$$

于是，傅里叶级数变成积分形式为

$$f(t) = \frac{1}{2\pi} \int_{-\infty}^{\infty} F(\omega) \mathrm{e}^{\mathrm{j}\omega t} \mathrm{d}\omega \tag{3-30}$$

式（3-29）、式（3-30）是用周期信号的傅里叶级数通过极限的方法导出的非周期信号频谱的表达式，称为傅里叶变换。通常式（3-29）称为傅里叶正变换，式（3-30）称为傅里叶逆变换。为书写方便，习惯上采用如下符号：

傅里叶正变换

$$F(\omega) = \mathscr{F}[F(t)] = \int_{-\infty}^{\infty} f(t) \mathrm{e}^{-\mathrm{j}\omega t} \mathrm{d}t$$

傅里叶逆变换

$$F(t) = \mathscr{F}^{-1}[F(\omega)] = \frac{1}{2\pi} \int_{-\infty}^{\infty} F(\omega) \mathrm{e}^{\mathrm{j}\omega t} \mathrm{d}\omega$$

式中，$F(\omega)$ 为 $f(t)$ 的频谱函数，它一般是复函数，可以写作

$$F(\omega) = |F(\omega)| e^{j\varphi(\omega)}$$

式中，$|F(\omega)|$ 为 $F(\omega)$ 的模，它代表信号中各频率分量的相对大小；$\varphi(\omega)$ 为 $F(\omega)$ 的相位函数，它表示信号中各频率分量之间的相位关系。为了与周期信号的频谱相一致，习惯上也把 $|F(\omega)| \sim \omega$ 与 $\varphi(\omega) \sim \omega$ 的曲线分别称为非周期信号的幅度频谱与相位频谱。由图 3-17 可以看出，它们都是频率 $\omega$ 的连续函数，在形状上与相应的周期信号频谱包络线相同。

### 3.2.2 傅里叶变换的物理意义

与周期信号相类似，也可以将式（3-30）改写为三角函数形式，即

$$
\begin{aligned}
f(t) &= \frac{1}{2\pi} \int_{-\infty}^{\infty} F(\omega) e^{j\omega t} d\omega \\
&= \frac{1}{2\pi} \int_{-\infty}^{\infty} |F(\omega)| e^{j[\omega t + \varphi(\omega)]} d\omega \\
&= \frac{1}{2\pi} \int_{-\infty}^{\infty} |F(\omega)| \cos[\omega t + \varphi(\omega)] d\omega + \\
&\quad \frac{j}{2\pi} \int_{-\infty}^{\infty} |F(\omega)| \sin[\omega t + \varphi(\omega)] d\omega
\end{aligned}
$$

若 $f(t)$ 是实函数，由式（3-29）可知 $|F(\omega)|$ 和 $\varphi(\omega)$ 分别是频率 $\omega$ 的偶函数与奇函数。上式可化简为

$$
\begin{aligned}
f(t) &= \frac{1}{2\pi} \int_{-\infty}^{\infty} |F(\omega)| \cos[\omega t + \varphi(\omega)] d\omega \\
&= \frac{1}{\pi} \int_{0}^{\infty} |F(\omega)| \cos[\omega t + \varphi(\omega)] d\omega
\end{aligned}
$$

可见，非周期信号和周期信号一样，也可以分解成许多不同频率的正、余弦分量。所不同的是，由于非周期信号的周期趋于无限大，基波趋于无限小，于是它包含了从零到无限高的所有频率分量。同时，由于周期趋于无限大，因此，对任一能量有限的信号（如单脉冲信号），在各频率点的分量幅度 $\dfrac{|F(\omega)| d\omega}{\pi}$ 趋于无限小。所以频谱不能再用幅度表示，而改用密度函数来表示。

在上面的讨论中，利用周期信号取极限变成非周期信号的方法，由周期信号的傅里叶级数导出傅里叶变换，从离散谱演变为连续谱。这一过程还可以反过来进行，亦即由非周期信号演变成周期信号，从连续谱引出离散谱。这表明周期信号与非周期信号、傅里叶级数与傅里叶变换、离散谱与连续谱在一定条件下可以互相转化并统一起来。

必须指出，在前面推导傅里叶变换时并未遵循数学上的严格步骤。从理论上讲，傅里叶变换也应该满足一定的条件才能存在。这种条件类似于傅里叶级数的狄利克雷条件，不同之处仅仅在于时间范围由一个周期变成无限的区间。傅里叶变换存在的充分条件是在无限区间内满足绝对可积条件，即要求

$$\int_{-\infty}^{\infty} |f(t)| dt < \infty$$

借助奇异函数（如冲激函数）的概念，可使许多不满足绝对可积条件的信号如周期信号、阶跃信号、符号函数等存在傅里叶变换。

### 3.2.3 典型非周期信号的傅里叶变换

本节利用傅里叶变换求几种典型非周期信号的频谱。

**1. 单边指数信号**

已知单边指数信号的表达式为

$$f(t) = \begin{cases} e^{-at} & t \geq 0 \\ 0 & t < 0 \end{cases}$$

其中 $a$ 为正实数。

因

$$F(\omega) = \int_{-\infty}^{\infty} f(t) e^{-j\omega t} dt$$

$$= \int_{0}^{\infty} e^{-at} e^{-j\omega t} dt$$

$$= \int_{0}^{\infty} e^{-(a+j\omega)t} dt$$

得

$$\begin{cases} F(\omega) = \dfrac{1}{a + j\omega} \\[2mm] |f(\omega)| = \dfrac{1}{\sqrt{a^2 + \omega^2}} \\[2mm] \varphi(\omega) = -\arctan\left(\dfrac{\omega}{a}\right) \end{cases} \tag{3-31}$$

单边指数信号的波形 $f(t)$、幅度谱 $|F(\omega)|$ 和相位谱 $\varphi(\omega)$ 如图 3-17 所示

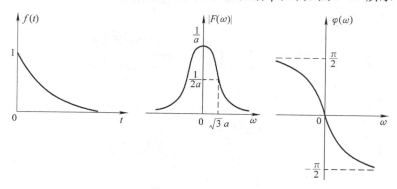

图 3-17 单边指数信号的波形及频谱

**2. 双边指数信号**

已知双边指数信号的表达式为

$$f(t) = e^{-a|t|} \quad -\infty < t < +\infty$$

其中 $a$ 为正实数。则有

$$\begin{cases} F(\omega) = \int_{-\infty}^{\infty} f(t)\, e^{-j\omega t}\mathrm{d}t = \int_{-\infty}^{\infty} e^{-a|t|} e^{-j\omega t}\mathrm{d}t \\ F(\omega) = \dfrac{2a}{a^2 + \omega^2} \\ |F(\omega)| = \dfrac{2a}{a^2 + \omega^2} \\ \varphi(\omega) = 0 \end{cases} \tag{3-32}$$

双边指数信号的波形 $f(t)$、幅度谱 $|F(\omega)|$ 如图 3-18 所示。

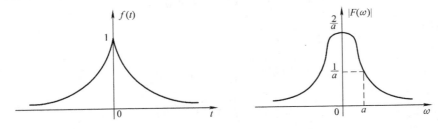

图 3-18　双边指数信号的波形及频谱

### 3. 矩形脉冲信号

已知矩形脉冲信号的表达式为

$$f(t) = E\left[ u\left( t + \frac{\tau}{2} \right) - u\left( t - \frac{\tau}{2} \right) \right]$$

式中，$E$ 为脉冲幅度；$\tau$ 为脉冲宽度。

因

$$F(\omega) = \int_{-\infty}^{\infty} f(t)\, e^{-j\omega t}\mathrm{d}t = \int_{-\frac{\tau}{2}}^{\frac{\tau}{2}} E e^{-j\omega t}\mathrm{d}t$$

得

$$F(\omega) = \frac{2E}{\omega}\sin\left( \frac{\omega\tau}{2} \right) = E\tau \left[ \frac{\sin\left( \dfrac{\omega\tau}{2} \right)}{\dfrac{\omega\tau}{2}} \right]$$

因为

$$\frac{\sin\left( \dfrac{\omega\tau}{2} \right)}{\dfrac{\omega\tau}{2}} = Sa\left( \frac{\omega\tau}{2} \right)$$

所以

$$F(\omega) = E\tau Sa\left( \frac{\omega\tau}{2} \right) \tag{3-33}$$

矩形脉冲信号的幅度谱和相位谱分别为

$$|F(\omega)| = E\tau \left| Sa\left( \frac{\omega\tau}{2} \right) \right|$$

$$\varphi(\omega) = \begin{cases} 0 & \dfrac{4n\pi}{\tau} < |\omega| < \dfrac{2(2n+1)\pi}{\tau} \\ \pi & \dfrac{2(2n+1)\pi}{\tau} < |\omega| < \dfrac{4(n+1)\pi}{\tau} \end{cases}$$

$$n = 0,1,2,\cdots$$

因为 $F(\omega)$ 在这里是实函数，通常用一条 $F(\omega)$ 曲线同时表示幅度谱 $|F(\omega)|$ 和相位谱 $\varphi(\omega)$，如图 3-19 所示。

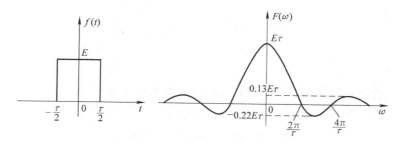

图 3-19　矩形脉冲信号的波形及频谱

由上可见，虽然矩形脉冲信号在时域集中于有限的范围内，然而它的频谱却以 $Sa\left(\dfrac{\omega\tau}{2}\right)$ 的规律变化，分布在无限的频率范围上，但其主要的信号能量处于 $0 \sim \dfrac{1}{\tau}$ 频率范围。因而，通常认为这种信号占有频率范围（频带）$B$ 为 $\dfrac{1}{\tau}$，即

$$B \approx \frac{1}{\tau} \tag{3-34}$$

**4. 钟形脉冲信号**

钟形脉冲亦即高斯脉冲，它的表达式为

$$f(t) = Ee^{-\left(\frac{t}{\tau}\right)^2} \qquad -\infty < t < +\infty \tag{3-35}$$

因

$$\begin{aligned} F(\omega) &= \int_{-\infty}^{\infty} f(t)e^{-j\omega t}dt = \int_{-\infty}^{\infty} Ee^{-\left(\frac{t}{\tau}\right)^2}e^{-j\omega t}dt \\ &= E\int_{-\infty}^{\infty} e^{-\left(\frac{t}{\tau}\right)^2}\left[\cos(\omega t) - j\sin(\omega t)\right]dt \\ &= 2E\int_{-\infty}^{\infty} e^{-\left(\frac{t}{\tau}\right)^2}\cos(\omega t)dt \end{aligned}$$

积分后得

$$F(\omega) = \sqrt{\pi}E\tau e^{-\left(\frac{\omega\tau}{2}\right)^2} \tag{3-36}$$

因为 $F(\omega)$ 在这里是一个正实函数，所以钟形脉冲信号的相位谱为零。图 3-20 画出了该信号的波形和频谱。

钟形脉冲信号的波形和频谱具有相同的形状，均为钟形。

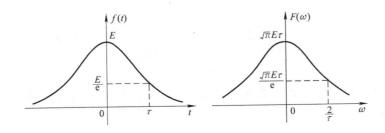

图 3-20　钟形脉冲信号的波形及频谱

### 5. 符号函数

符号函数（或称正负号函数）以符号 sgn 记，其表达式为

$$f(t) = \text{sgn}(t) = \begin{cases} 1 & t > 0 \\ 0 & t = 0 \\ -1 & t < 0 \end{cases} \tag{3-37}$$

显然，这种信号不满足绝对可积条件，但它却存在傅里叶变换，可以借助符号函数与双边指数衰减函数相乘，先求得此乘积信号 $f_1(t)$ 的频谱，然后取极限从而得出符号函数 $f(t)$ 的频谱。

下面先求乘积信号 $f_1(t)$ 的 $F_1(\omega)$。

因为

$$F_1(\omega) = \int_{-\infty}^{\infty} f_1(t) e^{-j\omega t} dt$$

可得

$$F_1(\omega) = \int_{-\infty}^{0} (-e^{at}) e^{-j\omega t} dt + \int_{0}^{\infty} e^{-at} e^{-j\omega t} dt$$

其中 $a > 0$。

积分并化简，可得

$$\begin{cases} F_1(\omega) = \dfrac{-2j\omega}{a^2 + \omega^2} \\[2mm] |F_1(\omega)| = \dfrac{2|\omega|}{a^2 + \omega^2} \\[2mm] \varphi_1 = \begin{cases} \dfrac{\pi}{2} & \omega < 0 \\[2mm] -\dfrac{\pi}{2} & \omega > 0 \end{cases} \end{cases} \tag{3-38}$$

乘积信号 $f_1(t)$ 的波形和幅度谱如图 3-21 所示。

符号函数 sgn($t$) 的频谱 $F(\omega)$ 为

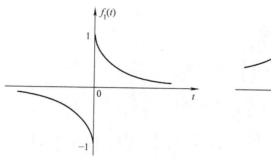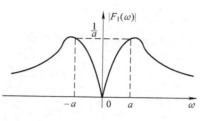

图 3-21 乘积信号 $f_1(t)$ 的波形与频谱

$$\begin{cases} F(\omega) = \lim_{a \to 0} F_1(\omega) = \lim_{a \to 0} \left( \frac{-2j\omega}{a^2 + \omega^2} \right) \\[2mm] F(\omega) = \frac{2}{j\omega} \\[2mm] |F(\omega)| = \frac{2}{|\omega|} \\[2mm] \varphi(\omega) = \begin{cases} -\dfrac{\pi}{2} & \omega > 0 \\[2mm] \dfrac{\pi}{2} & \omega < 0 \end{cases} \end{cases} \qquad (3\text{-}39)$$

符号函数 sgn($t$) 的波形和频谱如图 3-22 所示。

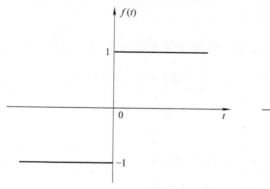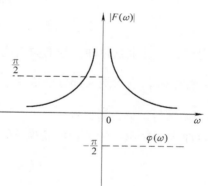

图 3-22 符号函数的波形和频谱

**6. 升余弦脉冲信号**

升余弦脉冲信号的表达式为

$$f(t) = \frac{E}{2} \left[ 1 + \cos\left( \frac{\pi t}{\tau} \right) \right] \quad 0 \leqslant |t| \leqslant \tau$$

$$(3\text{-}40)$$

升余弦脉冲信号的波形如图 3-23
所示。

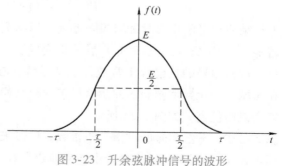

图 3-23 升余弦脉冲信号的波形

因为

$$F(\omega) = \int_{-\infty}^{\infty} f(t) e^{-j\omega t} dt$$

$$= \int_{-\tau}^{\tau} \frac{E}{2} \left[ 1 + \cos\left(\frac{\pi t}{\tau}\right) \right] e^{-j\omega t} dt$$

$$= \frac{E}{2} \int_{-\tau}^{\tau} e^{-j\omega t} dt + \frac{E}{4} \int_{-\tau}^{\tau} e^{j\frac{\pi t}{\tau}} e^{-j\omega t} dt + \frac{E}{4} \int_{-\tau}^{\tau} e^{-j\frac{\pi t}{\tau}} e^{-j\omega t} dt$$

$$= E\tau Sa(\omega\tau) + \frac{E\tau}{2} Sa\left[ \left( \omega - \frac{\pi}{\tau} \right)\tau \right] + \frac{E\tau}{2} Sa\left[ \left( \omega + \frac{\pi}{\tau} \right)\tau \right]$$

显然 $F(\omega)$ 由三项构成，它们都是矩形脉冲的频谱，只是有两项沿频率轴左、右平移了 $\omega = \frac{\pi}{\tau}$。化简上式，则可得

$$F(\omega) = \frac{E\sin(\pi\tau)}{\omega\left[ 1 - \left(\frac{\omega\tau}{\pi}\right)^2 \right]} = \frac{E\tau Sa(\omega\tau)}{1 - \left(\frac{\omega\tau}{\pi}\right)^2} \tag{3-41}$$

升余弦脉冲信号的频谱如图 3-24 所示。

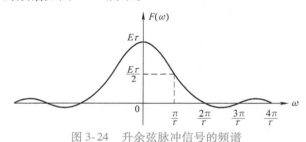

图 3-24　升余弦脉冲信号的频谱

由上可见，升余弦脉冲信号的频谱比矩形脉冲的频谱更加集中。对于半幅度宽度为 $\tau$ 的升余弦脉冲信号，它的绝大部分能量集中在 $\omega = 0 \sim \frac{2\pi}{\tau}\left(\right.$即 $f = 0 \sim \frac{1}{\tau}\left.\right)$ 范围内。

**7. 冲激信号的傅里叶变换**

单位冲激信号 $\delta(t)$ 的傅里叶变换 $F(\omega)$ 为

$$F(\omega) = \int_{-\infty}^{\infty} \delta(t) e^{-j\omega t} dt$$

由冲激信号的抽样特性可知上式右边的积分为 1，所以有

$$F(\omega) = \mathcal{F}[\delta(t)] = 1 \tag{3-42}$$

上述结果也可由矩形脉冲取极限得到，当脉宽 $\tau$ 逐渐变窄时，其频谱必然展宽。可以想象，若 $\tau \to 0$，而 $E\tau = 1$，这时矩形脉冲就变成了 $\delta(t)$，其相应频谱 $F(\omega)$ 必等于常数 1。可见，单位冲激信号的频谱等于常数，也就是说，在整个频率范围内频谱是均匀分布的。显然，在时域中变化异常剧烈的冲激信号包含幅度相等的所有频率分量。因此，这种频谱常称为均匀谱或白色谱，如图 3-25 所示。

前文已述，冲激信号的频谱等于常数，反过来，怎样的信号其频谱为冲激信号呢？也就是需要求 $\delta(\omega)$ 的傅里叶逆变换。由逆变换定义容易求得

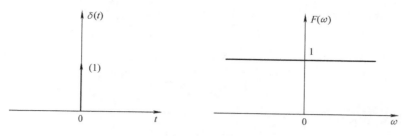

图 3-25　单位冲激信号的频谱

$$\mathcal{F}^{-1}\left[\delta(\omega)\right] = \frac{1}{2\pi} \tag{3-43}$$

此结果表明，直流信号的傅里叶变换是冲激信号。

　　这一结果也可由宽度为 $\tau$ 的矩形脉冲取 $\tau \to \infty$ 的极限而求得，下面由图 3-26 来推证此结论。

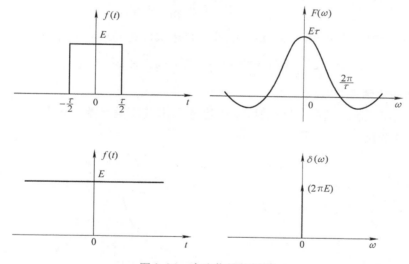

图 3-26　直流信号的频谱

当 $\tau \to \infty$ 时，矩形脉冲成为直流信号 $E$，此时有

$$\mathcal{F}\left[E\right] = \lim_{\tau \to \infty} E\tau Sa\left(\frac{\omega\tau}{2}\right) \tag{3-44}$$

由第 1 章冲激信号的定义可知

$$\delta(\omega) = \lim_{k \to \infty} \frac{k}{\pi} Sa(k\omega) \tag{3-45}$$

若令 $k = \dfrac{\tau}{2}$，比较上两式可得

$$\mathcal{F}(E) = 2\pi E\delta(\omega) \tag{3-46}$$
$$\mathcal{F}(1) = 2\pi\delta(\omega)$$

可见，直流信号的傅里叶变换是位于 $\omega = 0$ 的冲激信号。

**8. 冲激偶信号的傅里叶变换**

因为

$$\mathcal{F}[\delta(t)] = 1$$

$$\delta(t) = \frac{1}{2\pi}\int_{-\infty}^{\infty} e^{j\omega t} dw$$

将上式两边求导，可得

$$\frac{d}{dt}[\delta(t)] = \frac{1}{2\pi}\int_{-\infty}^{\infty} (j\omega) e^{j\omega t} d\omega$$

$$\mathcal{F}\left[\frac{d}{dt}\delta(t)\right] = j\omega \tag{3-47}$$

同理可得

$$\begin{cases} \mathcal{F}\left[\dfrac{d^n}{dt^n}\delta(t)\right] = (j\omega)^n \\ \mathcal{F}(t^n) = 2\pi (j\omega)^n \dfrac{d^n}{dt^n}[\delta(t)] \end{cases}$$

也可由傅里叶变换定义和冲激偶信号的性质直接求得式（3-47），此时有

$$\int_{-\infty}^{\infty} \delta'(t) e^{-j\omega t} dt = -(-j\omega) = j\omega$$

**9. 阶跃信号的傅里叶变换**

从图 3-27a 单位阶跃信号 $u(t)$ 的波形中容易看出其不满足绝对可积条件，即使如此，它仍存在傅里叶变换。

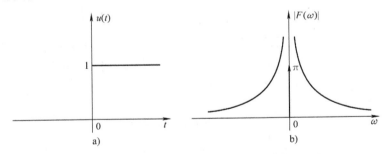

图 3-27  单位阶跃信号的波形和频谱

因为

$$u(t) = \frac{1}{2} + \frac{1}{2}\mathrm{sgn}(t)$$

两边进行傅里叶变换，可得

$$\mathcal{F}[u(t)] = \mathcal{F}\left(\frac{1}{2}\right) + \frac{1}{2}\mathcal{F}[\mathrm{sgn}(t)] \tag{3-48}$$

由式（3-46）、式（3-39）可得 $u(t)$ 的傅里叶变换为

$$\mathcal{F}[u(t)] = \pi\delta(\omega) + \frac{1}{j\omega} \tag{3-49}$$

单位阶跃信号 $u(t)$ 的频谱如图 3-27b 所示。

可见，因为单位阶跃信号 $u(t)$ 含有直流分量，$u(t)$ 的频谱在 $\omega = 0$ 点存在一个冲激信号。此外，由于 $u(t)$ 不是纯直流信号，它在 $t = 0$ 点有跳变，因此在频谱中还出现了其他频率分量。

这一结果也可由矩形脉冲 $u(t) - u(t - \tau)$ 取 $\tau \to \infty$ 的极限而求得，也即

$$
\begin{aligned}
F[u(t)] &= \lim_{\tau \to \infty} \{ \mathcal{F}[u(t) - u(t - \tau)] \} \\
&= \lim_{\tau \to \infty} \left[ \frac{2}{\omega} \sin\left( \frac{\omega\tau}{2} \right) e^{-j\omega\tau/2} \right] \\
&= \lim_{\tau \to \infty} \left[ \frac{1}{j\omega} (e^{j\omega\tau/2} - e^{-j\omega\tau/2}) e^{-j\omega\tau/2} \right] \\
&= \lim_{\tau \to \infty} \left( \frac{1}{j\omega} - \frac{1}{j\omega} e^{-j\omega\tau/2} \right) \\
&= \frac{1}{j\omega} - \lim_{\tau \to \infty} \left[ \frac{\cos(\omega\tau)}{j\omega} - \frac{\sin(\omega\tau)}{\omega} \right]
\end{aligned}
$$

由黎曼－勒贝格定理可知

$$
\lim_{\tau \to \infty} \cos(\omega\tau) = 0
$$

取上式中极限括号内的第一项为零，此外，由冲激信号的定义可知

$$
\lim_{\tau \to \infty} \frac{\tau}{\pi} Sa(\omega\tau) = \delta(\omega)
$$

因而括号中的第二项等于 $\pi\delta(\omega)$，于是可得

$$
\mathcal{F}[u(t)] = \frac{1}{j\omega} + \pi\delta(\omega)
$$

与式（3-49）相同。

## 3.3　傅里叶变换的基本性质

式（3-29）和式（3-30）表示的傅里叶变换建立了时间信号 $f(t)$ 与频谱信号 $F(\omega)$ 之间的对应关系。其中，一个函数确定之后，另一函数随之被唯一地确定。在信号分析的理论研究与实际设计工作中，经常需要了解当信号在时域进行某种运算后在频域发生何种变化，或者反过来，从频域的运算推测时域的变动。这时，可以利用式（3-29）与式（3-30）求积分计算，也可以借助傅里叶变换的基本性质给出结果。后一种方法计算过程比较简便，而且物理概念清楚。因此，熟悉傅里叶变换的一些基本性质成为信号分析研究工作中最重要的内容之一。本节将讨论这些基本性质。

### 3.3.1　线性

若 $\mathcal{F}[f_i(t)] = F_i(\omega)$，$i = 1, 2, \cdots, n$，则

$$
\mathcal{F}\left[ \sum_{i=1}^{n} a_i f_i(t) \right] = \sum_{i=1}^{n} a_i F_i(\omega) \tag{3-50}
$$

式中，$a_i$ 为常数；$n$ 为正整数。

由傅里叶变换的定义式很容易证明上述结论。显然傅里叶变换是一种线性运算，它满足叠加定理。所以，相加信号的频谱等于各个单独信号的频谱之和。

### 3.3.2 对称性

若 $F(\omega) = \mathcal{F}[f(t)]$，则

$$\mathcal{F}[F(t)] = 2\pi f(-\omega)$$

**证明：**

因为

$$f(t) = \frac{1}{2\pi}\int_{-\infty}^{\infty} F(\omega)\,\mathrm{e}^{\mathrm{j}\omega t}\mathrm{d}\omega$$

显然

$$f(-t) = \frac{1}{2\pi}\int_{-\infty}^{\infty} F(t)\,\mathrm{e}^{\mathrm{j}\omega t}\mathrm{d}t$$

将变量 $t$ 与 $\omega$ 互换，可得

$$2\pi f(\omega) = \int_{-\infty}^{\infty} F(t)\,\mathrm{e}^{\mathrm{j}\omega t}\mathrm{d}t$$

所以
$$\mathcal{F}[F(t)] = 2\pi f(-\omega) \tag{3-51}$$

若 $f(t)$ 是偶函教，式（3-51）变为

$$\mathcal{F}[F(t)] = 2\pi f(\omega) \tag{3-52}$$

由式（3-51）可知，在一般情况下，若 $f(t)$ 的频谱为 $F(\omega)$，为求得 $F(\omega)$，可利用 $F(-\omega)$ 给出。当 $f(t)$ 为偶函数时，由式（3-52）可知，这种对称关系得到简化，即 $f(t)$ 的频谱为 $F(\omega)$，那么形状为 $F(t)$ 的波形，其频谱必为 $f(\omega)$。显然，矩形脉冲的频谱为 $Sa$ 函数，而 $Sa$ 形脉冲的频谱必然为矩形函数。同样，直流信号的频谱为冲激函数，而冲激函数的频谱必然为常数。

### 3.3.3 尺度变换特性

若 $\mathcal{F}[f(t)] = F(\omega)$，则

$$\mathcal{F}[f(at)] = \frac{1}{|a|}F\left(\frac{\omega}{a}\right) \tag{3-53}$$

3-4 尺度
变换特性

式中，$a$ 为非零的实常数。

**证明：**

因为

$$\mathcal{F}[f(at)] = \int_{-\infty}^{\infty} f(at)\,\mathrm{e}^{-\mathrm{j}\omega t}\mathrm{d}t \tag{3-54}$$

令 $x = at$，当 $a > 0$ 时，有

$$\mathcal{F}[f(at)] = \frac{1}{a}\int_{-\infty}^{\infty}f(x)\,e^{-j\omega\frac{x}{a}}dx = \frac{1}{a}F\left(\frac{\omega}{a}\right) \tag{3-55}$$

当 $a < 0$ 时，有

$$\mathcal{F}[f(at)] = \frac{1}{a}\int_{\infty}^{-\infty}f(x)\,e^{-j\omega\frac{x}{a}}dx = \frac{-1}{a}\int_{-\infty}^{\infty}f(x)\,e^{-j\omega\frac{x}{a}}dx = \frac{-1}{a}F\left(\frac{\omega}{a}\right) \tag{3-56}$$

综合上述两种情况，便可得到尺度变换特性的表达式为

$$\mathcal{F}[f(at)] = \frac{1}{|a|}F\left(\frac{\omega}{a}\right) \tag{3-57}$$

对于 $a = -1$ 这种特殊情况，式（3-57）变成 $\mathcal{F}[f(-t)] = F(-\omega)$。为了说明尺度变换特性，图 3-28 中画出了矩形脉冲的几种情况。

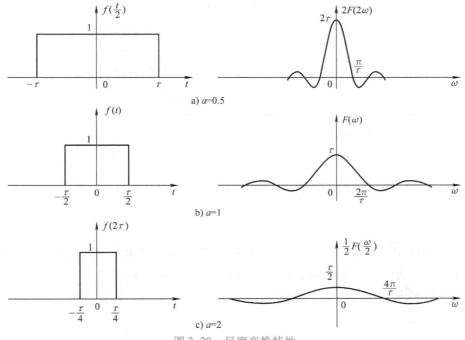

图 3-28　尺度变换特性

由上可见，信号在时域中压缩（$a > 1$）等效于在频域中扩展；反之，信号在时域中扩展（$a < 1$）则等效于在频域中压缩。当 $a = -1$ 时，说明信号在时域中沿纵轴反转等效于在频域中频谱也沿纵轴反转。上述结论不难理解，因为信号的波形压缩 $a$ 倍，信号随时间变化加快 $a$ 倍，所以它所包含的频率分量增加 $a$ 倍。也就是说，频谱展宽 $a$ 倍，根据能量守恒原理，各频率分量的大小必然减小 $a$ 倍。

下面从另一角度来说明尺度变换特性。对任意形状的 $f(t)$ 和 $F(\omega)$，假设 $t\to\infty$，$\omega\to\infty$ 时，$f(t)\to0$，$F(\omega)\to0$，因为 $F(\omega) = \int_{-\infty}^{\infty}f(t)\,e^{-j\omega t}dt$，所以有

$$F(0) = \int_{-\infty}^{\infty}f(t)\,dt \tag{3-58}$$

同样，因为

$$f(t) = \frac{1}{2\pi}\int_{-\infty}^{\infty} F(\omega)\,\mathrm{e}^{-\mathrm{j}\omega t}\,\mathrm{d}\omega$$

所以

$$f(0) = \frac{1}{2\pi}\int_{-\infty}^{\infty} F(\omega)\,\mathrm{d}\omega \qquad (3\text{-}59)$$

式（3-58）、式（3-59）分别说明 $f(t)$ 与 $F(\omega)$ 所覆盖的面积等于 $F(\omega)$ 与 $2\pi f(t)$ 在零点的数值 $F(0)$ 与 $2\pi f(0)$。

如果 $f(0)$ 与 $F(0)$ 各自等于 $f(t)$ 与 $F(\omega)$ 曲线的最大值，如图 3-29 所示。这时，定义 $\tau$ 和 $B$ 分别为 $f(t)$ 和 $F(\omega)$ 的等效脉冲宽度和等效频带宽度，它们之间的关系式为

$$f(0)\tau = F(0)$$
$$F(0)B = 2\pi f(0)$$

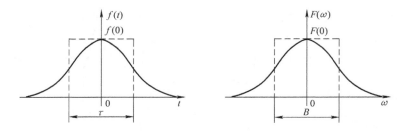

图 3-29　等效脉冲宽度与等效频带宽度

由此可得

$$B = \frac{1}{\tau} \qquad (3\text{-}60)$$

由式（3-60）可以看出，信号的等效脉冲宽度与占有的等效频带宽度成反比，若要压缩信号的持续时间，则不得不以展宽频带宽度作为代价。所以在通信系统中，通信速度和占用频带宽度是一对矛盾。

### 3.3.4　时移特性

若 $\mathcal{F}[f(t)] = F(\omega)$，则

$$\mathcal{F}[f(t - t_0)] = F(\omega)\,\mathrm{e}^{-\mathrm{j}\omega t_0}$$

**证明：**

因为

$$\mathcal{F}[f(t - t_0)] = \int_{-\infty}^{\infty} f(t - t_0)\,\mathrm{e}^{-\mathrm{j}\omega t}\,\mathrm{d}t$$

令 $x = t - t_0$，则有

$$\mathcal{F}[f(t - t_0)] = \mathcal{F}[f(x)] = \int_{-\infty}^{\infty} f(x)\,\mathrm{e}^{-\mathrm{j}\omega(x + t_0)}\,\mathrm{d}x = \mathrm{e}^{-\mathrm{j}\omega t_0}\int_{-\infty}^{\infty} f(x)\,\mathrm{e}^{-\mathrm{j}\omega x}\,\mathrm{d}x$$

所以

$$\mathcal{F}[f(t - t_0)] = \mathrm{e}^{-\mathrm{j}\omega t_0}F(\omega) \qquad (3\text{-}61)$$

同理可得

$$\mathcal{F}[f(t + t_0)] = e^{j\omega t_0}F(\omega) \tag{3-62}$$

由式（3-61）可以看出，信号 $f(t)$ 在时域中沿时间轴右移（延时）$t_0$ 等效于在频域中频谱乘以因子 $e^{-j\omega t_0}$。也就是说，信号右移后，其幅度谱不变，而相位谱产生附加变化（ $-\omega t_0$ ）。

不难证明：

$$\begin{cases} \mathcal{F}[f(at - t_0)] = \dfrac{1}{|a|}F\left(\dfrac{\omega}{a}\right)e^{-j\frac{\omega t_0}{a}} \\ \mathcal{F}[f(t_0 - at)] = \dfrac{1}{|a|}F\left(-\dfrac{\omega}{a}\right)e^{-j\frac{\omega t_0}{a}} \end{cases} \tag{3-63}$$

显然，尺度变换特性和时移特性是上式的两种特殊情况，即 $t_0 = 0$ 和 $a = \pm 1$。

【例 3-1】　求图 3-30 所示三脉冲信号的频谱。

解：令 $f_0(t)$ 表示矩形单脉冲信号，由式（3-33）可知 $f_0(t)$ 的频谱函数 $F_0(\omega)$ 为

$$F_0(\omega) = E\tau Sa\left(\frac{\omega\tau}{2}\right)$$

因为

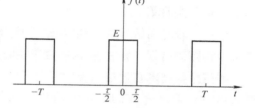

图 3-30　三脉冲信号的波形

$$f(t) = f_0(t) + f_0(t + T) + f_0(t - T)$$

由时移特性可知 $f(t)$ 的频谱函数 $F(\omega)$ 为

$$F(\omega) = F_0(\omega)(1 + e^{j\omega T} + e^{-j\omega T})$$

$$= E\tau Sa\left(\frac{\omega\tau}{2}\right)[1 + 2\cos(\omega T)]$$

三脉冲信号的频谱如图 3-31 所示。

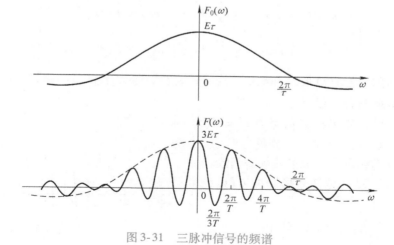

图 3-31　三脉冲信号的频谱

## 3.3.5　频移特性

若 $\mathcal{F}[f(t)] = F(\omega)$，则

$$\mathcal{F}[f(t)\,e^{j\omega_0 t}] = F(\omega - \omega_0)$$

**证明：**

因为

$$\mathcal{F}[f(t)\,e^{j\omega_0 t}] = \int_{-\infty}^{\infty} f(t)\,e^{j\omega_0 t}\,e^{-j\omega t}\,\mathrm{d}t$$

$$= \int_{-\infty}^{\infty} f(t)\,e^{-j(\omega - \omega_0)t}\,\mathrm{d}t$$

所以

$$\mathcal{F}[f(t)\,e^{j\omega_0 t}] = F(\omega - \omega_0) \tag{3-64}$$

同理可得

$$\mathcal{F}[f(t)\,e^{-j\omega_0 t}] = F(\omega + \omega_0)$$

式中，$\omega_0$ 为实常数。

可见，若时间信号 $f(t)$ 乘以 $e^{j\omega_0 t}$，等效于 $f(t)$ 的频谱 $F(\omega)$ 沿频率轴右移 $\omega_0$，或者说在频域中将频谱沿频率轴右移 $\omega_0$ 等效于在时域中信号乘以因子 $e^{j\omega_0 t}$。

频谱搬移技术在通信系统中得到了广泛应用，如调幅、同步解调、变频等过程都是在频谱搬移的基础上完成的。频谱搬移的实现原理是将信号 $f(t)$ 乘以载波信号 $\cos(\omega_0 t)$ 或 $\sin(\omega_0 t)$。下面分析这种相乘作用引起的频谱搬移。

因为

$$\cos(\omega_0 t) = \frac{1}{2}(e^{j\omega_0 t} + e^{-j\omega_0 t})$$

$$\sin(\omega_0 t) = \frac{1}{2j}(e^{j\omega_0 t} - e^{-j\omega_0 t})$$

所以

$$\begin{cases} \mathcal{F}[f(t)\cos(\omega_0 t)] = \dfrac{1}{2}[F(\omega + \omega_0) + F(\omega - \omega_0)] \\[2mm] \mathcal{F}[f(t)\sin(\omega_0 t)] = \dfrac{j}{2}[F(\omega + \omega_0) - F(\omega - \omega_0)] \end{cases} \tag{3-65}$$

所以，若时间信号 $f(t)$ 乘以 $\cos(\omega_0 t)$ 或 $\sin(\omega_0 t)$，等效于 $f(t)$ 的频谱 $F(\omega)$ 一分为二，沿频率轴向左和向右各平移 $\omega_0$。

【例 3-2】 已知矩形调幅信号 $f(t) = G(t)\cos(\omega_0 t)$，其中 $G(t)$ 为矩形脉冲，脉幅为 $E$，脉宽为 $\tau$，如图 3-32 中虚线所示。试求其频谱函数。

解：由式（3-33）可知矩形脉冲 $G(t)$ 的频谱 $G(\omega)$ 为

$$G(\omega) = E\tau Sa\left(\frac{\omega\tau}{2}\right)$$

因为

$$f(t) = \frac{1}{2}G(t)(e^{j\omega_0 t} + e^{-j\omega_0 t})$$

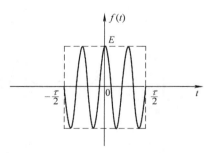

图 3-32 矩形调幅信号的波形

根据频移特性，可得 $f(t)$ 的频谱 $F(\omega)$ 为

$$F(\omega) = \frac{1}{2}G(\omega - \omega_0) + \frac{1}{2}G(\omega + \omega_0)$$

$$= \frac{E\tau}{2}Sa\left[(\omega - \omega_0)\frac{\tau}{2}\right] + \frac{E\tau}{2}Sa\left[(\omega + \omega_0)\frac{\tau}{2}\right] \tag{3-66}$$

可见，调幅信号的频谱等于将包络线的频谱一分为二，各向左、右平移 $\omega_0$。矩形调幅信号的频谱 $F(\omega)$ 如图 3-33 所示。

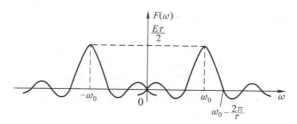

图 3-33　矩形调幅信号的频谱

【例 3-3】　已知 $f(t) = \cos(\omega_0 t)$，利用频移特性求余弦信号的频谱。

解：已知直流信号的频谱是位于 $\omega = 0$ 点的冲激函数，也即

$$\mathcal{F}[1] = 2\pi\delta(\omega)$$

利用频移特性，根据式（3-65）容易求得

$$\mathcal{F}[\cos(\omega_0 t)] = \pi[\delta(\omega + \omega_0) + \delta(\omega - \omega_0)] \tag{3-67}$$

可见，周期余弦信号的傅里叶变换完全集中于 $\pm\omega_0$ 点，是位于 $\pm\omega_0$ 点的冲激函数，频谱中不包含任何其他成分。这与直观感觉一致。

在第 3.4 节将专门讨论周期信号的傅里叶变换，包括余弦信号、正弦信号和一般的周期性信号。

## 3.3.6　微积分特性

若 $\mathcal{F}[f(t)] = F(\omega)$，则有

$$\mathcal{F}\left[\frac{\mathrm{d}f(t)}{\mathrm{d}t}\right] = \mathrm{j}\omega F(\omega)$$

$$\mathcal{F}\left[\frac{\mathrm{d}^n f(t)}{\mathrm{d}t^n}\right] = (\mathrm{j}\omega)^n F(\omega)$$

**证明：**

因为

$$f(t) = \frac{1}{2\pi}\int_{-\infty}^{\infty} F(\omega)\mathrm{e}^{\mathrm{j}\omega t}\mathrm{d}\omega$$

两边对 $t$ 求导数，得

$$\frac{\mathrm{d}f(t)}{\mathrm{d}t} = \frac{1}{2\pi}\int_{-\infty}^{\infty}[\mathrm{j}\omega F(\omega)]\mathrm{e}^{\mathrm{j}\omega t}\mathrm{d}\omega$$

所以

$$\mathcal{F}\Big[\frac{\mathrm{d}f(t)}{\mathrm{d}t}\Big] = \mathrm{j}\omega F(\omega) \tag{3-68}$$

同理可得

$$\mathcal{F}\Big[\frac{\mathrm{d}^n f(t)}{\mathrm{d}t^n}\Big] = (\mathrm{j}\omega)^n F(\omega) \tag{3-69}$$

式（3-68）、式（3-69）表示时域的微分特性，它说明在时域中 $f(t)$ 对 $t$ 取 $n$ 阶导数等效于在频域中将 $f(t)$ 的频谱 $F(\omega)$ 乘以 $(\mathrm{j}\omega)^n$。

同理，可以导出频域的微分特性如下：

若 $\mathcal{F}[f(t)] = F(\omega)$，则有

$$\mathcal{F}^{-1}\Big[\frac{\mathrm{d}F(\omega)}{\mathrm{d}\omega}\Big] = (-\mathrm{j}t)f(t) \tag{3-70}$$

$$\mathcal{F}^{-1}\Big[\frac{\mathrm{d}^n F(\omega)}{\mathrm{d}\omega^n}\Big] = (-\mathrm{j}t)^n f(t) \tag{3-71}$$

对于时域的微分特性，简单的应用实例如下：

若已知单位阶跃信号 $u(t)$ 的傅里叶变换，可利用此定理求出 $\delta(t)$ 和 $\delta'(t)$ 的变换式为

$$\mathcal{F}[u(t)] = \frac{1}{\mathrm{j}\omega} + \pi\delta(\omega)$$

$$\mathcal{F}[\delta(t)] = \mathrm{j}\omega\Big[\frac{1}{\mathrm{j}\omega} + \pi\delta(\omega)\Big] = 1$$

$$\mathcal{F}[\delta'(t)] = \mathrm{j}\omega$$

若 $\mathcal{F}[f(t)] = F(\omega)$，则有

$$\mathcal{F}\Big[\int_{-\infty}^{t} f(\tau)\mathrm{d}\tau\Big] = \frac{F(\omega)}{\mathrm{j}\omega} + \pi F(0)\delta(\omega) \tag{3-72}$$

证明：

$$\mathcal{F}\Big[\int_{-\infty}^{t} f(\tau)\mathrm{d}\tau\Big] = \int_{-\infty}^{\infty}\Big[\int_{-\infty}^{t} f(\tau)\mathrm{d}\tau\Big]\mathrm{e}^{-\mathrm{j}\omega t}\mathrm{d}t$$

$$= \int_{-\infty}^{\infty}\Big[\int_{-\infty}^{\infty} f(\tau)u(t-\tau)\mathrm{d}\tau\Big]\mathrm{e}^{-\mathrm{j}\omega t}\mathrm{d}t \tag{3-73}$$

此处将被积函数 $f(\tau)$ 乘以 $u(t-\tau)$，同时将积分上限 $t$ 改写为 $\infty$，结果不变。交换积分次序，并引用延时阶跃信号的傅里叶变换关系式

$$\mathcal{F}[u(t-\tau)] = \Big[\pi\delta(\omega) + \frac{1}{\mathrm{j}\omega}\Big]\mathrm{e}^{-\mathrm{j}\omega t}$$

则式（3-73）变为

$$\int_{-\infty}^{\infty} f(\tau)\Big[\int_{-\infty}^{\infty} u(t-\tau)\mathrm{e}^{-\mathrm{j}\omega t}\mathrm{d}t\Big]\mathrm{d}\tau$$

$$= \int_{-\infty}^{\infty} f(\tau)\pi\delta(\omega)\mathrm{e}^{-\mathrm{j}\omega t}\mathrm{d}\tau + \int_{-\infty}^{\infty} f(\tau)\frac{\mathrm{e}^{-\mathrm{j}\omega t}}{\mathrm{j}\omega}\mathrm{d}\tau$$

$$= \pi F(0)\delta(\omega) + \frac{F(\omega)}{\mathrm{j}\omega} \tag{3-74}$$

如果 $F(0) = 0$，式（3-74）简化为

$$\mathscr{F}\Big[\int_{-\infty}^{t}f(\tau)\,\mathrm{d}\tau\Big] = \frac{F(\omega)}{\mathrm{j}\omega} \tag{3-75}$$

【例 3-4】　已知三角脉冲信号

$$f(t) = \begin{cases} E\Big(1 - \dfrac{2}{\tau}|t|\Big) & |t| < \dfrac{\tau}{2} \\[2mm] 0 & |t| > \dfrac{\tau}{2} \end{cases}$$

如图 3-34a 所示，求其频谱 $F(\omega)$。

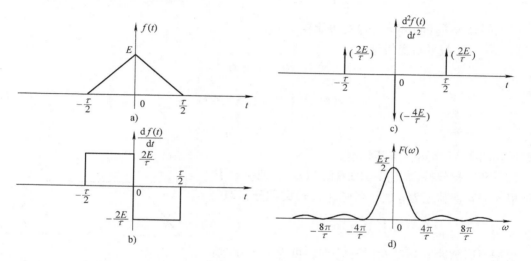

图 3-34　三角脉净信号的波形和频谱

解：将 $f(t)$ 取一阶与二阶导数，可得

$$\frac{\mathrm{d}f(t)}{\mathrm{d}t} = \begin{cases} \dfrac{2E}{\tau} & -\dfrac{\tau}{2} < t < 0 \\[2mm] -\dfrac{2E}{\tau} & 0 < t < \dfrac{\tau}{2} \\[2mm] 0 & |t| > \dfrac{\tau}{2} \end{cases}$$

及

$$\frac{\mathrm{d}^2 f(t)}{\mathrm{d}t^2} = \frac{2E}{\tau}\Big[\delta\Big(t + \frac{\tau}{2}\Big) + \delta\Big(t - \frac{\tau}{2}\Big) - 2\delta(t)\Big] \tag{3-76}$$

它们的波形状如图 3-34b、c 所示。

以 $F(\omega)$、$F_1(\omega)$ 和 $F_2(\omega)$ 分别表示 $f(t)$ 及其一、二阶导数的傅里叶变换，先求得 $F_2(\omega)$ 为

$$F_2(\omega) = \mathscr{F}\Big[\frac{\mathrm{d}^2 f(t)}{\mathrm{d}t^2}\Big] = \frac{2E}{\tau}(\mathrm{e}^{-\mathrm{j}\omega\frac{\tau}{2}} + \mathrm{e}^{\mathrm{j}\omega\frac{\tau}{2}} - 2)$$

$$= \frac{2E}{\tau}\Big[2\cos\Big(\omega\frac{\tau}{2}\Big) - 2\Big] = -\frac{8E}{\tau}\sin^2\Big(\frac{\omega\tau}{4}\Big)$$

利用积分定理容易求得

$$F_1(\omega) = \mathcal{F}\left[\frac{\mathrm{d}f(t)}{\mathrm{d}t}\right] = \left(\frac{1}{\mathrm{j}\omega}\right)\left[-\frac{8E}{\tau}\sin^2\left(\frac{\omega\tau}{4}\right)\right] + \pi F_2(0)\delta(\omega)$$

$$F(\omega) = \mathcal{F}[f(t)] = \frac{1}{(\mathrm{j}\omega)^2}\left[-\frac{8E}{\tau}\sin^2\left(\frac{\omega\tau}{4}\right)\right] + \pi F_1(0)\delta(\omega)$$

$$= \frac{2E}{\tau}\frac{\sin^2\left(\frac{\omega\tau}{4}\right)}{\left(\frac{\omega\tau}{4}\right)^2} = \frac{2E}{\tau}Sa^2\left(\frac{\omega\tau}{4}\right)$$

以上两式中 $F_2(0)$ 和 $F_1(0)$ 都等于零。

【例 3-5】 截平斜变信号

$$y(t) = \begin{cases} 0 & t < 0 \\ \dfrac{t}{t_0} & 0 \leqslant t \leqslant t_0 \\ 1 & t > t_0 \end{cases} \tag{3-77}$$

的波形如图 3-35 所示，求其频谱。

解：利用积分特性求 $y(t)$ 的频谱 $Y(\omega)$。把 $y(t)$ 看作脉幅为 $1/t_0$、脉宽为 $t_0$ 的矩形脉冲 $f(\tau)$ 的积分，即

$$y(t) = \int_{-\infty}^{t} f(\tau)\mathrm{d}\tau$$

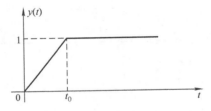

图 3-35 截平斜变信号的波形

根据矩形脉冲的频谱及时移特性，可得 $f(\tau)$ 的频谱 $F(\omega)$ 为

$$F(\omega) = Sa\left(\frac{\omega t_0}{2}\right)\mathrm{e}^{-\mathrm{j}\frac{\omega t_0}{2}}$$

因为 $F(0) = 1 \neq 0$，可得

$$\begin{aligned} Y(\omega) &= \mathcal{F}[y(t)] \\ &= \frac{1}{\mathrm{j}\omega}F(\omega) + \pi F(0)\delta(\omega) \\ &= \frac{1}{\mathrm{j}\omega}Sa\left(\frac{\omega t_0}{2}\right)\mathrm{e}^{-\mathrm{j}\frac{\omega t_0}{2}} + \pi\delta(\omega) \end{aligned} \tag{3-78}$$

显然，当 $t_0 \to 0$，$y(t) \to u(t)$，$f(\tau) \to \delta(\tau)$ 时，式（3-78）变为

$$\mathcal{F}[u(t)] = \frac{1}{\mathrm{j}\omega} + \pi\delta(\omega)$$

与式（3-49）的结果完全相同。

此外，还可导出频域的积分特性如下：

若 $\mathcal{F}[f(t)] = F(\omega)$，则

$$\mathcal{F}^{-1}\left[\int_{-\infty}^{\omega} F(\Omega)\mathrm{d}\Omega\right] = -\frac{f(t)}{\mathrm{j}t} + \pi f(0)\delta(t)$$

由于此特性应用较少，此处不再讨论。

### 3.3.7　卷积特性

卷积特性是在通信系统和信号处理研究领域中应用最广的傅里叶变换性质之一。

**1. 时域卷积定理**

若给定两个时间函数 $f_1(t)$、$f_2(t)$，已知

$$\mathcal{F}[f_1(t)] = F_1(\omega)$$
$$\mathcal{F}[f_2(t)] = F_2(\omega)$$

则

$$\mathcal{F}[f_1(t) * f_2(t)] = F_1(\omega)F_2(\omega)$$

**证明**：根据第 2 章中卷积的定义，已知

$$f_1(t) * f_2(t) = \int_{-\infty}^{\infty} f_1(\tau)f_2(t-\tau)\mathrm{d}\tau \tag{3-79}$$

因此

$$
\begin{aligned}
\mathcal{F}[f_1(t) * f_2(t)] &= \int_{-\infty}^{\infty}\left[\int_{-\infty}^{\infty} f_1(\tau)f_2(t-\tau)\mathrm{d}\tau\right]\mathrm{e}^{-\mathrm{j}\omega t}\mathrm{d}t \\
&= \int_{-\infty}^{\infty} f_1(\tau)\left[\int_{-\infty}^{\infty} f_2(t-\tau)\mathrm{e}^{-\mathrm{j}\omega t}\mathrm{d}t\right]\mathrm{d}\tau \\
&= \int_{-\infty}^{\infty} f_1(\tau)F_2(\omega)\mathrm{e}^{-\mathrm{j}\omega\tau}\mathrm{d}\tau \\
&= F_2(\omega)\int_{-\infty}^{\infty} f_1(\tau)\mathrm{e}^{-\mathrm{j}\omega\tau}\mathrm{d}\tau
\end{aligned}
$$

所以

$$\mathcal{F}[f_1(t) * f_2(t)] = F_1(\omega)F_2(\omega) \tag{3-80}$$

式（3-80）称为时域卷积定理，它说明两个时间函数卷积的频谱等于各个时间函数频谱的乘积，即在时域中两信号的卷积等效于在频域中频谱相乘。

**2. 频域卷积定理**

类似于时域卷积定理，若

$$\mathcal{F}[f_1(t)] = F_1(\omega)$$
$$\mathcal{F}[f_2(t)] = F_2(\omega)$$

则

$$\mathcal{F}[f_1(t)f_2(t)] = \frac{1}{2\pi}[F_1(\omega) * F_2(\omega)] \tag{3-81}$$

证明方法同时域卷积定理，读者可自行证明，这里不再重复。

式（3-81）称为频域卷积定理，它说明两时间函数频谱的卷积等效于两时间函数的乘积。或者说，两时间函数乘积的频谱等于各个函数频谱的卷积乘以 $\frac{1}{2\pi}$。显然时域与频域卷积定理是对称的，这由傅里叶变换的对称性所决定。

下面举例说明如何利用卷积定理求信号频谱。

**【例 3-6】**　已知余弦脉冲

$$f(t) = \begin{cases} E\cos\left(\dfrac{\pi t}{\tau}\right) & |t| \leqslant \dfrac{\tau}{2} \\ 0 & |t| > \dfrac{\tau}{2} \end{cases}$$

利用卷积定理求余弦脉冲的频谱。

解：把余弦脉冲 $f(t)$ 看作是矩形脉冲 $G(t)$ 与无穷长余弦函数 $\cos\left(\dfrac{\pi t}{\tau}\right)$ 的乘积，根据频域卷积定理，可以得到 $f(t)$ 的频谱为

$$
\begin{aligned}
F(\omega) &= \mathcal{F}\left[G(t)\cos\left(\frac{\pi t}{\tau}\right)\right] \\
&= \frac{1}{2\pi}E\tau Sa\left(\frac{\omega\tau}{2}\right) * \pi\left[\delta\left(\omega+\frac{\pi}{\tau}\right)+\delta\left(\omega-\frac{\pi}{\tau}\right)\right] \\
&= \frac{E\tau}{2}Sa\left[\left(\omega+\frac{\pi}{\tau}\right)\frac{\tau}{2}\right]+\frac{E\tau}{2}Sa\left[\left(\omega-\frac{\pi}{\tau}\right)\frac{\tau}{2}\right]
\end{aligned}
$$

上式化简后得到余弦脉冲的频谱为

$$
\mathcal{F}\left[\cos\left(\frac{\pi t}{\tau}\right)\right] = \pi\delta\left(\omega+\frac{\pi}{\tau}\right)+\pi\delta\left(\omega-\frac{\pi}{\tau}\right)
$$

余弦脉冲的频谱如图 3-36 所示。

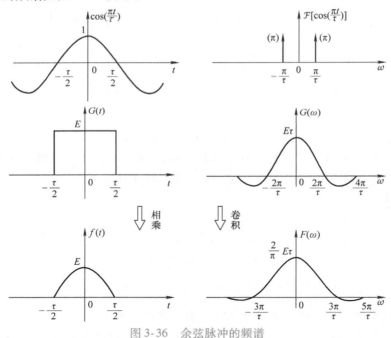

图 3-36　余弦脉冲的频谱

【例 3-7】　已知三角脉冲

$$
f(t) = \begin{cases} E\left(1-\dfrac{2|t|}{\tau}\right) & |t| \leqslant \dfrac{\tau}{2} \\[2mm] 0 & |t| > \dfrac{\tau}{2} \end{cases}
$$

利用卷积定理求三角脉冲的频谱。

解：可以把三角脉冲 $f(t)$ 看作是两个同样的矩形脉冲 $G(t)$ 的卷积，而矩形脉冲的幅度、宽度可以由卷积的定义直接得出，分别为 $\sqrt{\dfrac{2E}{\tau}}$ 和 $\dfrac{\tau}{2}$。根据时域卷积定理，可以很简单地求

出三角脉冲的频谱 $F(\omega)$。

因为

$$f(t) = G(t) * G(t)$$

$$G(\omega) = \sqrt{\frac{2E}{\tau}} \frac{\tau}{2} Sa\left(\frac{\omega\tau}{4}\right)$$

所以

$$F(\omega) = \left[ \sqrt{\frac{2E}{\tau}} \frac{\tau}{2} Sa\left(\frac{\omega\tau}{4}\right) \right]^2 = \frac{E\tau}{2} Sa^2\left(\frac{\omega\tau}{4}\right) \tag{3-82}$$

三角脉冲的频谱如图 3-37 所示。

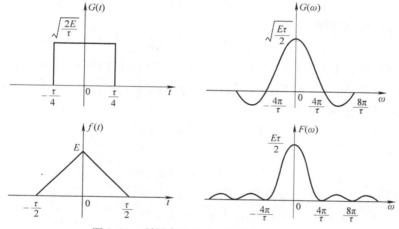

图 3-37　利用卷积定理求三角脉冲的频谱

频域卷积定理的典型应用实例是通信系统中的调制与解调，这部分内容将在第 3.4 节中介绍。由式（3-33）可知矩形脉冲的频谱为

$$G(\omega) = \mathcal{F}[G(t)] = E\tau Sa\left(\frac{\omega\tau}{2}\right)$$

由式（3-82）可知

$$F(\omega) = \frac{2E\tau}{\pi} \frac{\cos\left(\dfrac{\omega\tau}{2}\right)}{\left[ 1 - \left(\dfrac{\omega\tau}{\pi}\right)^2 \right]} \tag{3-83}$$

## 3.4　傅里叶变换在通信系统中的应用分析

### 3.4.1　信号抽样与恢复

#### 1. 周期信号的傅里叶变换

以上章节讨论了周期信号的傅里叶级数以及非周期信号的傅里叶变换问题。在推导傅里叶变换时，令周期信号的周期趋近无穷大，将周期信号变成非周期信号，将傅里叶级数演变

成傅里叶变换，由周期信号的离散谱过渡成连续谱。下面研究周期信号傅里叶变换的特点以及它与傅里叶级数之间的联系，目的是力图把周期信号与非周期信号的分析方法统一起来，使傅里叶变换这一工具得到更广泛的应用，更加深入、全面地理解傅里叶变换。之前已指出，虽然周期信号不满足绝对可积条件，但是在允许冲激函数存在并认为它是有意义的前提下，绝对可积条件就成为不必要的限制了，从这种意义上来说周期信号的傅里叶变换是存在的。下面仍借助频移特性导出指数、正弦和余弦信号的频谱函数，然后研究一般周期信号的傅里叶变换。

（1）指数、正弦和余弦信号的傅里叶变换

若

$$\mathcal{F}[f_0(t)] = F_0(\omega)$$

由式（3-64）频移特性可知

$$\mathcal{F}[f_0(t)\,\mathrm{e}^{\mathrm{j}\omega_1 t}] = F_0(\omega - \omega_1) \tag{3-84}$$

在式（3-84）中，令 $f_0(t) = 1$，由式（3-46）可知 $f_0(t)$ 的傅里叶变换为

$$F_0(\omega) = \mathcal{F}[1] = 2\pi\delta(\omega)$$

于是式（3-84）变为

$$\mathcal{F}[\mathrm{e}^{\mathrm{j}\omega_1 t}] = 2\pi\delta(\omega - \omega_1) \tag{3-85}$$

同理

$$\mathcal{F}[\mathrm{e}^{-\mathrm{j}\omega_1 t}] = 2\pi\delta(\omega + \omega_1) \tag{3-86}$$

由式（3-85）、式（3-86）及欧拉公式，可得

$$\begin{cases} \mathcal{F}[\cos(\omega_1 t)] = \pi[\delta(\omega + \omega_1) + \delta(\omega - \omega_1)] \\ \mathcal{F}[\sin(\omega_1 t)] = \mathrm{j}\pi[\delta(\omega + \omega_1) - \delta(\omega - \omega_1)] \end{cases} \quad t\ \text{为任意值} \tag{3-87}$$

式（3-87）表示余弦和正弦信号的傅里叶变换。这类信号的频谱只包含位于 $\pm\omega_1$ 处的冲激函数，如图 3-38 所示。

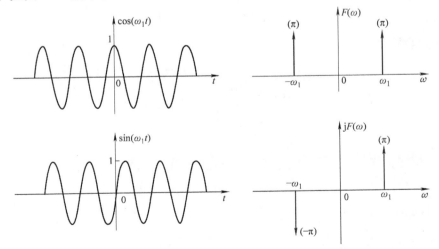

图 3-38　余弦和正弦信号的频谱

另外，还可以用极限的方法求正弦信号 $\sin(\omega_1 t)$、余弦信号 $\cos(\omega_1 t)$ 及指数信号 $\mathrm{e}^{\mathrm{j}\omega_1 t}$ 的

傅里叶变换。

先令 $f_0(t)$ 为有限长余弦信号，它只存在于 $-\dfrac{\tau}{2} \sim \dfrac{\tau}{2}$ 的区间，即把有限长的余弦信号看成矩形脉冲 $G(t)$ 与余弦信号 $\cos(\omega_1 t)$ 的乘积，即

$$f_0(t) = G(t)\cos(\omega_1 t)$$

因为

$$G(\omega) = \mathcal{F}[G(t)] = \tau Sa\left(\frac{\omega \tau}{2}\right)$$

根据频移特性，可知 $f_0(t)$ 的频谱为

$$F_0(\omega) = \frac{1}{2}[G(\omega + \omega_1) + G(\omega - \omega_1)]$$

$$= \frac{\tau}{2}Sa\left[(\omega + \omega_1)\frac{\tau}{2}\right] + \frac{\tau}{2}Sa\left[(\omega - \omega_1)\frac{\tau}{2}\right]$$

有限长余弦信号的波形和频谱如图 3-39 所示。

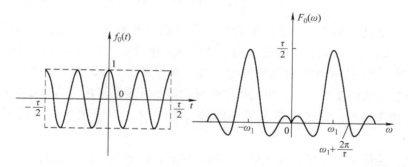

图 3-39　有限长余弦信号的波形和频谱

显然，余弦信号 $\cos(\omega_1 t)$ 的傅里叶变换为 $\tau \to \infty$ 时 $F_0(\omega)$ 的极限，即

$$\mathcal{F}[\cos(\omega_1 t)] = \lim_{\tau \to \infty} F_0(\omega)$$

$$= \lim_{\tau \to \infty}\left\{\frac{\tau}{2}Sa\left[(\omega + \omega_1)\frac{\tau}{2}\right] + \frac{\tau}{2}Sa\left[(\omega - \omega_1)\frac{\tau}{2}\right]\right\}$$

由 $\delta(\omega) = \lim\limits_{k \to \infty}\dfrac{k}{\pi}Sa(k\omega)$ 可知余弦信号的傅里叶变换为

$$\mathcal{F}[\cos(\omega_1 t)] = \pi[\delta(\omega + \omega_1) + \delta(\omega - \omega_1)]$$

同理可求得 $\sin(\omega_1 t)$、$e^{j\omega_1 t}$ 的频谱，结果与式（3-87）、式（3-85）完全一致。

对上述结果可做如下解释：当有限长余弦信号 $f_0(t)$ 的宽度 $\tau$ 增大时，频谱 $F_0(\omega)$ 越来越集中到 $\pm\omega_1$ 的附近，当 $\tau \to \infty$ 时，有限长余弦信号就变成无穷长余弦信号，此时频谱在 $\pm\omega_1$ 处成为无穷大，而在其他频率处均为零。也就是说，$F_0(\omega)$ 由抽样函数变成位于 $\pm\omega_1$ 的两个冲激函数。

（2）一般周期信号的傅里叶变换

令周期信号 $f(t)$ 的周期为 $T_1$，角频率为 $\omega_1\left(\omega_1 = 2\pi f_1 = \dfrac{2\pi}{T_1}\right)$，可以将 $f(t)$ 展成傅里叶级

数为

$$f(t) = \sum_{n \to -\infty}^{\infty} F_n e^{jn\omega_1 t}$$

将上式两边取傅里叶变换，可得

$$\mathcal{F}[f(t)] = \mathcal{F} \sum_{n \to -\infty}^{\infty} F_n e^{jn\omega_1 t} = \sum_{n \to -\infty}^{\infty} F_n \mathcal{F}[e^{jn\omega_1 t}] \tag{3-88}$$

由式（3-85）可知

$$\mathcal{F}[e^{jn\omega_1 t}] = 2\pi\delta(\omega - n\omega_1)$$

将上式代入式（3-88），便可得到周期信号 $f(t)$ 的傅里叶变换为

$$\mathcal{F}[f(t)] = 2\pi \sum_{n \to -\infty}^{\infty} F_n \delta(\omega - n\omega_1) \tag{3-89}$$

式中，$F_n$ 为 $f(t)$ 的傅里叶级数系数，且已知

$$F_n = \frac{1}{T_1} \int_{-\frac{T_1}{2}}^{\frac{T_1}{2}} f(t) e^{-jn\omega_1 t} dt \tag{3-90}$$

式（3-89）表明：周期信号 $f(t)$ 的傅里叶变换由一些冲激函数组成，这些冲激位于信号的谐频（0，$\pm\omega_1$，$\pm 2\omega_1$，$\cdots$）处，每个冲激的强度等于 $f(t)$ 的傅里叶级数相应系数 $F_n$ 的 $2\pi$ 倍。显然，周期信号的频谱是离散的，这一点与第 3.2 节的结论一致。然而，由于傅里叶变换是反映频谱密度的概念，因此周期信号的傅里叶变换不同于傅里叶级数，这里不是有限值，而是冲激函数，它表明在无穷小的频带范围内（即谐频点）取得了无限大的频谱值。

下面再来讨论周期脉冲序列的傅里叶级数与单脉冲的傅里叶变换的关系。已知周期信号 $f(t)$ 的傅里叶级数为

$$f(t) = \sum_{n \to -\infty}^{\infty} F_n e^{jn\omega_1 t}$$

其中，傅里叶级数系数为

$$F_n = \frac{1}{T_1} \int_{-\frac{T_1}{2}}^{\frac{T_1}{2}} f(t) e^{-jn\omega_1 t} dt \tag{3-91}$$

从周期脉冲序列 $f(t)$ 中截取一个周期，得到所谓的单脉冲信号，其傅里叶变换 $F_0(\omega)$ 为

$$F_0(\omega) = \int_{-\frac{T_1}{2}}^{\frac{T_1}{2}} f(t) e^{-j\omega t} dt \tag{3-92}$$

比较式（3-91）和式（3-92），显然可以得到

$$F_n = \frac{1}{T_1} F_0(\omega) \Big|_{\omega = n\omega_1} \tag{3-93}$$

或写作

$$F_n = \frac{1}{T_1} \Big[ \int_{-\frac{T_1}{2}}^{\frac{T_1}{2}} f(t) e^{-j\omega t} dt \Big] \Big|_{\omega = n\omega_1}$$

式（3-93）表明：周期脉冲序列的傅里叶级数的系数 $F_n$ 等于单脉冲的傅里叶变换 $F_0(\omega)$ 在 $n\omega_1$ 频率点的值乘以 $\dfrac{1}{T_1}$。利用单脉冲的傅里叶变换式可以很方便地求出周期脉冲序列的傅里叶系数。

【例 3-8】 若单位冲激函数的间隔为 $T_1$，用符号 $\delta_T(t)$ 表示周期单位冲激序列，即

$$\delta_T(t) = \sum_{n \to -\infty}^{\infty} \delta(t - nT_1)$$

如图 3-40 所示。求周期单位冲激序列的傅里叶级数与傅里叶变换。

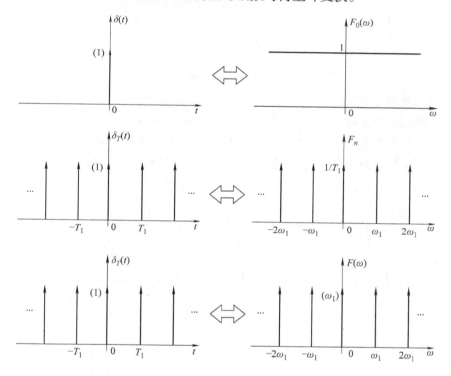

图 3-40 周期冲激序列的傅里叶级数系数与傅里叶变换

解：因为 $\delta_T(t)$ 是周期函数，所以可以把它展开成傅里叶级数为

$$\delta_T(t) = \sum_{n \to -\infty}^{\infty} F_n \mathrm{e}^{jn\omega_1 t}$$

其中

$$\omega_1 = \frac{2\pi}{T_1}$$

$$F_n = \frac{1}{T_1} \int_{-\frac{T_1}{2}}^{\frac{T_1}{2}} \delta_T(t) \mathrm{e}^{-jn\omega_1 t} \mathrm{d}t$$

$$= \frac{1}{T_1} \int_{-\frac{T_1}{2}}^{\frac{T_1}{2}} \delta(t) \mathrm{e}^{-jn\omega_1 t} \mathrm{d}t = \frac{1}{T_1}$$

可以得到

$$\delta_T(t) = \frac{1}{T_1}\sum_{n\to-\infty}^{\infty} e^{jn\omega_1 t} \tag{3-94}$$

可见，在周期单位冲激序列的傅里叶级数中只包含位于 $0$，$\pm\omega_1$，$\pm2\omega_1$，$\cdots$，$\pm n\omega_1$，$\cdots$ 的频率分量，每个频率分量的大小相等，均等于 $1/T_1$。

下面求 $\delta_T(t)$ 的傅里叶变换。

由式（3-89）可得

$$\mathcal{F}[f(t)] = 2\pi\sum_{n\to-\infty}^{\infty} F_n\delta(\omega - n\omega_1)$$

因 $F_n = \frac{1}{T_1}$，所以，$\delta_T(t)$ 的傅里叶变换为

$$F(\omega) = \mathcal{F}[\delta_T(t)] = \omega_1\sum_{n\to-\infty}^{\infty} \delta(\omega - n\omega_1) \tag{3-95}$$

可见，在周期单位冲激序列的傅里叶变换中，同样也只包含位于 $0$，$\pm\omega_1$，$\pm2\omega_1$，$\cdots$，$\pm n\omega_1$，$\cdots$ 频率处的冲激函数，其强度相等，均等于 $\omega_1$。如图 3-40 所示。

【例 3-9】 已知周期矩形脉冲信号 $f(t)$ 的幅度为 $E$，脉宽为 $\tau$，周期为 $T_1$，角频率为 $\omega_1 = 2\pi/T_1$，其波形如图 3-41 所示，求周期矩形脉冲信号的傅里叶级数与傅里叶变换。

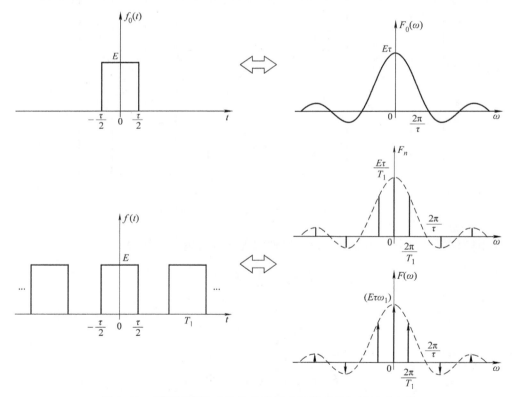

图 3-41 周期矩形脉冲信号的傅里叶级数系数与傅里叶变换

解：利用本节所给出的方法可以很方便地求出傅里叶级数与傅里叶变换。在此从熟悉的单脉冲入手，已知矩形脉冲 $f_0(t)$ 的傅里叶变换 $F_0(\omega)$ 等于

$$F_0(\omega) = E\tau Sa\left(\frac{\omega\tau}{2}\right)$$

由式（3-93）可以求出周期矩形脉冲信号的傅里叶级数系数 $F_n$ 为

$$F_n = \frac{1}{T_1}F_0(\omega)\,\Big|_{\omega = n\omega_1} = \frac{E\tau}{T_1}Sa\left(\frac{n\omega_1\tau}{2}\right)$$

于是 $f(t)$ 的傅里叶级数为

$$f(t) = \frac{E\tau}{T_1}\sum_{n\to-\infty}^{\infty}Sa\left(\frac{n\omega_1\tau}{2}\right)e^{jn\omega_1 t}$$

由式（3-89）便可得到 $f(t)$ 的傅里叶变换 $F(\omega)$ 为

$$F(\omega) = 2\pi\sum_{n\to-\infty}^{\infty}F_n\delta(\omega - n\omega_1)$$

$$= E\tau\omega_1\sum_{n\to-\infty}^{\infty}Sa\left(\frac{n\omega_1\tau}{2}\right)\delta(\omega - n\omega_1)$$

由图 3-41 可以看出，单脉冲的频谱是连续函数，而周期信号的频谱是离散函数。对于 $F(\omega)$ 来说，它包含间隔为 $\omega_1$ 的冲激序列，其强度的包络线的形状与单脉冲频谱的形状相同。上述结论也可以由例 3-1 定性分析得出，图 3-30 中已经画出了三脉冲信号的频谱，显然，当脉冲数目增多时，频谱更加向 $n\omega_1\left(\omega_1 = \dfrac{2\pi}{T_1}\right)$ 处聚集；当脉冲数目为无限多时，它将变成周期脉冲信号，此时频谱在 $n\omega_1$ 处聚集成冲激函数。

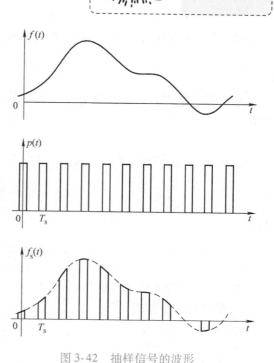

3-5 抽样信号的傅里叶变换

**2. 抽样信号的傅里叶变换**

所谓抽样就是利用抽样脉冲序列 $p(t)$ 从连续信号 $f(t)$ 中抽取一系列的离散样值，这种离散信号通常称为抽样信号，以 $f_s(t)$ 表示，如图 3-42 所示。

必须指出，在信号分析与处理研究领域中，习惯上把 $Sa(t) = \dfrac{\sin t}{t}$ 称为抽样函数，与这里所指的抽样或抽样信号具有完全不同的含义。此外，这里的抽样也称为采样或取样。图 3-43 为实现抽样的原理框图。由图可见，连续信号经抽样作用变成抽样信号以后，往往需要再经量化、编码变成数字信号。这种数字信号经传输，然后进行上述过程的逆变换即可恢复出原连续信号。基于这种原理构成的数字通信系统在很多性能上都要比模拟通信系统优越。随着数字技术与计算机的迅速发展，这种通信方式已经得到了广泛的应

图 3-42　抽样信号的波形

用。本节只研究信号经抽样后频谱的变化规律。

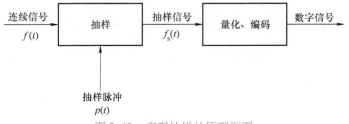

图 3-43 实现抽样的原理框图

首先需要解决两个问题：①抽样信号 $f_s(t)$ 的傅里叶变换是什么样子？它和未经抽样的原连续信号 $f(t)$ 的傅里叶变换有什么联系？②连续信号被抽样后，它是否保留了原信号 $f(t)$ 的全部信息，也即，在什么条件下，可从抽样信号 $f_s(t)$ 中无失真地恢复出原连续信号 $f(t)$？其中第二个问题留待下节专门研究，本节只解决第一个问题。与时域抽样相对应，本节研究频域抽样，即频谱函数在 $\omega$ 轴上被抽样脉冲抽取离散值的原理。通过本节与下节的讨论，把傅里叶分析的方法从连续信号与系统推广到离散信号与系统。

（1）时域抽样

令连续信号 $f(t)$ 的傅里叶变换为

$$F(\omega) = \mathcal{F}[f(t)]$$

抽样脉冲序列 $p(t)$ 的傅里叶变换为

$$P(\omega) = \mathcal{F}[p(t)]$$

抽样后信号 $f_s(t)$ 的傅里叶变换为

$$F_s(\omega) = \mathcal{F}[f_s(t)]$$

若采用均匀抽样，抽样周期为 $T_s$，则抽样频率为

$$\omega_s = 2\pi f_s = \frac{2\pi}{T_s}$$

在一般情况下，抽样过程是通过抽样脉冲序列 $p(t)$ 与连续信号 $f(t)$ 相乘来完成的，即满足

$$f_s(t) = f(t)p(t) \tag{3-96}$$

因为 $p(t)$ 是周期信号，由式（3-89）可知 $p(t)$ 的傅里叶变换为

$$P(\omega) = 2\pi \sum_{n=-\infty}^{\infty} P_n \delta(\omega - n\omega_s) \tag{3-97}$$

其中

$$P_n = \frac{1}{T_s} \int_{-\frac{T_s}{2}}^{\frac{T_s}{2}} p(t) e^{-jn\omega_s t} \mathrm{d}t \tag{3-98}$$

$P_n$ 为 $p(t)$ 的傅里叶级数的系数。

根据频域卷积定理可知

$$F_s(\omega) = \frac{1}{2\pi} F(\omega) * P(\omega)$$

将式（3-97）代入上式，化简后得到抽样信号 $f_s(t)$ 的傅里叶变换为

$$F_{\mathrm{s}}(\omega) = \sum_{n=-\infty}^{\infty} P_n F(\omega - n\omega_{\mathrm{s}}) \tag{3-99}$$

式（3-99）表明：信号在时域被抽样后，其频谱 $F_{\mathrm{s}}(\omega)$ 为连续信号频谱 $F(\omega)$ 的形状以抽样频率 $\omega_{\mathrm{s}}$ 为间隔周期地重复而得到，在重复的过程中幅度被 $p(t)$ 的傅里叶系数 $P_n$ 所加权。因为 $P_n$ 只是 $n$（而不是 $\omega$）的函数，所以 $F(\omega)$ 在重复过程中不会使形状发生变化。

式（3-99）中加权系数 $P_n$ 取决于抽样脉冲序列的形状，下面讨论两种典型的情况：

1）矩形脉冲抽样。在这种情况下，抽样脉冲 $p(t)$ 是矩形，令其脉冲幅度为 $E$、脉宽为 $\tau$、抽样角频率为 $\omega_{\mathrm{s}}$（抽样间隔为 $T_{\mathrm{s}}$）。由于 $f_{\mathrm{s}}(t) = f(t)p(t)$，所以抽样信号 $f_{\mathrm{s}}(t)$ 在抽样期间的脉冲顶部不是平的，而是随 $f(t)$ 而变化，如图 3-44 所示，这种抽样称为自然抽样。

下面只讨论自然抽样的情况。对于自然抽样，由式（3-98）可得

$$P_n = \frac{1}{T_{\mathrm{s}}} \int_{-\frac{T_{\mathrm{s}}}{2}}^{\frac{T_{\mathrm{s}}}{2}} p(t) \mathrm{e}^{-jn\omega_{\mathrm{s}}t} \mathrm{d}t$$

$$= \frac{1}{T_{\mathrm{s}}} \int_{-\frac{\tau}{2}}^{\frac{\tau}{2}} E\mathrm{e}^{-jn\omega_{\mathrm{s}}t} \mathrm{d}t$$

上式积分后可得

$$P_n = \frac{E\tau}{T_{\mathrm{s}}} Sa\left(\frac{n\omega_{\mathrm{s}}\tau}{2}\right) \tag{3-100}$$

式（3-100）的结果早已熟悉，若将其代入式（3-99），便可得到矩形抽样信号的频谱为

$$F_{\mathrm{s}}(\omega) = \frac{E\tau}{T_{\mathrm{s}}} \sum_{n=-\infty}^{\infty} Sa\left(\frac{n\omega_{\mathrm{s}}\tau}{2}\right) F(\omega - n\omega_{\mathrm{s}}) \tag{3-101}$$

显然，在这种情况下，$F(\omega)$ 在以 $\omega_{\mathrm{s}}$ 为周期的重复过程中幅度以 $Sa\left(\dfrac{n\omega_{\mathrm{s}}\tau}{2}\right)$ 的规律变化，如图 3-44 所示。

2）冲激抽样。若抽样脉冲 $p(t)$ 是冲激序列，这种抽样则称为冲激抽样或理想抽样。

因为

$$p(t) = \delta_T(t) = \sum_{n\to-\infty}^{\infty} \delta(t - nT_{\mathrm{s}})$$

$$f_{\mathrm{s}}(t) = f(t)\delta_T(t)$$

所以，在冲激抽样情况下，抽样信号 $f_{\mathrm{s}}(t)$ 由一系列冲激函数构成，每个冲激的间隔为 $T_{\mathrm{s}}$，而强度等于连续信号的抽样值 $f(nT_{\mathrm{s}})$，如图 3-45 所示。

由式（3-98）可以求出 $p(t)$ 的傅里叶系数为

$$P_n = \frac{1}{T_{\mathrm{s}}} \int_{-\frac{T_{\mathrm{s}}}{2}}^{\frac{T_{\mathrm{s}}}{2}} \delta_T(t) \mathrm{e}^{-jn\omega_{\mathrm{s}}t} \mathrm{d}t$$

$$= \frac{1}{T_{\mathrm{s}}} \int_{-\frac{T_{\mathrm{s}}}{2}}^{\frac{T_{\mathrm{s}}}{2}} \delta(t) \mathrm{e}^{-jn\omega_{\mathrm{s}}t} \mathrm{d}t = \frac{1}{T_{\mathrm{s}}}$$

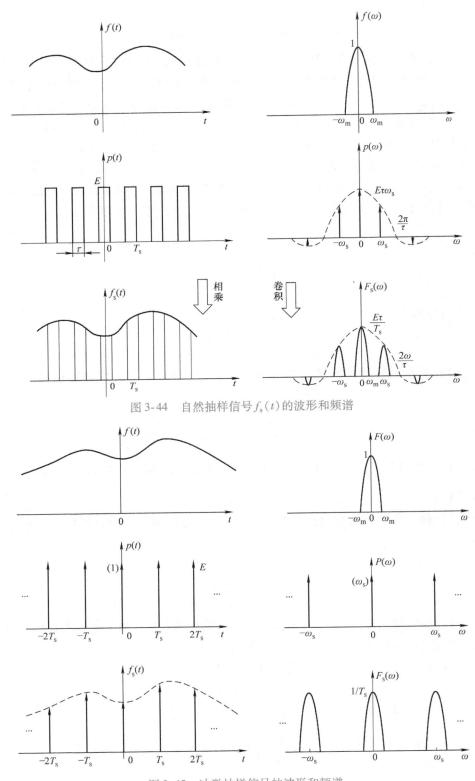

图 3-44　自然抽样信号 $f_s(t)$ 的波形和频谱

图 3-45　冲激抽样信号的波形和频谱

将上式代入式（3-99），可得冲激抽样信号的频谱为

$$F_s(\omega) = \frac{1}{T_s} \sum_{n=-\infty}^{\infty} F(\omega - n\omega_s) \tag{3-102}$$

式（3-102）表明：由于冲激序列的傅里叶系数 $P_n$ 为常数，所以 $F(\omega)$ 的形状是以 $\omega_s$ 为周期等幅地重复，如图 3-45 所示。

显然冲激抽样和矩形脉冲抽样是式（3-99）的两种特定情况，而前者又是后者的一种极限情况（脉宽 $\tau \to 0$）。在实际中通常采用矩形脉冲抽样，但是为了便于问题的分析，当脉宽 $\tau$ 相对较窄时，往往近似为冲激抽样。

（2）频域抽样

已知连续频谱函数 $F(\omega)$，对应的时间函数为 $f(t)$，若 $F(\omega)$ 在频域中被间隔为 $\omega_1$ 的冲激序列 $\delta_\omega(\omega)$ 抽样，那么抽样后的频谱函数 $F_1(\omega)$ 所对应的时间函数 $f_1(t)$ 与 $f(t)$ 具有何种关系？

已知

$$F(\omega) = \mathcal{F}[f(t)]$$

若频域抽样过程满足

$$F_1(\omega) = F(\omega) \delta_\omega(\omega) \tag{3-103}$$

其中

$$\delta_\omega(\omega) = \sum_{n=-\infty}^{\infty} \delta(\omega - n\omega_1)$$

由式（3-95）可得

$$\mathcal{F}\left[ \sum_{n \to -\infty}^{\infty} \delta(t - nT_1) \right] = \omega_1 \sum_{n=-\infty}^{\infty} \delta(\omega - n\omega_1)$$

$$\omega_1 = \frac{2\pi}{T_1}$$

上式的逆变换形式可写为

$$\mathcal{F}^{-1}[\delta_\omega(\omega)] = \mathcal{F}^{-1}\left[ \sum_{n=-\infty}^{\infty} \delta(\omega - n\omega_1) \right]$$

$$= \frac{1}{\omega_1} \sum_{n \to -\infty}^{\infty} \delta(t - nT_1) = \frac{1}{\omega_1} \delta_T(t) \tag{3-104}$$

由式（3-103）、式（3-104），根据时域卷积定理，可知

$$\mathcal{F}^{-1}[F_1(\omega)] = \mathcal{F}^{-1}[F(\omega)] * \mathcal{F}^{-1}[\delta_\omega(\omega)]$$

即

$$f_1(t) = f(t) * \frac{1}{\omega_1} \sum_{n \to -\infty}^{\infty} \delta(t - nT_1)$$

这样，便可得到 $F(\omega)$ 被抽样后 $F_1(\omega)$ 所对应的时间函数为

$$f_1(t) = \frac{1}{\omega_1} \sum_{n=-\infty}^{\infty} f(t - nT_1) \tag{3-105}$$

式（3-105）表明：若 $f(t)$ 的频谱 $F(\omega)$ 被间隔为 $\omega_1$ 的冲激序列在频域中抽样，则在时域中等效于 $f(t)$ 以 $T_1 = \dfrac{2\pi}{\omega_1}$ 为周期重复，如图 3-46 所示。也就是说，周期信号的频谱是离散的。

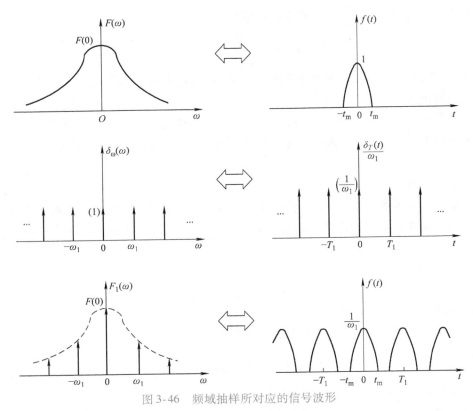

图 3-46　频域抽样所对应的信号波形

通过上面时域与频域的抽样特性讨论，得到了傅里叶变换的又一条重要性质，即信号的时域与频域呈抽样（离散）与周期（重复）对应关系。

本节讨论如何从抽样信号中恢复原连续信号，以及可以无失真地完成这种恢复作用所需的条件。著名的抽样定理对此做出了明确而精辟的回答。抽样定理在通信系统、信息传输理论方面占有十分重要的地位，许多近代通信方式（如数字通信系统）都以此定理作为理论基础，在这里只讨论抽样定理的内容以及借助此定理回答恢复连续信号的问题。

### 3. 时域抽样定理

时域抽样定理说明：一个频谱受限的信号 $f(t)$，如果频谱只占据 $-\omega_m \sim \omega_m$ 的范围，则信号 $f(t)$ 可以用等间隔的抽样值唯一地表示，而抽样间隔必须不大于 $\dfrac{1}{2f_m}$（其中 $\omega_m = 2\pi f_m$），或者说，最低抽样频率为 $2\pi f_m$。

3-6 时域
抽样定理

从上一节可以看出，假定信号 $f(t)$ 的频谱 $F(\omega)$ 限制在 $-\omega_m \sim \omega_m$ 范围内，若以间隔 $T_s$ $\left(\text{或重复频率 } \omega_s = \dfrac{2\pi}{T_s}\right)$ 对 $f(t)$ 进行抽样，抽样后信号 $f_s(t)$ 的频谱 $F_s(\omega)$ 是 $F(\omega)$ 以 $\omega_s$ 为周期重复。若抽样过程满足式（3-96）（如冲激抽样），则 $F(\omega)$ 频谱在重复过程中不产生失真。在此情况下，只有满足 $\omega_s \geqslant 2\omega_m$ 条件，$F_s(\omega)$ 才不会产生频谱的混叠。这样，抽样信号 $f_s(t)$ 保留了原连续信号 $f(t)$ 的全部信息，完全可以用 $f_s(t)$ 唯一地表示 $f(t)$，或者说，完全可以由 $f_s(t)$ 恢复出 $f(t)$。如图 3-47 所示。

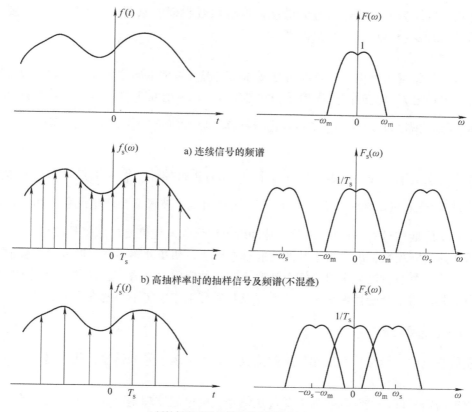

a) 连续信号的频谱

b) 高抽样率时的抽样信号及频谱(不混叠)

c) 低抽样率时的抽样信号及频谱(混叠)

图 3-47　冲激抽样信号的频谱

对于抽样定理，可以从物理概念上做如下解释：由于一个频带受限的信号波形绝不可能在很短的时间内产生独立的、实质的变化，它的最高变化速度受最高频率分量 $\omega_m$ 的限制。因此为了保留这一频率分量的全部信息，一个周期间隔内至少抽样两次，即必须满足 $\omega_s \geqslant 2\omega_m$ 或 $f_s \geqslant 2f_m$。通常把最低允许的抽样率 $f_s = 2f_m$ 称为奈奎斯特（Nyquist）频率，把最大允许的抽样间隔 $T_s = \dfrac{\pi}{\omega_m} = \dfrac{1}{2f_m}$ 称为奈奎斯特间隔。

由图 3-47 可以看出，在满足抽样定理的条件下，为了从频谱 $F_s(\omega)$ 中无失真地选出 $F(\omega)$，可以用如下的矩形函数 $H(\omega)$ 与 $F_s(\omega)$ 相乘，即

$$F(\omega) = F_s(\omega)H(\omega)$$

其中

$$H(\omega) = \begin{cases} T_s & |\omega| < \omega_m \\ 0 & |\omega| > \omega_m \end{cases}$$

实现 $F_s(\omega)$ 与 $H(\omega)$ 相乘的方法就是将抽样信号 $f_s(t)$ 施加于理想低通滤波器（此滤波器的传输函数为 $H(\omega)$），这样，在滤波器的输出端可以得到频谱为 $F(\omega)$ 的连续信号 $f(t)$。这相当于从图 3-47 无混叠情况下的 $F_s(\omega)$ 频谱中只取出 $|\omega_s| < \omega_m$ 的成分，当然，这就恢复了 $F(\omega)$，也即恢复了 $f(t)$。

以上从频域解释了由抽样信号频谱恢复连续信号频谱的原理，也可从时域直接说明由 $f_s(t)$ 经理想低通滤波器产生 $f(t)$ 的原理。

**4. 频域抽样定理**

根据时域与频域的对称性，可以由时域抽样定理直接推论出频域抽样定理。频域抽样定理的内容为若信号 $f(t)$ 是时间受限信号，它集中在 $-t_m \sim t_m$ 的时间范围内，若在频域中以不大于 $\frac{1}{2t_m}$ 的频率间隔对 $f(t)$ 的频谱 $F(\omega)$ 进行抽样，则抽样后的频谱 $F_1(\omega)$ 可以唯一地表示原信号。

从物理概念上不难理解，因为在频域中对 $F(\omega)$ 进行抽样，等效于 $f(t)$ 在时域中重复形成周期信号 $f_1(t)$。只要抽样间隔不大于 $\frac{1}{2t_m}$，则在时域中波形不会产生混叠，用矩形脉冲作为选通信号从周期信号 $f_1(t)$ 中选出单个脉冲就可以无失真地恢复出原信号 $f(t)$。

本章从傅里叶级数引出了傅里叶变换的基本概念，初步介绍了傅里叶变换的性质。以此为基础，后续的章节将进一步讨论傅里叶变换的各种应用。作为信息科学研究领域中广泛应用的有力工具，傅里叶变换在很多后续课程以及研究工作中将不断地发挥至关重要的作用。

## 3.4.2 调制与解调

在通信系统中，信号从发射端传输到接收端。为实现信号的传输，往往需要进行调制和解调。

无线电通信系统通过空间辐射方式传送信号。由电磁波理论可知，天线尺寸为被辐射信号波长的 1/10 或更大些，信号才能有效地被辐射。对于语音信号来说，相应的天线尺寸要在几十公里以上，但实际上不可能制造这样的天线。调制过程将信号频谱搬移到任何所需的较高频率范围，从而容易以电磁波形式辐射出去。

从另一方面讲，如果不进行调制而是把被传送的信号直接辐射出去，那么各电台所发出的信号频率就会相同，它们混在一起，收信者将无法选择所要接收的信号。调制作用的实质是把各种信号的频谱搬移，使它们互不重叠地占据不同的频率范围，也即信号分别加载在不同频率的载波上，接收机就可以分离出所需频率的信号，不致互相干扰。该问题的解决为在一个信道中传输多对通话提供了依据，这就是利用调制原理实现多路复用。在简单的通信系统中每个电台只允许有一对通话者使用，而多路复用技术可以用同一部电台将各路信号的频谱分别搬移到不同的频率区段，从而完成在一个信道内传送多路信号的多路通信。近代通信系统，无论是有线传输或无线通信，都广泛采用了多路复用技术。

下面应用傅里叶变换的某些性质说明搬移信号频谱的原理。设载波信号为 $\cos(\omega_0 t)$，其傅里叶变换为

$$\mathcal{F}[\cos(\omega_0 t)] = \pi[\delta(\omega + \omega_0) + \delta(\omega - \omega_0)]$$

若调制信号 $g(f)$ 的频谱为 $G(\omega)$，占据 $-\omega_m \sim \omega_m$ 的有限频带，如图 3-48b 所示。将 $g(t)$ 与 $\cos(\omega_0 t)$ 进行时域相乘，即可得到已调信号 $f(t)$，根据卷积定理，容易求得已调信号的频谱 $F(\omega)$ 为

$$f(t) = g(t)\cos(\omega_0 t)$$

$$\mathcal{F}[f(t)] = F(\omega) = \frac{1}{2\pi}G(\omega) * [\pi\delta(\omega + \omega_0) + \pi\delta(\omega - \omega_0)]$$

$$= \frac{1}{2}[G(\omega + \omega_0) + G(\omega - \omega_0)] \tag{3-106}$$

可见，信号的频谱被搬移到载频 $\omega_0$ 附近。由已调信号 $f(t)$ 恢复原始信号 $g(t)$ 的过程称为解调。图 3-49a 所示为实现解调的一种原理框图，其中 $\cos(\omega_0 t)$ 信号是接收端的本地载波信号，它与发送端的载波同频同相。$f(t)$ 与 $\cos(\omega_0 t)$ 相乘的结果使频谱 $F(\omega)$ 向左、右分别移动（并乘以系数），得到如图 3-49b 所示的频谱 $G_0(\omega)$，该图形也可从时域的相乘关系得到解释，即

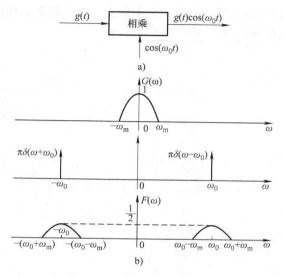

$$g_0(t) = [g(t)\cos(\omega_0 t)]\cos(\omega_0 t)$$

$$= \frac{1}{2}g(t)[1 + \cos(2\omega_0 t)]$$

$$= \frac{1}{2}g(t) + \frac{1}{2}g(t)\cos(2\omega_0 t)$$

$$\tag{3-107}$$

图 3-48　调制原理框图及其频谱

$$\mathcal{F}[g_0(t)] = G_0(\omega) = \frac{1}{2}G(\omega) + \frac{1}{4}[G(\omega + 2\omega_0) + G(\omega - 2\omega_0)] \tag{3-108}$$

再利用一个低通滤波器（带宽大于 $\omega_m$、小于 $2\omega_0 - \omega_m$），滤除 $2\omega_0$ 频率附近的分量，即可取出 $g(t)$，完成解调，如图 3-49b 所示。

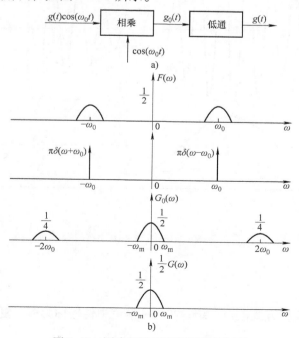

图 3-49　同步解调原理框图及其频谱

99

这种解调器称为乘积解调（或同步解调），需要在接收端产生与发送端频率相同的本地载波，这将使接收机复杂化。为了在接收端省去本地载波，可在发射信号中加入一定强度的载波信号 $A\cos(\omega_0 t)$，这时发送端的合成信号为 $[A+g(t)]\cos(\omega_0 t)$，如果 $A$ 足够大，对于全部 $t$，则有 $A+g(t)>0$，于是已调信号的包络就是 $A+g(t)$，如图 3-50 所示。这时，利用简单的包络检波器（由二极管、电阻、电容组成）即可从图 3-50 相应的波形中提取包络。

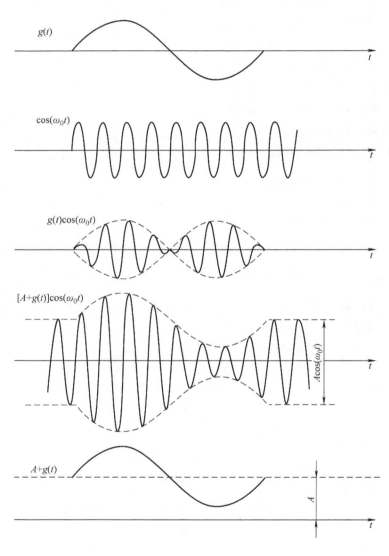

图 3-50　调幅、抑制载波调幅及其解调波形

### 3.4.3　多路复用

将若干路信号以某种方式汇合，统一在同一信道中传输称为多路复用。在近代通信系统

中普遍采用多路复用技术。本节将介绍频分复用与时分复用的原理和特点。

**1. 频分复用**

频分复用设备在发送端将各路信号频谱搬移到各不相同的频率范围，使它们互不重叠，这样就可复用同一信道传输。在接收端利用若干滤波器将各路信号分离，再经解调即可还原为各路原始信号，图 3-51 所示为频分复用的原理框图。通常，相加信号 $f(t)$ 还要进行第二次调制，在接收端将此信号解调后再经带通滤波分路解调。

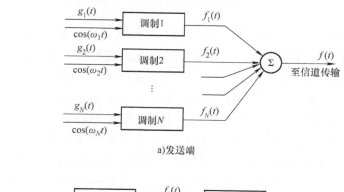

a)发送端

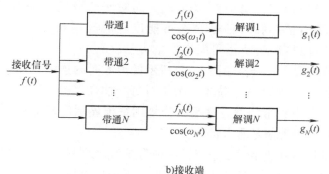

b)接收端

图 3-51　频分复用通信系统的原理框图

时分复用的理论依据是抽样定理，频带受限于 $-f_m \sim f_m$ 的信号，可由间隔为 $\dfrac{1}{2f_m}$ 的抽样值唯一地确定。从这些瞬时抽样值可以正确恢复原始的连续信号。因此，允许只传送这些抽样值，信道仅在抽样瞬间被占用，其余的空闲时间可供传送第二路、第三路、…各路抽样信号使用。将各路信号的抽样值有序地排列起来即可实现时分复用，在接收端，这些抽样值由适当的同步检测器分离。当然，实际传送的信号并非冲激抽样，可以占有一段时间。图 3-52 所示为两路抽样信号有序地排列经同一信道传输（时分复用）的波形。

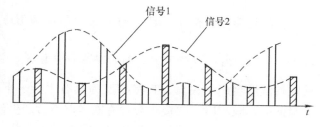

图 3-52　两路抽样信号的时分复用

对于频分复用系统，每个信号在所有时间里都存在于信道中并混杂在一起。但是，每一信号占据着有限的不同频率区间，此区间不被其他信号占用。而在时分复用系统中，每一信号占据着不同的时间区间，此区间不被其他信号占用，但是所有信号的频谱可以具有同一频率区间的任何分量。从本质上讲，频分复用信号保留了频谱的个性，而在时分复用信号中保留了波形的个性。由于信号完全由其时间域特性或完全由其频率域特性所规定，因此，在接收机里总是可以在相应的域内应用适当的技术将复用信号分离。

### 2. 时分复用

从电路实现来看，时分复用系统优于频分复用系统。在频分复用系统中，各路信号需要产生不同的载波，各自占据不同的频带，因而需要设计不同的带通滤波器。而在时分复用系统中，产生与恢复各路信号的电路结构相同，而且以数字电路为主，比频分复用系统中的电路更容易实现超大规模集成，电路类型统一，设计、调试简单。时分复用系统的另一优点体现在各路信号之间的干扰（串话）性能方面。在频分复用系统中，各种放大器的非线性产生谐波失真，出现多项频率倍乘成分，引起各路信号之间的串话。为减少这种干扰的影响，在设计与制作放大器时，对它们的非线性指标要求比传送单路信号时严格得多，有时难以实现。而对于时分复用系统则不存在这种困难。当然，由于设计不当相邻脉冲信号之间可能出现码间串扰，但这一问题容易得到控制，其影响很小。下面将说明防止码间串扰的方法。

实际的时分复用系统很少直接传输图 3-52 所示的离散时间连续幅度信号，而是传送脉冲编码调制（PCM）信号。在 PCM 系统中，由于对每个抽样点要进行多位编码，因而使脉冲信号传输速率增高、占用频带加宽，这是时分复用系统显示许多优点而付出的代价。有时，可利用频带压缩技术改善信号所占带宽。

码速与带宽的关系是各种数字通信系统设计中需要考虑的一个重要问题。合理设计脉冲编码波形可使频带得到充分利用并且防止码间串扰。下面结合图 3-53 讨论几种典型波形的码速与带宽的关系。若时钟信号（CP）周期为 $T$，如图 3-53a 所示，并假设待传输的数字信号为 01011010。当选择矩形脉冲传输时，脉冲宽度 $\tau$ 应满足 $\tau \leqslant T$。如图 3-53b 所示为 $\tau < T$ 的情况，这种码型称为归零码（RZ）；$\tau$ 的最大可能取值为 $\tau = T$，如图 3-53c 所示，称为不归零码（NRZ）。通常，可粗略认为矩形脉冲信号的频率分量集中在频谱函数第一个零点之内，也即频带宽度 $B = \dfrac{1}{\tau}$（或角频率 $B_\omega = \dfrac{2\pi}{\tau}$）。显然，为节省频带最好选用不归零码，即令 $\tau = T$，此时 $B = \dfrac{1}{T}$。由时钟周期 $T$ 可求得脉冲编码传输速率 $f = \dfrac{1}{T}$（单位 bit/s）。可以看出，此时带宽与码速数值相等，即 $B = f = \dfrac{1}{T}$（单位为 Hz）。在以上分析中，由于忽略了矩形波频谱第一零点以外的高频成分，所得结果存在误差。当按照 $\dfrac{1}{T}$ 的带宽传输矩形脉冲信号时，在接收端波形会产生失真，它将畸变为具有上升、下降延迟的形状，而且可能出现拖尾振荡。当此失真较小时，在接收端对应抽样点不会产生误判，可正确恢复 1 码或 0 码。当失真较严重时，可能出现误判，引起各路信号之间的串扰。

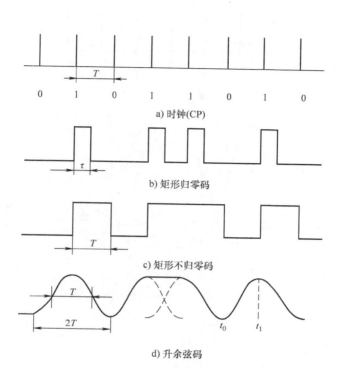

图 3-53　矩形码和升余弦码示例

为有效地解决这一问题，可不选用矩形码，而是选用主要频率成分集中于带宽之内、高频分量相对更小的波形，如升余弦码。此处，选升余弦脉冲信号底宽为 $2T$，如图 3-53d 所示。其频谱函数第一个零点，也即带宽为 $\frac{1}{T}$，与图 3-53b 矩形码所占带宽相同。然而，升余弦频谱在带宽以外的高频分量相对非常微弱，按 $\frac{1}{T}$ 带宽传输波形时基本上不会产生失真，有效地避免了码间串扰。在接收端对应抽样点——图 3-53d 中的 $t_1$ 或 $t_0$ 可以正确恢复 1 码或 0 码。

利用 $Sa$ 函数波形也可避免码间串扰。设 $Sa$ 函数第一零点值为 $T$，其波形主瓣底宽为 $2T$，那么在 $T$ 的整数倍各时刻其函数值均为零，因而接收端以此处为抽样判决点，保证不会出现误判。图 3-54 示例给出了 10110 $Sa$ 函数码型，图中波形的某些部分有重叠，没有画出重叠相加的结果，但可以清楚地看出在各抽样点处不会产生串扰，如在时刻 $t_1$ 为 1 码，在时刻 $t_0$ 为 0 码，没有串扰。若脉冲编码速率 $f = \frac{1}{T}$，相应的单个 $Sa$ 脉冲波形表达式为 $Sa\left(\frac{\pi}{T}t\right)$，其频谱函数为矩形，所占带宽为 $B_\omega = \frac{\pi}{T}$，$B = \frac{1}{2T}$。可见，在码速相同的条件下，$Sa$ 脉冲所占带宽为前述两种波形（矩形、升余弦）带宽的一半，节省了频带，这是 $Sa$ 信号的另一优点。但是，$Sa$ 函数的产生比较困难，在实际电路中往往利用窄脉冲波形的叠加产生阶梯波，近似形成 $Sa$ 函数，如图 3-55 所示。这时，上述结论将出现误差，然而占据频带减半、码间串扰很小的优点仍可适当体现。

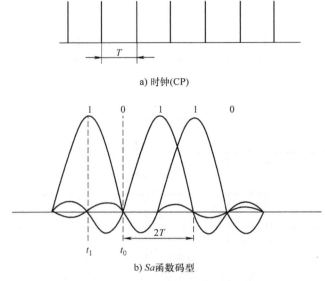

a) 时钟(CP)

b) Sa函数码型

图 3-54  Sa 函数码型示例

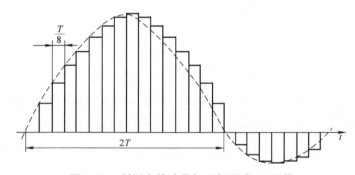

图 3-55  利用窄脉冲叠加近似形成 Sa 函数

对于时分复用通信系统，国际上已建立了一些技术标准。按技术标准规定先把一定路数的电话语音复合成一个标准数据流，称为基群。然后，再把若干组基群汇合成更高速的数字信号。我国和欧洲的基群标准是 30 路用户和同步、控制信号组合，共 32 路。按前节给出的每路 PCM 信号速率为 64kbit/s，基群信号速率则为 $32 \times 64 \text{kbit/s} = 2.048 \text{Mbit/s}$。这是 PCM 通信系统基群的标准时钟速率。在实际应用中，时分复用数据流的组成不只包含语音信号，也可以是语音、数据、图像多种信号源产生的数字信号码流的汇合。

### 3.4.4  应用实例分析——无人机无线数据链测试

无线数据链系统是无人机系统最重要的组成部分，无线数据链系统测试设备对整个无人机系统的无线链路进行测试与检测，测试对象包括无线电收发设备的功率、频率和接收灵敏度等。

#### 1. 无线数据链系统测试

无线数据链系统工作模型如图 3-56 所示。无线数据链系统测试包括信号发射设备测试和信号接收设备测试。发射设备的技术指标类型较多，经分析，发射信号的功率、频率是影响无人机系统性能的关键指标。由于接收机输入端的射频功率在不同地点都互不相同，因此要求无人机系统接收机有较宽自适应控制增益的能力，能在强干扰和噪声存在的情况下解调出所需信号。

无线数据链系统的接收机灵敏度是中程无人机系统性能指标中最重要的指标之一，表示数据链接收机接收微弱信号的能力，灵敏度越高，作用距离越远。通过测量上下行数据链的发射功率、接收灵敏度，评估出无人机作战距离这一关键指标。由于无人机系统装备结构复杂，对其接收灵敏度的测量不能按常规方法进行，而需要深刻分析其接收机理，找出其在无人机系统中相关联的参数，通过检测该项参数，同时改变接收机输入端的电平，来获得可供接收机正常工作的最低信号，即接收机灵敏度。接收灵敏度测试框图如图 3-57 所示。

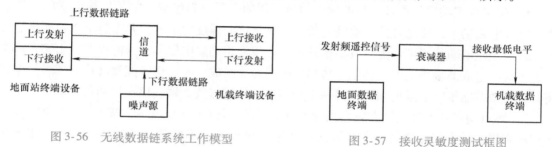

图 3-56　无线数据链系统工作模型　　　　图 3-57　接收灵敏度测试框图

无线数据链系统测试重点研制的测试设备有程控功率计、程控衰减箱等。

（1）程控功率计

功率计作为一种通用电子测量设备，易受环境温度、湿度等因素影响，实现准确测量往往要求在实验室进行。但由于无人机系统作战使用环境的特殊性，对其发射功率的测量必须克服这一局限，使其能适应现场的各种复杂恶劣环境条件。因此需要研制针对无人机射频信号的特点且具有温度自动补偿能力的现场功率计，使其既能完成大功率测量，又能满足小功率测量的准确度。

功率计的关键部件是功率探头，目前功率探头的种类很多，主要归为三种：热敏电阻式、热电偶式和晶体二极管式。上述探头配置相应的衰减器，可获得更高功率的量程，实现中功率测量。本系统功率计设计采用热电偶式的 $C$ 波段中功率计设计方案。

（2）程控衰减箱

接收机接收灵敏度的检测需要有射频信号源来给接收机施加低电平的激励，电平的高低通过控制程控衰减箱来改变。如何评判接收正确与否？用什么量来衡量？这是无人机装备有别于其他接收机的特殊地方。经反复论证得出：通过寻找隐藏在遥测信息中的特征字来判别链路中的锁定情况，即找到接收机正常接收时的低电平阈值。设计方案为：给定程控衰减箱的衰减量，再查询特征字获悉链路锁定情况，如果已锁定，再加大衰减量，降低接收机输入电平，直至发现特征字显示链路失锁；若给定程控衰减箱的衰减量，查询特征字获悉链路已失锁，则减小衰减量，提高接收机输入电平，直至发现特征字显示链路锁定。根据从锁定到失锁这一过程对应的衰减量、射频线缆的损耗和发射的小信号功率，可计算出被测接收机的灵敏度。

接收灵敏度指标的检测必须利用无人机系统内产生的小信号通过程控衰减箱后加到链路接收机的输入端，格式不同的信号链路始终失锁，无法进行测试。图 3-57 中，以上行主通道任务机接收机的接收灵敏度的测试为例，从地面站上行主通道的小信号输出（即功率放大器的输入端）获得低电平的激励，经过程控衰减箱后，输出可调的低电平信号给任务机接收机，主控系统再检测任务机接收机的锁定状况，当低电平信号使任务机处于锁定和失锁的边界时，此电平信号就是任务机接收机的接收灵敏度指标。

**2. 硬件设计**

（1）功率计

功率计的设计采用热电偶式，配有两个功率探头，内置感温器件和温度自动修正。

1）热电偶式功率计原理。热电偶由两种不同的金属材料组成。如果把热电偶的热结点置于微波电磁场中，使之直接吸收微波功率，热结点的温度便上升，并由热电偶检测出温度差，该温差热电动势便可作为微波功率的量度。较常用的热电偶形式为薄膜式，由铋、锑两种金属材料组成薄膜热电偶。热电偶功率计由两部分组成：一个用于能量转换的薄膜热电偶座，它将微波能量转换成电动势；另一个是高灵敏的直流放大器，用于检测热电动势。

2）热电偶式功率计设计方案。由于功率动态范围很宽（1mW ~ 50W），使用单个探头比较难实现；结合实际情况，将 C 波段中功率计设计两个不同量程的功率探头。采用薄膜热电偶结构设计的功率探头结构如图 3-58 所示。其中 RF 输入端口匹配电阻为 50Ω。

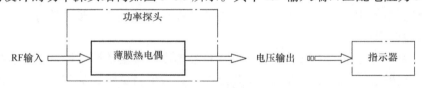

图 3-58　1 ~ 250mW 功率探头原理框图

由于热电偶常用于直接测量微波小功率（低于 300mW），需要采用接入衰减器来扩展功率测量范围。由衰减器和热电偶电路组成的中功率探头原理框图如图 3-59 所示。其中 RF 输入端口匹配电阻为 50Ω。

图 3-59　250mW ~ 50W 功率探头原理框图

3）中功率计指示器设计。用热电偶测量功率时，常用一个高灵敏度的直流放大器作为测量和指示装置。利用该原理设计的指示器具有响应速度快、灵敏度高、动态范围宽、噪声低和零点漂移小等优点。

本方案的基本方法是通过单片机采集输入电压值并进行适当的数据处理，通过显示器显示输入到探头的功率值，该中功率计指示器原理框图如图 3-60 所示。

设计中使用 24 位 A/D 转换电路进行了指示器部分的设计，实现了低于 0.01mV 的电压测量，且数据采集速率达到 100 次/ms，提高了测量效率；同时，通过设计频率修正因子，

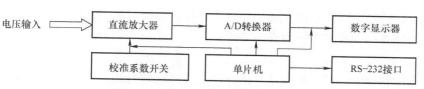

图 3-60　中功率计指示器原理框图

提高了功率计测量准确性。中功率计指示器样机如图 3-61 所示。

（2）程控衰减箱

程控衰减箱由数控衰减器、功分器、半钢电缆连接组件、固定衰减器组成，原理框图如图 3-62 所示，其中数控衰减器为有源器件，极易受环境温度影响使功率衰减量变化。程控衰减箱设计的重点是对该模块进行了温度误差修正、内置感温器件和温度修正数据库。其他部分属于无源器件，量值稳定，事先做好标定即

图 3-61　中功率计指示器样机

可保证满足系统测量要求。从功分器分流一部分射频小信号送到功率计，用于实时监测各个频段频点的射频小信号功率，以便系统准确计算出接收机正确工作时的最低电平。设计完成的程控衰减箱实物图如图 3-63 所示。

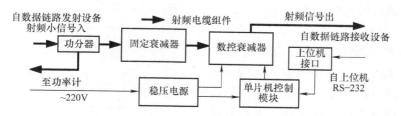

图 3-62　程控衰减箱原理框图

（3）误码检测仪

在无人机系统无线链路通信测试中，需要检测系统的误码性能。而常见的误码检测仪多用于检测各种标准高速信道，不便于检测无人机无线数据链系统中具有特殊帧格式的专用通信信道，并且价格昂贵，搭建检测平台复杂。因此，无人机系统误码检测中自行设计了误码检测仪。该误码检测仪基于现场可编程门阵列（FPGA）的误码率检测仪方案，使用 Altera 公司的 Cyclone 系列 FPGA

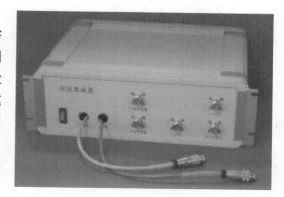

图 3-63　程控衰减箱实物图

（EP1C6240C）及相关的外围电路，实现误码检测功能。误码检测仪可工作于多种模式，并将误码检测结果直接显示于误码检测仪上的液晶显示屏（LCD）上。无人机测试检测系统的

主控计算机可以通过误码检测仪实现的异步串行接口（UART）配置误码检测仪并读取误码信息，然后由计算机完成进一步的误码分析。

### 3. 软件设计

无线数据链系统的测试主要包括三部分：上行链路的测试、下行链路的测试、信道误码率的检测及控制距离的测试。

无线数据链系统测试的数据对象主要包括：GDT 和无人机发射功率，GDT 频率准确度、任务机频率准确度和中继机频率准确度，GDT 接收灵敏度、任务机接收灵敏度、中继机接收灵敏度等内容。

无人机发射功率和频率的测试方法是由无人机测试检测系统软件通过控制接口改变无人机的发射功率和频点，经过适当延时后，连续读取由功率计和频谱仪获得的当前功率和频率值，将当前测试结果与发送的控制结果相比较，分析无人机发射功率和频率的工作状态。

接收灵敏度测试的基本思想是将通信信号通过加程控衰减箱的有线通信信道传送至无人机接收设备。由无人机测试检测系统软件改变衰减器的衰减值，检测无人机能正常工作的最大衰减值，该衰减值对应的接收功率即为灵敏度值。

由于无人机从接收到改变功率（频率）指令到功率（频率）改变生效有一定的延时，为了在最短时间内获得灵敏度值，软件设计中对衰减器总衰减系数的改变采用了对折算法，即假设程控衰减箱大值为 80dB，则第一次衰减值为 80dB/2 = 40dB，如果此时无人机失锁，则第二次衰减值再减小 40dB/2 = 20dB，然后第三次衰减值减小 20dB/2 = 10dB。依次类推，直到找到一个最佳值，该值即为灵敏度值。

以上行链路主通道对任务机的无线数据链路测试程序为例，流程图如图 3-64 所示。

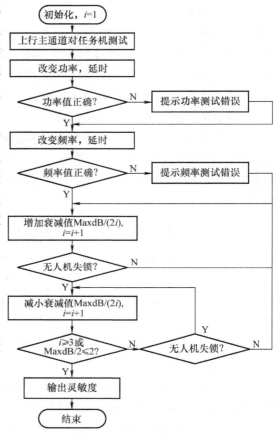

图 3-64　上行链路主通道对任务机
无线数据链路测试流程图

---

## 3.5　傅里叶分析的 MATLAB 仿真

### 3.5.1　典型信号的傅里叶变换

使用以下 MATLAB 函数对本次研究内的 5 个非周期信号函数进行仿真实现。

**1. 傅里叶变换**

（1） F = fourier （f）

（2） F = fourier （f，v）

（3） F = fourier （f，u，v）

说明：（1） F = fourier （f） 是符号函数 f 的傅里叶变换，默认返回是关于 ω 的函数。如果 f = f（ω），则 fourier 函数返回关于 t 的函数。

（2） F = fourier （f，v） 返回函数 F 是关于符号对象 v 的函数，而不是默认的 ω 的函数。

（3） F = fourier （f，u，v） 对关于 u 的函数 f 进行变换，返回函数 F 是关于 v 的函数。

**2. 傅里叶逆变换**

（1） f = ifourier （F）

（2） f = ifourier （F，u）

（3） f = ifourier （F，v，u）

说明：（1） f = ifourier （F） 是函数 F 的傅里叶逆变换。默认的独立变量是 ω，默认返回是关于 x 的函数。如果 F = F（x），则 ifourier 函数返回关于 t 的函数。

（2） f = ifourier （F，u） 返回函数 f 是 u 的函数，而不是默认的 x 的函数。

（3） f = ifourier （F，v，u） 对关于 v 的函数 F 进行逆变换，返回关于 u 的函数。

注意：在调用 fourier（） 和 ifourier（） 之前，要用 syms 命令对所有用到的变量（如 t、u、v、w）等进行说明，即要将这些变量说明成符号变量。对 fourier（） 中的函数 f 及 ifourier（） 中的函数 F，也要用符号函数定义符 syms 将 f 或 F 说明为符号表达式；若 f 或 F 是 MATLAB 中的通用函数表达式，则不必用 syms 加以说明。

（1）单边指数衰减信号

单边指数衰减信号的表达式为

$$f(t) = \frac{1}{2}e^{-2t}u(t)$$

MATLAB 仿真程序如下：

```
syms t v w x;
x = 1/2 * exp( -2 * t) * sym('Heaviside(t)');
F = fourier(x);
subplot(1,2,1);
ezplot(x);
subplot(1,2,2);
ezplot(abs(F));
```

（2）符号函数

1） t = -1：0.0001：1；

```
x = heaviside(t) - heaviside( -t);
plot(t,x);
xlabel('t');
axis([ -1,1, -1.5,1.5]);
```

2) syms t

x = sym('Heaviside(t)') − sym('Heaviside( − t)');

F = fourier(x);

ezplot(abs(F));

axis([ − 4,4,0,5]);

（3） 单位阶跃信号

t = − 1:0.01:3;

f = heaviside(t);

subplot(1,2,1)

plot(t,f);

xlabel('t')

ylabel('f(t)')

axis([ − 1,3, − 0.2,1.2])

j = sqrt( − 1);

F = 1. /(j * t);

y = pi * imp(t);

subplot(1,2,2)

plot(t,abs(F));

axis([ − 1,1,0,20]);

ylabel('F(jw)');

xlabel('w');

hold on,

plot(t,y);

（4） 冲激信号

t = − 1:0.01:3;

f = imp(t);

y = 1;

subplot(1,2,1)

plot(t,f)

xlabel('t')

ylabel('f(t)')

subplot(1,2,2)

plot(t,y);

xlabel('w');

ylabel('F(jw)');

（5） 门信号

R = 0.01;t = − 5:R:5;

f = Heaviside(t + 1) − Heaviside(t − 1);

w1 = 2 * pi * 5;

N = 100;k = 0:N;W = k * w1/N;

```
F = f * exp( - j * t' * W) * R;
F = real(F);
W = [ - fliplr(W), W(2:101)];
F = [ fliplr(F), F(2:101)];
subplot(1,2,1);
plot(t,f);
axis([ - 5,5, - 0.2,1.2]);
xlabel('t');ylabel('f(t)');
title('f(t) = u(t + 1) - u(t - 1)');
subplot(1,2,2);
plot(W,F);
xlabel('W');ylabel('F(W)');
title('f(t)的傅里叶变换 F(W)');
```

### 3.5.2　信号抽样与恢复

（1）正弦信号抽样

首先时间范围选择 $-0.2 \sim 0.2$，间隔 0.0005 取一个点，原信号取 $\sin(2 * Pi * 60 * t)$，则频率为 60Hz。由于需要输出原始信号的波形，选择手动编写代码进行傅里叶变换，由 origin_F = origin * exp( - 1i * t' * W) * 0.0005 可得傅里叶变换后的值，并取绝对值。抽样时需调整取点的间隔。由 f_covery = f_uncovery * sinc((1/Nsampling) * (ones(length(n_sam),1) * t - n_sam' * ones(1,length(t)))) 恢复波形，最后则可以输出波形和原始信号进行对比分析。

（2）混合信号抽样

与正弦信号抽样相比，混合信号抽样只是待抽样信号不同而已。此处混合信号采用的是正弦和余弦的叠加，即 $\sin(2 * pi * 60 * t) + \cos(2 * pi * 25 * t) + \sin(2 * pi * 30 * t)$。由于抽样频率没变，依然是 80Hz、121Hz、150Hz，所以得到的结果不同。

正弦信号抽样的时域与频域波形如图 3-65 所示。各采样频率的恢复波形如图 3-66 所示。

对比 80Hz 的信号和 121Hz 的信号可知，60Hz 的原信号，至少需要 120Hz 才能不失真地恢复信号，80Hz 的信号虽然还是正弦信号，但是相位信息已经失真。121Hz 和 150Hz 的抽样信息则准确地恢复了原信号。

混合信号抽样的 MATLAB 程序如下：

```
%% 设置原始信号
t = -0.2:0.0005:0.2;
N = 1000;
k = - N : N;
W = k * 2000/N;
origin = sin(2 * pi * 60 * t);% 原始信号为正弦信号
origin_F = origin * exp( - 1i * t' * W) * 0.0005;% 傅里叶变换
origin_F = abs(origin_F);% 取正值
figure;
```

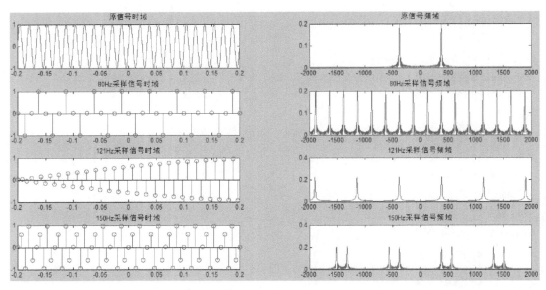

图 3-65　正弦信号抽样的时域与频域波形

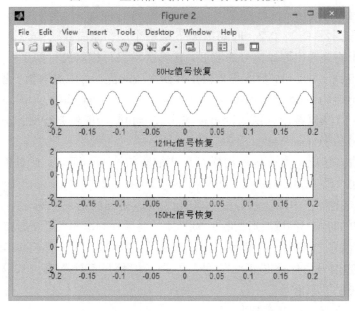

图 3-66　正弦信号抽样各采样频率的恢复波形

subplot(4,2,1)；plot(t,origin)；title('原信号时域')；

subplot(4,2,2)；plot(W,origin_F)；title('原信号频域')；

　　混合信号抽样的时域与频域波形如图 3-67 所示。各采样频率的恢复波形如图 3-68 所示。

　　由图 3-68 可以明显地看出 80Hz 采样的失真情况。由于混合信号中频率最高的信号为 60Hz，因此也是至少需要 120Hz 才能不失真地恢复原始信号。

　　代码实现：

clear all

clc

%% 设置原始信号

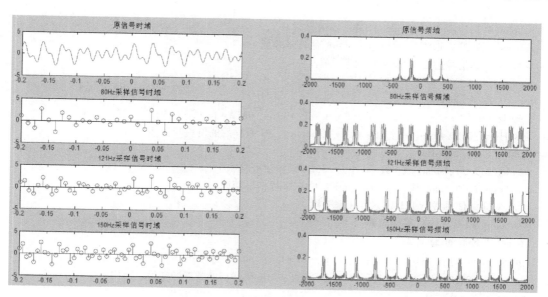

图 3-67　混合信号抽样的时域与频域波形

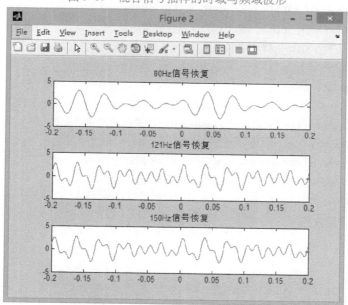

图 3-68　混合信号抽样各采样频率的恢复波形

$t = -0.2 : 0.0005 : 0.2$;

$N = 1000$;

$k = -N : N$;

$W = k * 2000/N$;

$origin = sin(2 * pi * 60 * t) + cos(2 * pi * 25 * t) + sin(2 * pi * 30 * t)$;

% 原始信号为正弦信号叠加

$origin\_F = origin * exp(-1i * t' * W) * 0.0005$;% 傅里叶变换

$origin\_F = abs(origin\_F)$;% 取正值

figure;

```
subplot(4,2,1); plot(t,origin); title('原信号时域');
subplot(4,2,2); plot(W,origin_F); title('原信号频域');
%% 对原始信号进行 80Hz 采样频率采样
Nsampling = 1/80; % 采样频率
t = -0.2 : Nsampling : 0.2;
f_80Hz = sin(2*pi*60*t) + cos(2*pi*25*t) + sin(2*pi*30*t); % 采样后的信号
F_80Hz = f_80Hz*exp(-1i*t'*W)*Nsampling; % 采样后的傅里叶变换
F_80Hz = abs(F_80Hz);
subplot(4,2,3); stem(t,f_80Hz); title('80Hz 采样信号时域');
subplot(4,2,4); plot(W,F_80Hz); title('80Hz 采样信号频域');
%% 对原始信号进行 121Hz 采样频率采样
Nsampling = 1/121; % 采样频率
t = -0.2:Nsampling:0.2;
f_80Hz = sin(2*pi*60*t) + cos(2*pi*25*t) + sin(2*pi*30*t); % 采样后的信号
F_80Hz = f_80Hz*exp(-1i*t'*W)*Nsampling; % 采样后的傅里叶变换
F_80Hz = abs(F_80Hz);
subplot(4,2,5); stem(t,f_80Hz); title('121Hz 采样信号时域');
subplot(4,2,6); plot(W,F_80Hz); title('121Hz 采样信号频域');
%% 对原始信号进行 150Hz 采样频率采样
Nsampling = 1/150; % 采样频率
t = -0.2 : Nsampling : 0.2;
f_80Hz = sin(2*pi*60*t) + cos(2*pi*25*t) + sin(2*pi*30*t); % 采样后的信号
F_80Hz = f_80Hz*exp(-1i*t'*W)*Nsampling; % 采样后的傅里叶变换
F_80Hz = abs(F_80Hz);
subplot(4,2,7); stem(t,f_80Hz); title('150Hz 采样信号时域');
subplot(4,2,8); plot(W,F_80Hz); title('150Hz 采样信号频域');
%% 恢复原始信号
% 从 80Hz 采样信号恢复
figure;
n = -100:100;
Nsampling = 1/80;
n_sam = n*Nsampling;
f_uncovery = sin(2*pi*60*n_sam) + cos(2*pi*25*n_sam) + sin(2*pi*30*n_sam);
t = -0.2:0.0005:0.2;
f_covery = f_uncovery*sinc((1/Nsampling)*(ones(length(n_sam),1)*t - n_sam'*ones(1,length(t))));
subplot(3,1,1); plot(t,f_covery); title('80Hz 信号恢复');
% 从 121Hz 采样信号恢复
Nsampling = 1/121;
n_sam = n*Nsampling;
f_uncovery = sin(2*pi*60*n_sam) + cos(2*pi*25*n_sam) + sin(2*pi*30*n_sam);
t = -0.2:0.0005:0.2;
```

f_covery = f_uncovery * sinc((1/Nsampling) * (ones(length(n_sam),1) * t − n_sam' * ones(1,length(t))));

subplot(3,1,2); plot(t,f_covery); title('121Hz 信号恢复');

% 从 150Hz 采样信号恢复

Nsampling = 1/150;

n_sam = n * Nsampling;

f_uncovery = sin(2 * pi * 60 * n_sam) + cos(2 * pi * 25 * n_sam) + sin(2 * pi * 30 * n_sam);

t = −0.2:0.0005:0.2;

f_covery = f_uncovery * sinc((1/Nsampling) * (ones(length(n_sam),1) * t − n_sam' * ones(1,length(t))));

subplot(3,1,3); plot(t,f_covery); title('150Hz 信号恢复');

### 3.5.3  TDMA

应用 Simulink 进行时分多址（TDMA）的演示。目标是实现三路声音信号的时分多路，在末端实现三路信号的解复用。

1）首先准备三路声音信号 s1、s2、s3，MATLAB 程序如下：

```
%% 产生数据 s1,s2,s3
load chirp;y1 = y; % 鸟叫声
load splat;y2 = y; % 投掷声
load train;y3 = y; % 火车汽笛声
n = max([length(y1),length(y2),length(y3)]); % 取三路信号中的最大长度
t = linspace(0,n * 1/Fs,n);t = t'; % 生成时间变量
s1 = [t,cat(1,y1,zeros(n − length(y1),1))]; % 将三路信号统一长度,短数据补零加长
s2 = [t,cat(1,y2,zeros(n − length(y2),1))]; % 生成 Simulink 中 From Workspace 模块
s3 = [t,cat(1,y3,zeros(n − length(y3),1))]; % 需要的数据格式
% − − − − − − − − − − − − − − − − − − − − − − − − − − − − − − − − − − − − − − −
sound(s1);
sound(s2);
sound(s3);
```

2）建立如图 3-69 所示的 Simulink 仿真模型。

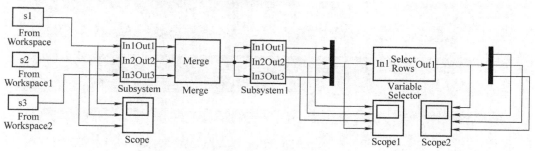

图 3-69  Simulink 仿真模型

3）三台示波器显示波形如图 3-70 所示。

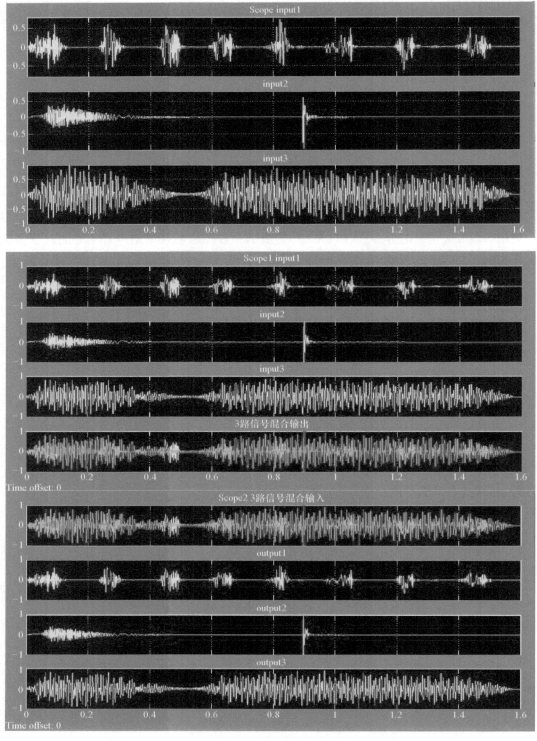

图 3-70　示波器显示波形

4）各模块参数设置如图 3-71 ~ 图 3-74 所示。

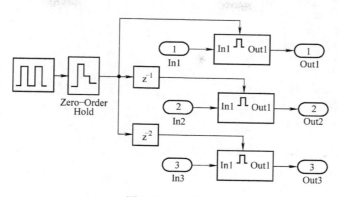

图 3-71　分系统

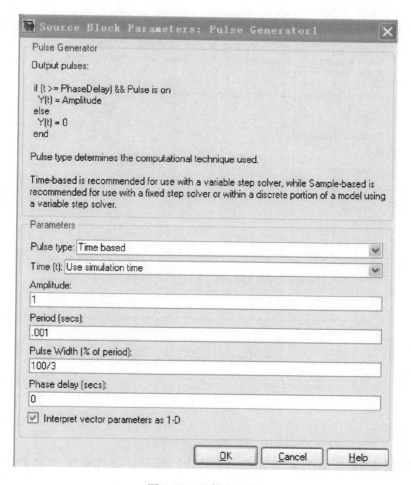

图 3-72　函数发生器

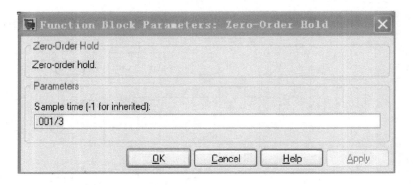

图 3-73　零阶抽样保持器

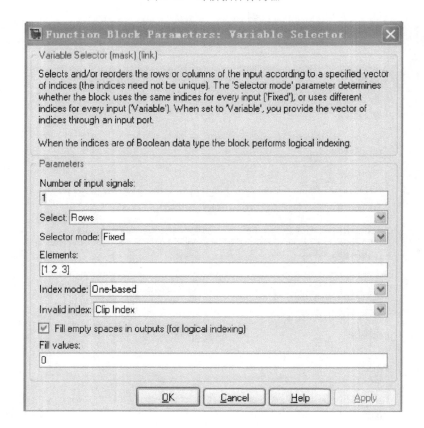

图 3-74　变量选择器

### 3.5.4　仿真作业

1. 根据如图 3-75 所示的频分多址（FDMA）原理，设计系统仿真框图，如图 3-76 所示。

2. 根据系统仿真框图，链接各模块，并设置仿真模块参数。

3. 尝试用 Scope 对各信号进行分析。

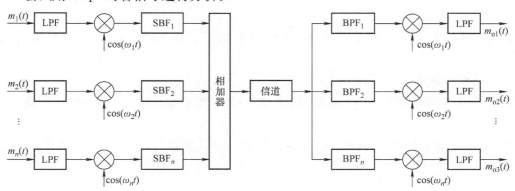

图 3-75 频分多址（FDMA）原理

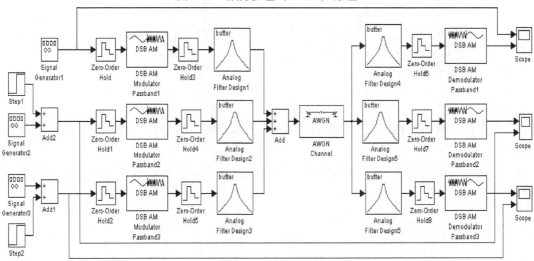

图 3-76 FDMA 系统仿真框图

# 习题

### 一、填空题

1. 某周期信号的傅里叶级数仅含有奇次正弦函数，则该信号是_____函数（填奇函数、偶函数、奇谐函数、奇函数且为奇谐函数、偶函数且为奇谐函数）。

2. 奇函数的傅里叶级数中不会含_____，只可能含_____。

3. 周期信号的频谱具有_____、谐波性和_____。

4. 周期矩形脉冲信号的谱线间隔和_____呈_____关系。

5. 周期矩形脉冲信号的带宽和_____呈_____关系。

6. 要使信号在通过线性系统时不产生失真，必须在信号的全部频带内，要求系统频率响应的幅度特性是_____；相位特性是_____。

7. 信号 $Sa^2(100t)$ 的奈奎斯特间隔是_____，奈奎斯特采样频率是_____。

8. 信号 $Sa(100t) + Sa^2(60t)$ 的奈奎斯特间隔是 _____，奈奎斯特采样频率是_____。

9. 若信号 $f(t)$ 为包含 $0 \sim \omega_m$ 的频带受限信号，则 $f(3t)$ 的奈奎斯特采样频率是_____。

## 二、分析计算题

1. 利用信号的对称性，定性判断如图3-77所示各周期信号的傅里叶级数中所含有的频率分量。

2. 利用信号的对称性，定性判断如图3-78所示各周期信号的傅里叶级数中所含有的频率分量。

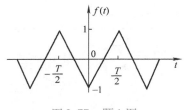

图 3-77 题 1 图

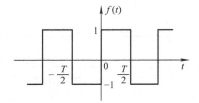

图 3-78 题 2 图

3. 利用信号的对称性，定性判断如图3-79所示各周期信号的傅里叶级数中所含有的频率分量。

4. 利用信号的对称性，定性判断如图3-80所示各周期信号的傅里叶级数中所含有的频率分量。

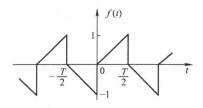

图 3-79 题 3 图

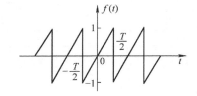

图 3-80 题 4 图

5. 利用信号的对称性，定性判断如图3-81所示各周期信号的傅里叶级数中所含有的频率分量。

6. 利用信号的对称性，定性判断如图3-82所示各周期信号的傅里叶级数中所含有的频率分量。

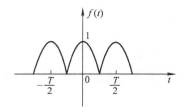

图 3-81 题 5 图

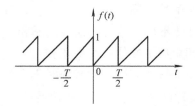

图 3-82 题 6 图

7. 某周期信号如图 3-83 所示，若重复频率 $f=5\mathrm{kHz}$，脉宽 $\tau=20\mu\mathrm{s}$，幅度 $E=10\mathrm{V}$，求其直流分量。

8. 某周期信号如图 3-84 所示，若重复周期 $T=0.25\mathrm{s}$，脉宽 $\tau=20\mathrm{s}$，幅度 $E=10\mathrm{V}$，用选频表能选出 $4\mathrm{Hz}$、$10\mathrm{Hz}$、$12\mathrm{Hz}$、$20\mathrm{Hz}$、$25\mathrm{Hz}$、$40\mathrm{Hz}$ 中哪些频率？

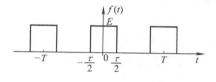

图 3-83　题 7 图

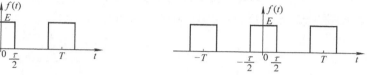

图 3-84　题 8 图

9. 系统函数 $H(\mathrm{j}\omega)$ 可以利用等式 $H(s)\big|_{s=\mathrm{j}\omega}=H(\mathrm{j}\omega)$ 求解，需要满足什么条件？

10. 已知周期函数 $f(t)$ 前 1/4 周期的波形如图 3-85 所示。如果 $f(t)$ 是偶函数，且只含有偶次谐波，试画出 $f(t)$ 在一个周期（$0\le t\le 1$）内的波形。

11. 已知周期函数 $f(t)$ 前 1/4 周期的波形如图 3-86 所示。如果 $f(t)$ 是偶函数，且只含有奇次谐波，试画出 $f(t)$ 在一个周期（$0\le t\le 1$）内的波形。

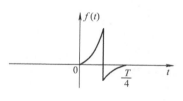

图 3-85　题 10 图

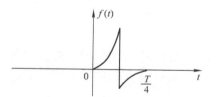

图 3-86　题 11 图

12. 已知周期函数 $f(t)$ 前 1/4 周期的波形如图 3-87 所示。如果 $f(t)$ 是奇函数，且只含有偶次谐波，试画出 $f(t)$ 在一个周期（$0\le t\le 1$）内的波形。

13. 已知周期函数 $f(t)$ 前 1/4 周期的波形如图 3-88 所示。如果 $f(t)$ 是奇函数，且只含有奇次谐波，试画出 $f(t)$ 在一个周期（$0\le t\le 1$）内的波形。

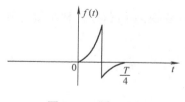

图 3-87　题 12 图

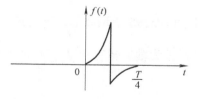

图 3-88　题 13 图

14. 若周期矩形信号 $f(t)$ 的波形如图 3-89 所示，其中 $\tau=0.5\mu\mathrm{s}$，$T=1\mu\mathrm{s}$，$E=1\mathrm{V}$，求 $f(t)$ 的谱线间隔和带宽（第一零点位置），频率单位以 kHz 表示。

15. 若周期矩形信号 $f(t)$ 的波形如图 3-90 所示，其中 $\tau=1.5\mu\mathrm{s}$，$T=3\mu\mathrm{s}$，$E=3\mathrm{V}$，求 $f(t)$ 的谱线间隔和带宽（第一零点位置），频率单位以 kHz 表示。

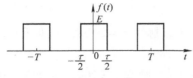

图 3-89　题 14 图

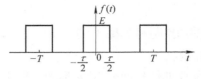

图 3-90　题 15 图

16. 求如图 3-91 所示单周正弦脉冲的傅里叶变换。

17. 求如图 3-92 所示 $F(\omega)$ 的傅里叶逆变换 $f(t)$。

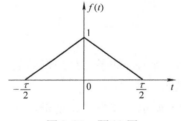

图 3-91　题 16 图

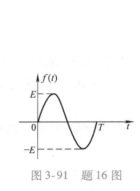

图 3-92　题 17 图

18. 求如图 3-93 所示信号的傅里叶变换。

19. 求如图 3-94 所示三脉冲信号的傅里叶变换。

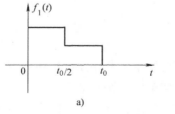

图 3-93　题 18 图

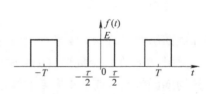

图 3-94　题 19 图

20. 对如图 3-95 所示波形，若已知 $f_1(t)$ 的傅里叶变换为 $F_1(\omega)$，利用傅里叶变换的性质求 $f_1(t)$ 以 $\dfrac{t_0}{2}$ 为轴反转后所得 $f_2(t)$ 的傅里叶变换。

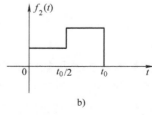

图 3-95　题 20 图

21. 如图 3-96 所示信号 $f(t)$，已知其傅里叶变换式为 $F(\omega) = |F(\omega)| e^{j\varphi(\omega)}$，利用傅里叶变换（不作积分运算），求 $\varphi(\omega)$。

22. 如图 3-97 所示信号 $f(t)$，已知其傅里叶变换式为 $F(\omega) = |F(\omega)| e^{j\varphi(\omega)}$，利用傅里叶变换（不作积分运算），求 $F(0)$。

23. 如图 3-98 所示信号 $f(t)$，已知其傅里叶变换式为 $F(\omega) = |F(\omega)| e^{j\varphi(\omega)}$，利用傅里叶变换（不作积分运算），求 $\int_{-\infty}^{\infty} F(\omega) \, \mathrm{d}\omega$。

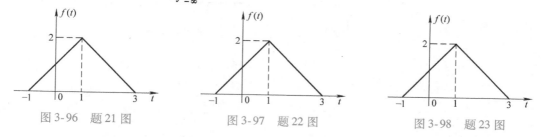

图 3-96　题 21 图　　　　图 3-97　题 22 图　　　　图 3-98　题 23 图

24. 已知系统和子系统冲激响应 $h_1(t)$ 的频谱如图 3-99 所示。若 $f(t) = \dfrac{\sin 2t}{2\pi t}$，$s(t) = \cos 1000t$，求 $y_2(t)$。

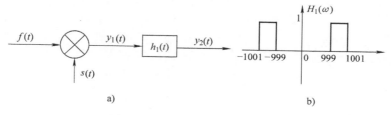

a)　　　　　　　　　　　　b)

图 3-99　题 24 图

25. 已知系统如图 3-100 所示。若 $f(t)$ 的频谱为 $F(\omega) = G_4(\omega)$，$h_1(t)$ 的频谱为 $H_1(\omega) = G_6(\omega)$，$s(t) = \cos 3t$，求 $y(t)$。

26. 设 $f(t)$ 为限带信号，其频带宽度为 8rad/s，求 $f(2t)$ 的带宽（rad/s）、奈奎斯特抽样频率（Hz）和奈奎斯特抽样间隔（s）。

27. 设 $f(t)$ 为限带信号，其频带宽度为 8rad/s，求 $f\left(\dfrac{1}{2}t\right)$ 的带宽（rad/s）、奈奎斯特抽样频率（Hz）和奈奎斯特抽样间隔（s）。

28. 若连续信号 $f(t)$ 的频谱 $F(\omega)$ 是带状的（$\omega_1 \sim \omega_2$），如图 3-101 所示，当 $\omega_2 = 2\omega_1$ 时，采用 $\omega_2$ 抽样频率进行抽样，画出抽样后的信号频谱图。

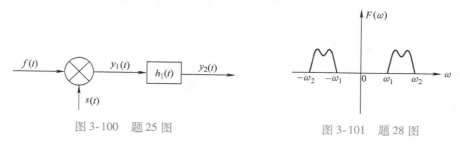

图 3-100　题 25 图　　　　　图 3-101　题 28 图

29. 系统如图 3-102 所示，$f_1(t) = Sa(1000\pi t)$，$f_2(t) = Sa(2000\pi t)$，$p(t) = \sum\limits_{n=-\infty}^{\infty} \delta(t - nT)$，$f(t) = f_1(t)f_2(t)$，$f_s(t) = f(t)p(t)$。

（1）为从 $f_s(t)$ 无失真恢复 $f(t)$，求最大抽样间隔 $T_{max}$。

（2）当 $T = T_{max}$ 时，画出 $f_s(t)$ 的幅度谱 $|F_s(\omega)|$。

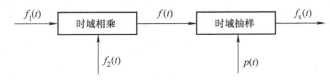

图 3-102　题 29 图

# 第4章　连续时间信号与系统的复频域分析

【本章教学目标与要求】

1）掌握单边拉普拉斯变换的定义式、收敛域及其主要性质。
2）学会利用部分分式展开法求解拉普拉斯逆变换。
3）掌握响应的复频域求解，会画复频域等效电路。
4）掌握系统函数与零、极点的概念。
5）了解零、极点分布与连续时间系统响应之间的关系。
6）学会判断连续时间系统的稳定性。

　　连续时间信号与系统的频域分析，揭示了信号与系统的内在频率特性，是信号与系统分析的重要方法，但频域分析法也存在一些不足，有一定的局限性，它要求连续时间信号 $f(t)$ 应满足狄利克雷条件。为此，本章引入另一种连续时间信号与系统分析方法，这种方法以拉普拉斯（Laplace）变换为工具进行分析。拉普拉斯变换将时域表示的信号和系统映射到复频域，因而可将信号与系统的时域分析转换为复频域分析。傅里叶变换是将信号表示为虚指数信号的线性组合，而拉普拉斯变换是将信号表示为复指数信号的线性组合。由于虚指数信号是复指数信号的特例，所以复频域分析是频域分析的推广，更具有一般性。

　　本章首先由傅里叶变换引出拉普拉斯变换，然后介绍拉普拉斯变换的性质、拉普拉斯逆变换和连续时间系统的复频域分析方法，最后介绍系统函数的零极点分析以及系统稳定性的判定。

## 4.1　拉普拉斯变换的定义

　　由前章可知，当函数 $f(t)$ 满足狄利克雷条件时，便可构成一对傅里叶变换式，即

$$\begin{cases} F(\omega) = \int_{-\infty}^{\infty} f(t)\,\mathrm{e}^{-\mathrm{j}\omega t}\mathrm{d}t \\ f(t) = \dfrac{1}{2\pi}\int_{-\infty}^{\infty} F(\omega)\,\mathrm{e}^{\mathrm{j}\omega t}\mathrm{d}\omega \end{cases} \tag{4-1}$$

4-1 拉普拉斯
变换的定义

　　从狄利克雷条件考虑，在此条件下，绝对可积的要求限制了某些增长信号傅里叶变换的存在如 $\mathrm{e}^{\partial t}(\partial > 0)$，而对于阶跃信号、周期信号，虽未受此约束，但其变换式中出现了冲激函数 $\delta(\omega)$。为使更多的函数存在变换，并简化某些变换形式或运算过程，引入一个衰减因

子 $e^{-\sigma t}$（$\sigma$ 为任意实数），使它与 $f(t)$ 相乘，于是 $e^{-\sigma t}f(t)$ 得以收敛，绝对可积条件就容易满足。

选取收敛因子 $e^{-\sigma t}$，建立连续时间信号 $f_1(t) = f(t)e^{-\sigma t}$，利用式（4-1）计算 $f_1(t)$ 的傅里叶变换为

$$F_1(\omega) = \int_{-\infty}^{\infty} [f(t)e^{-\sigma t}]e^{-j\omega t}dt = \int_{-\infty}^{\infty} f(t)e^{-(\sigma+j\omega)t}dt \tag{4-2}$$

将式（4-2）中的 $\sigma + j\omega$ 用符号 $s$ 代替，即令

$$s = \sigma + j\omega$$

式（4-2）可写作

$$F(s) = \int_{-\infty}^{\infty} f(t)e^{-st}dt \tag{4-3}$$

由傅里叶逆变换表示 $f(t)e^{-\sigma t}$ 为

$$f(t)e^{-\sigma t} = \frac{1}{2\pi} \int_{-\infty}^{\infty} F_1(\omega)e^{j\omega t}d\omega$$

等式两边同乘以 $e^{\sigma t}$，可得

$$f(t) = \frac{1}{2\pi} \int_{-\infty}^{\infty} F_1(\omega)e^{(\sigma+j\omega)t}d\omega$$

其中，复频率 $s = \sigma + j\omega$，$\sigma$ 是与连续时间信号 $f(t)$ 对应的满足一定条件的实常数，则 $ds = jd\omega$，所以

$$f(t) = \frac{1}{2\pi j} \int_{\sigma-j\infty}^{\sigma+j\infty} F(s)e^{st}ds \tag{4-4}$$

式（4-3）和式（4-4）就是一对拉普拉斯变换式（或称拉氏变换对）。两式中连续时间信号 $f(t)$ 称为原函数，复频域函数 $F(s)$ 称为象函数。

考虑到在实际问题中遇到的总是因果信号，令信号起始时刻为零，于是在 $t < 0$ 的时间范围内 $f(t)$ 等于零，于是式（4-3）变为

$$F(s) = \int_{0^-}^{\infty} f(t)e^{-st}dt \tag{4-5}$$

式（4-5）称为单边拉普拉斯变换。分析因果系统，特别是非零初始状态的系统时，常使用单边拉普拉斯变换。本文只讨论单边拉普拉斯变换，简称拉氏变换。拉氏变换对可以用双箭头表示为

$$f(t) \leftrightarrow F(s) \tag{4-6}$$

也可以表示为

$$\mathscr{L}[f(t)] = \int_{0^-}^{\infty} f(t)e^{-st}dt = F(s) \tag{4-7}$$

$$\mathscr{L}[F(s)] = \frac{1}{2\pi j} \int_{\sigma-j\infty}^{\sigma+j\infty} F(s)e^{st}ds = f(t) \tag{4-8}$$

当信号 $f(t)$ 乘以衰减因子 $e^{-\sigma t}$ 后，就有可能满足绝对可积条件。然而，是否一定满足，还要视 $f(t)$ 的性质与 $\sigma$ 值的相对关系而定。通常把使 $f(t)e^{-\sigma t}$ 满足绝对可积条件的 $\sigma$ 范围称为拉普拉斯变换的收敛域。在收敛域内，函数的拉普拉斯变换存在；在收敛域外，函数的

拉普拉斯变换不存在。

对于因果信号 $f(t)$，即 $t<0$ 时，$f(t)=0$，满足：

1）在有限区间内可积；

2）对于某个 $\sigma_0$，有

$$\lim_{t\to\infty}|f(t)|\,\mathrm{e}^{-\sigma t}=0\quad\sigma>\sigma_0$$

可见，对于因果信号，仅当 $\mathrm{Re}[s]=\sigma>\sigma_0$ 时，其拉普拉斯变换存在。在以 $\sigma$ 为横轴、$j\omega$ 为纵轴的 $s$ 平面中，收敛域为 $\mathrm{Re}[s]=\sigma>\sigma_0$ 的右半平面区域，如图 4-1a 所示。

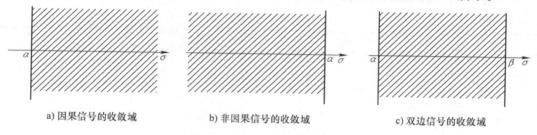

a）因果信号的收敛域　　　　b）非因果信号的收敛域　　　　c）双边信号的收敛域

图 4-1　拉普拉斯变换的收敛域

对于非因果信号，如

$$f(t)=\begin{cases}\mathrm{e}^{\alpha t}&t<0\\0&t>0\end{cases}\quad\alpha\text{ 为正实数}$$

其双边拉普拉斯变换为

$$F(s)=\int_{-\infty}^{0}\mathrm{e}^{\alpha t}\mathrm{e}^{-st}\mathrm{d}t=-\frac{1}{s-\alpha}\left[1-\lim_{t\to-\infty}\mathrm{e}^{-(\sigma-\alpha)t}\mathrm{e}^{-j\omega t}\right]$$

只有当 $\mathrm{Re}[s]=\sigma<\alpha$ 时，积分收敛，$F(s)=-\dfrac{1}{s-\alpha}$。

可见，对于非因果信号，仅当 $\mathrm{Re}[s]=\sigma<\sigma_0$ 时，其双边拉普拉斯变换存在。收敛域为 $\mathrm{Re}[s]=\sigma<\sigma_0$ 的左半平面区域，如图 4-1b 所示。

对于双边信号，如

$$f(t)=\begin{cases}\mathrm{e}^{\alpha t}&t>0\\\mathrm{e}^{\beta t}&t<0\end{cases}\quad\alpha\text{、}\beta\text{ 为正实数}$$

其收敛域为 $\alpha<\mathrm{Re}[s]=\sigma<\beta$ 的带状区域，如图 4-1c 所示。

## 4.2　典型信号的拉普拉斯变换

下面按拉普拉斯变换的定义式（4-5）推导几个常用信号的拉普拉斯变换式。

（1）单位冲激信号 $\delta(t)$

$$\mathscr{L}[\delta(t)]=\int_{0^-}^{\infty}\delta(t)\mathrm{e}^{-st}\mathrm{d}t=1$$

$$\delta(t)\leftrightarrow1\tag{4-9}$$

（2）指数函数 $\mathrm{e}^{-\alpha t}u(t)$

$$\mathscr{L}[e^{-\alpha t}u(t)] = \int_{0^-}^{\infty} e^{-\alpha t}e^{-st}dt = \frac{1}{s+\alpha}$$

$$e^{-\alpha t}u(t) \leftrightarrow \frac{1}{s+\alpha} \tag{4-10}$$

令式（4-10）中的 $\alpha = 0$，可得

$$u(t) \leftrightarrow \frac{1}{s} \tag{4-11}$$

常用信号的拉普拉斯变换见表 4-1。

表 4-1　常用信号的拉普拉斯变换

| 序号 | $f(t)\,(t>0)$ | $F(s) = \mathscr{L}[f(t)]$ | $\sigma_0$ |
|---|---|---|---|
| 1 | $\delta(t)$ | $1$ | $-\infty$ |
| 2 | $u(t)$ | $\dfrac{1}{s}$ | $0$ |
| 3 | $e^{-\alpha t}$ | $\dfrac{1}{s+\alpha}$ | $-\alpha$ |
| 4 | $t^n$（$n$ 为正整数） | $\dfrac{n!}{s^{n+1}}$ | $0$ |
| 5 | $\sin(\omega t)$ | $\dfrac{\omega}{s^2+\omega^2}$ | $0$ |
| 6 | $\cos(\omega t)$ | $\dfrac{s}{s^2+\omega^2}$ | $0$ |
| 7 | $e^{-\alpha t}\sin(\omega t)$ | $\dfrac{\omega}{(s+\alpha)^2+\omega^2}$ | $-\alpha$ |
| 8 | $e^{-\alpha t}\cos(\omega t)$ | $\dfrac{s+\alpha}{(s+\alpha)^2+\omega^2}$ | $-\alpha$ |
| 9 | $te^{-\alpha t}$ | $\dfrac{1}{(s+\alpha)^2}$ | $-\alpha$ |
| 10 | $t^n e^{-\alpha t}$（$n$ 为正整数） | $\dfrac{n!}{(s+\alpha)^{n+1}}$ | $-\alpha$ |
| 11 | $t\sin(\omega t)$ | $\dfrac{2\omega s}{(s^2+\omega^2)^2}$ | $0$ |
| 12 | $t\cos(\omega t)$ | $\dfrac{s^2-\omega^2}{(s^2+\omega^2)^2}$ | $0$ |
| 13 | $\sinh(\alpha t)$ | $\dfrac{\alpha}{s^2-\alpha^2}$ | $\alpha$ |
| 14 | $\cosh(\alpha t)$ | $\dfrac{s}{s^2-\alpha^2}$ | $\alpha$ |

## 4.3　拉普拉斯变换的基本性质

　　虽然由拉普拉斯变换的定义式（4-5）可以求得一些常用信号的拉普拉斯变换，但实际应用中常常不去做这一积分的运算，而是灵活地利用拉普拉斯变换的一些基本性质来求出拉普拉斯变换。这些性质与傅里叶变换的性质极其相似，在某些性质中只要把傅里叶变换中的 $j\omega$ 换成 $s$ 即可。但由于傅里叶变换是双边的，而这里讨论的拉普拉斯变换是单边的，因此有

些性质又有差别。

### 4.3.1　线性

若 $f_1(t) \leftrightarrow F_1(s)$，$f_2(t) \leftrightarrow F_2(s)$，则

$$k_1 f_1(t) + k_2 f_2(t) \leftrightarrow k_1 F_1(s) + k_2 F_2(s)$$

式中，$k_1$ 和 $k_2$ 为任意常数。

【例 4-1】　求 $f(t) = \sin(\omega t) u(t)$ 的拉普拉斯变换 $F(s)$。

解：利用欧拉公式，将正弦信号表示成复指数信号为

$$\sin(\omega t) u(t) = \frac{1}{2\mathrm{j}} (\mathrm{e}^{\mathrm{j}\omega t} - \mathrm{e}^{-\mathrm{j}\omega t}) u(t)$$

$$\mathrm{e}^{\mathrm{j}\omega t} u(t) \leftrightarrow \frac{1}{s - \mathrm{j}\omega}$$

$$\mathrm{e}^{-\mathrm{j}\omega t} u(t) \leftrightarrow \frac{1}{s + \mathrm{j}\omega}$$

所以由线性特性可知

$$\sin(\omega t) u(t) \leftrightarrow \frac{1}{2\mathrm{j}} \left[ \frac{1}{s - \mathrm{j}\omega} - \frac{1}{s + \mathrm{j}\omega} \right] = \frac{\omega}{s^2 + \omega^2} \tag{4-12}$$

采用同样的方法可求得

$$\cos(\omega t) u(t) \leftrightarrow \frac{s}{s^2 + \omega^2} \tag{4-13}$$

### 4.3.2　时移特性

若 $f(t) \leftrightarrow F(s)$，则

$$f(t - t_0) u(t - t_0) \leftrightarrow F(s) \mathrm{e}^{-s t_0} \qquad t_0 > 0 \tag{4-14}$$

证明：

$$\mathscr{L}[f(t - t_0) u(t - t_0)] = \int_0^\infty f(t - t_0) u(t - t_0) \mathrm{e}^{-st} \mathrm{d}t = \int_{t_0}^\infty f(t - t_0) \mathrm{e}^{-st} \mathrm{d}t$$

令 $\tau = t - t_0$，可得

$$\mathscr{L}[f(t - t_0) u(t - t_0)] \xrightarrow{\tau = t - t_0} \int_0^\infty f(\tau) \mathrm{e}^{-st} \mathrm{e}^{-s t_0} \mathrm{d}t = \mathrm{e}^{-s t_0} F(s)$$

时移特性表明：若波形延迟 $t_0$，则其拉普拉斯变换应乘以 $\mathrm{e}^{-s t_0}$。如延迟 $t_0$ 时间的单位阶跃函数 $u(t - t_0)$，其变换式为 $\dfrac{\mathrm{e}^{-s t_0}}{s}$。

【例 4-2】　求如图 4-2a 所示矩形脉冲的拉普拉斯变换。矩形脉冲 $f(t)$ 的宽度为 $t_0$，幅度为 $E$，它可以分解为阶跃信号 $Eu(t)$ 与延迟阶跃信号 $Eu(t - t_0)$ 之差，如图 4-2b、c 所示。

解：已知 $f(t) = Eu(t) - Eu(t - t_0)$，则有

$$\mathscr{L}[Eu(t)] = \frac{E}{s}$$

由延时特性可得

$$\mathscr{L}[Eu(t-t_0)] = \mathrm{e}^{-st_0}\frac{E}{s}$$

所以

$$\mathscr{L}[f(t)] = \mathscr{L}[Eu(t) - Eu(t-t_0)] = \frac{E}{s}(1 - \mathrm{e}^{-st_0})$$

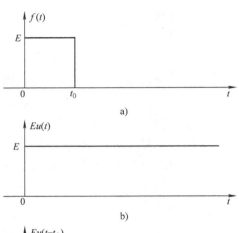

### 4.3.3 尺度变换特性

若 $f(t) \leftrightarrow F(s)$，则

$$f(at) \leftrightarrow \frac{1}{a}F\left(\frac{s}{a}\right) \quad a > 0 \qquad (4-15)$$

其中，规定常数 $a > 0$ 是必要的，因为 $f(t)$ 是因果信号，若 $a < 0$，则 $f(at)$ 的单边拉普拉斯变换为 0。

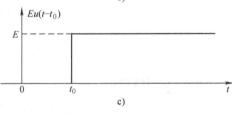

图 4-2　矩形脉冲分解为两个阶跃信号之差

【例 4-3】　已知 $\mathscr{L}[f(t)] = F(s)$，若 $a > 0$，$b > 0$，求 $\mathscr{L}[f(at-b)u(at-b)]$。

解：此问题既要用到尺度变换特性，也要用到时移特性。先由时移特性求得

$$\mathscr{L}[f(t-b)u(t-b)] = F(s)\mathrm{e}^{-bs}$$

再借助尺度变换特性可得

$$\mathscr{L}[f(at-b)u(at-b)] = \frac{1}{a}F\left(\frac{s}{a}\right)\mathrm{e}^{-s\frac{b}{a}}$$

### 4.3.4 $s$ 域平移特性

若 $f(t) \leftrightarrow F(s)$，则

$$f(t)\mathrm{e}^{-at} \leftrightarrow F(s+a) \tag{4-16}$$

证明：

$$\mathscr{L}[f(t)\mathrm{e}^{-at}] = \int_0^\infty f(t)\mathrm{e}^{-(s+a)t}\mathrm{d}t = F(s+a)$$

此性质表明，时间函数乘以 $\mathrm{e}^{-at}$，相当于拉普拉斯变换式在 $s$ 域内平移 $a$。

【例 4-4】　求 $\mathrm{e}^{-at}\sin(\omega t)$ 和 $\mathrm{e}^{-at}\cos(\omega t)$ 的拉普拉斯变换。

解：已知

$$\mathscr{L}[\sin(\omega t)] = \frac{\omega}{s^2 + \omega^2}$$

由 $s$ 域平移特性可得

$$\mathscr{L}[\mathrm{e}^{-at}\sin(\omega t)] = \frac{\omega}{(s+a)^2 + \omega^2}$$

同理可得

$$\mathscr{L}[\mathrm{e}^{-at}\cos(\omega t)] = \frac{s+a}{(s+a)^2 + \omega^2}$$

### 4.3.5 时域卷积定理

若 $f_1(t) \leftrightarrow F_1(s)$, $f_2(t) \leftrightarrow F_2(s)$, 则

$$f_1(t) * f_2(t) \leftrightarrow F_1(s) F_2(s) \tag{4-17}$$

**证明**: 对于单边变换, 考虑到 $f_1(t)$ 与 $f_2(t)$ 均为因果信号, 即

$$f_1(t) = f_1(t) u(t), \quad f_2(t) = f_2(t) u(t)$$

由卷积定义可得

$$\mathscr{L}[f_1(t) * f_2(t)] = \int_0^\infty \int_0^\infty f_1(\tau) u(\tau) f_2(t - \tau) u(t - \tau) \mathrm{d}\tau \mathrm{e}^{-st} \mathrm{d}t$$

令 $m = t - \tau$, 可得

$$\mathscr{L}[f_1(t) * f_2(t)] = \int_0^\infty f_1(\tau) \left[ \int_0^\infty f_2(t - \tau) u(t - \tau) \mathrm{e}^{-st} \mathrm{d}t \right] \mathrm{d}\tau$$

$$= \int_0^\infty f_1(\tau) \left[ \mathrm{e}^{-s\tau} \int_0^\infty f_2(m) \mathrm{e}^{-sm} \mathrm{d}m \right] \mathrm{d}\tau = F_1(s) F_2(s)$$

可见, 两原函数卷积的拉普拉斯变换等于两函数拉普拉斯变换之乘积。

### 4.3.6 时域微积分特性

（1）微分特性

若 $f(t) \leftrightarrow F(s)$, 则

$$\frac{\mathrm{d}f(t)}{\mathrm{d}t} \leftrightarrow sF(s) - f(0_-) \tag{4-18}$$

$$\frac{\mathrm{d}^2 f(t)}{\mathrm{d}t^2} \leftrightarrow s^2 F(s) - sf(0_-) - f'(0_-) \tag{4-19}$$

$$\frac{\mathrm{d}^n f(t)}{\mathrm{d}t^n} \leftrightarrow s^n F(s) - s^{n-1} f(0_-) - s^{n-2} f'(0_-) - \cdots - f^{(n-1)}(0_-) \tag{4-20}$$

**证明**: 根据拉普拉斯变换的定义式 (4-5) 可得

$$\int_{0_-}^\infty \frac{\mathrm{d}f(t)}{\mathrm{d}t} \mathrm{e}^{-st} \mathrm{d}t = \int_{0_-}^\infty \mathrm{e}^{-st} \mathrm{d}f(t) = \mathrm{e}^{-st} f(t) \Big|_{0_-}^\infty - \int_{0_-}^\infty f(t) \mathrm{d}\mathrm{e}^{-st} = sF(s) - f(0_-)$$

同理可证明式 (4-19) 和式 (4-20)。

（2）积分特性

若 $f(t) \leftrightarrow F(s)$, 则

$$\int_{0_-}^\infty f(\tau) \mathrm{d}\tau \leftrightarrow \frac{F(s)}{s} \tag{4-21}$$

**证明**:

$$f^{-1}(t) = f(t) * \delta^{-1}(t) = f(t) * u(t)$$

根据时域卷积特性式 (4-17), 可得

$$f^{-1}(t) \leftrightarrow \frac{F(s)}{s}$$

### 4.3.7 复频域微积分特性

若 $f(t) \leftrightarrow F(s)$，则

$$tf(t) \leftrightarrow -\frac{\mathrm{d}F(s)}{\mathrm{d}s} \tag{4-22}$$

$$\frac{f(t)}{t} \leftrightarrow \int_s^\infty F(s)\,\mathrm{d}s \tag{4-23}$$

【例 4-5】 求 $te^{-\alpha t}u(t)$ 的拉普拉斯变换。

解：已知

$$\mathscr{L}[e^{-\alpha t}u(t)] = \frac{1}{s+\alpha}$$

由复频域微分特性可得

$$\mathscr{L}[te^{-\alpha t}u(t)] = -\left(\frac{1}{s+\alpha}\right)' = \frac{1}{(s+\alpha)^2}$$

### 4.3.8 初、终值定理

（1）初值定理

若 $f(t) \leftrightarrow F(s)$，则

$$f(0_+) = \lim_{s\to\infty} sF(s) \tag{4-24}$$

**证明：** 由时域微分特性可知

$$
\begin{aligned}
sF(s) - f(0_-) &= \mathscr{L}\left[\frac{\mathrm{d}f(t)}{\mathrm{d}t}\right] = \int_{0_-}^\infty \frac{\mathrm{d}f(t)}{\mathrm{d}t}e^{-st}\mathrm{d}t \\
&= \int_{0_-}^{0_+} \frac{\mathrm{d}f(t)}{\mathrm{d}t}e^{-st}\mathrm{d}t + \int_{0_+}^\infty \frac{\mathrm{d}f(t)}{\mathrm{d}t}e^{-st}\mathrm{d}t \\
&= f(0_+) - f(0_-) + \int_{0_+}^\infty \frac{\mathrm{d}f(t)}{\mathrm{d}t}e^{-st}\mathrm{d}t
\end{aligned}
$$

所以

$$sF(s) = f(0_+) + \int_{0+}^\infty \frac{\mathrm{d}f(t)}{\mathrm{d}t}e^{-st}\mathrm{d}t \tag{4-25}$$

当 $s\to\infty$，式（4-25）变为

$$\lim_{s\to\infty} sF(s) = f(0_+)$$

初值定理使用的条件是 $F(s)$ 为真分式，若 $F(s)$ 不是真分式，则可以用长除法将 $F(s)$ 分解成一个 $s$ 的多项式和一个真分式 $F_1(s)$ 之和。

此时，初值定理应表示为

$$f(0_+) = \lim_{s\to\infty}[sF(s) - ks] \tag{4-26}$$

或

$$f(0_+) = \lim_{s\to\infty} sF_1(s) \tag{4-27}$$

初值定理表明，只要知道拉普拉斯变换式 $F(s)$，就可以直接求得 $f(0_+)$ 的值。

（2）终值定理

若 $f(t) \leftrightarrow F(s)$，则

$$f(\infty) = \lim_{s \to 0} s F(s) \tag{4-28}$$

终值定理使用的条件是终值 $f(\infty)$ 存在，可从 $s$ 域做出判断，即 $F(s)$ 的所有极点都位于 $s$ 平面的左半平面和 $F(s)$ 在原点仅有单极点。

终值定理表明，只要知道拉普拉斯变换式 $F(s)$，就可以直接求得 $f(\infty)$ 的值。

常用拉普拉斯变换的性质见表 4-2。

表 4-2　常用拉普拉斯变换的性质

| 序号 | 名称 | 结论 |
|---|---|---|
| 1 | 线性（叠加） | $\mathscr{L}[K_1 f_1(t) + K_2 f_2(t)] = K_1 F_1(s) + K_2 F_2(s)$ |
| 2 | 对 $t$ 微分 | $\mathscr{L}\left[\dfrac{\mathrm{d}f(t)}{\mathrm{d}t}\right] = sF(s) - f(0)$<br>$\mathscr{L}\left[\dfrac{\mathrm{d}^n f(t)}{\mathrm{d}t^n}\right] = s^n F(s) - \sum_{r=0}^{n-1} s^{n-r-1} f^{(r)}(0)$ |
| 3 | 对 $t$ 积分 | $\mathscr{L}\left[\int_{-\infty}^{t} f(\tau)\mathrm{d}\tau\right] = \dfrac{F(s)}{s} + \dfrac{f^{(-1)}(0)}{s}$ |
| 4 | 延时（时域平移） | $\mathscr{L}[f(t-t_0)u(t-t_0)] = \mathrm{e}^{-st_0} F(s)$ |
| 5 | $s$ 域平移 | $\mathscr{L}[f(t)\mathrm{e}^{-at}] = F(s+a)$ |
| 6 | 尺度变换 | $\mathscr{L}[f(at)] = \dfrac{1}{a} F\left(\dfrac{s}{a}\right) \quad a > 0$ |
| 7 | 初值 | $\lim_{t \to 0} f(t) = \lim_{s \to \infty} sF(s)$ |
| 8 | 终值 | $\lim_{t \to \infty} f(t) = \lim_{s \to 0} sF(s)$ |
| 9 | 卷积 | $\mathscr{L}\left[\int_0^t f_1(\tau) f_2(t-\tau)\mathrm{d}\tau\right] = F_1(s) F_2(s)$ |
| 10 | 相乘 | $\mathscr{L}[f_1(t) f_2(t)] = \dfrac{1}{2\pi \mathrm{j}} \int_{\sigma-\mathrm{j}\infty}^{\sigma+\mathrm{j}\infty} F_1(p) F_2(s-p)\mathrm{d}p$ |
| 11 | 对 $s$ 微分 | $\mathscr{L}[-t f(t)] = \dfrac{\mathrm{d}F(s)}{\mathrm{d}s}$ |
| 12 | 对 $s$ 积分 | $\mathscr{L}\left[\dfrac{f(t)}{t}\right] = \int_s^{\infty} F(s)\mathrm{d}s$ |

## 4.4　拉普拉斯逆变换

由拉普拉斯变换定义可知，$F(s)$ 的逆变换可按定义式（4-4）进行复变函数积分求得。然而直接计算该积分十分烦琐，在工程上使用不多。实际中，往往可借助一些代数运算将 $F(s)$ 表达式分解，分解后各项 $s$ 函数式的逆变换可查表 4-1 得出，从而使求解过程大大简化，无须进行积分运算，这种分解方法称为部分分式展开法，它适用于有理函数。

$F(s)$ 可由两个 $s$ 的多项式之比来表示，即

$$F(s) = \frac{A(s)}{B(s)} = \frac{a_m s^m + a_{m-1} s^{m-1} + \cdots + a_1 s + a_0}{b_n s^n + b_{n-1} s^{n-1} + \cdots + b_1 s + b_0} \qquad (4-29)$$

式中，$A(s)$ 和 $B(s)$ 分别为 $F(s)$ 的分子多项式和分母多项式；系数 $a_i$ 和 $b_i$ 都为实数；$m$ 和 $n$ 为正整数。当 $m < n$ 时，$F(s)$ 为真分式；当 $m \geqslant n$ 时，$F(s)$ 为假分式，可分解为多项式与真分式之和。$s$ 多项式的拉普拉斯变换是冲激函数及其导数，下面分三种情况讨论 $F(s)$ 是真分式时的拉普拉斯逆变换。

**1. 极点为实数，无重根**

假设 $B(s) = 0$ 的根为 $p_1$，$p_2$，$\cdots$，$p_n$，当 $s$ 取这些值时，$F(s)$ 为无穷大，故这些根称为 $F(s)$ 的极点，可表示为，

4-2 极点为实数，无重根

$$B(s) = b_n (s - p_1)(s - p_2)\cdots(s - p_n) \qquad (4-30)$$

同理，$A(s) = 0$ 也可改写为

$$A(s) = a_m (s - z_1)(s - z_2)\cdots(s - z_m) \qquad (4-31)$$

式中，$z_1$，$z_2$，$\cdots$，$z_m$ 为 $F(s)$ 的零点。

当 $p_1$，$p_2$，$\cdots$，$p_n$ 均为实数且无重根时，$F(s)$ 可表示为

$$F(s) = \frac{A(s)}{B(s)} = \frac{A(s)}{b_n (s - p_1)(s - p_2)\cdots(s - p_n)}$$

$$= \frac{K_1}{s - p_1} + \frac{K_2}{s - p_2} + \cdots + \frac{K_n}{s - p_n} \qquad (4-32)$$

$$K_i = (s - p_i) F(s) \big|_{s = p_i} \qquad i = 1, 2, \cdots, n \qquad (4-33)$$

所以

$$\mathscr{L}[F(s)] = [K_1 e^{p_1 t} + K_2 e^{p_2 t} + \cdots + K_n e^{p_n t}] u(t) \qquad (4-34)$$

【例 4-6】 求下列函数的逆变换

$$F(s) = \frac{s + 6}{s^2 + 6s + 8}$$

解：$F(s)$ 为真分式，用部分分式展开法展开为

$$F(s) = \frac{s + 6}{(s + 2)(s + 4)} = \frac{K_1}{s + 2} + \frac{K_2}{s + 4}$$

可求得 $K_1$、$K_2$ 分别为

$$K_1 = (s + 2) \frac{s + 6}{(s + 2)(s + 4)} \Big|_{s = -2} = 2$$

$$K_2 = (s + 4) \frac{s + 6}{(s + 2)(s + 4)} \Big|_{s = -4} = -1$$

$$F(s) = \frac{2}{s + 2} - \frac{1}{s + 4}$$

所以

$$f(t) = 2e^{-2t} u(t) - e^{-4t} u(t)$$

【例 4-7】 求下列函数的逆变换

$$F(s) = \frac{s^3 + 3}{s^2 + 3s + 2}$$

解：$F(s)$ 为假分式，先用长除法可得

$$F(s) = s - 3 + \frac{7s + 9}{s^2 + 3s + 2}$$

上式中最后一项满足 $m < n$ 的要求，再按部分分式展开法展开可得

$$F(s) = s - 3 + \frac{2}{s + 1} + \frac{5}{s + 2}$$

$$f(t) = \delta'(t) - 3\delta(t) + 2e^{-t}u(t) + 5e^{-2t}u(t)$$

式中，$\delta'(t)$ 为冲激函数 $\delta(t)$ 的导数。

### 2. 包含共轭复数极点

这种情况仍可采用上述实数极点求分解系数的方法，但计算会变得复杂些，根据共轭复数的特点可以采用以下简便的方法。

$F(s)$ 可表示为

$$F(s) = \frac{A(s)}{D(s)\left[(s + \alpha)^2 + \beta^2\right]}$$

式中，共轭复数极点出现在 $-\alpha \pm j\beta$ 处；$D(s)$ 表示分母多项式中的其余部分。则有

$$F(s) = \frac{A(s)}{D(s)\left[(s + \alpha)^2 + \beta^2\right]} = \frac{A(s)}{D(s)(s + \alpha - j\beta)(s + \alpha + j\beta)} \quad (4\text{-}35)$$

根据部分分式展开的知识求得 $K_1$、$K_2$，令 $F_1(s) = \dfrac{A(s)}{D(s)}$，可得

$$K_1 = (s + \alpha - j\beta)F(s)\big|_{s = -\alpha + j\beta} = \frac{F_1(-\alpha + j\beta)}{2j\beta}$$

$$K_2 = (s + \alpha + j\beta)F(s)\big|_{s = -\alpha - j\beta} = \frac{F_1(-\alpha - j\beta)}{-2j\beta}$$

不难看出，$K_1$ 与 $K_2$ 呈共轭关系，假定

$$K_1 = A + jB$$

则

$$K_2 = A - jB = K_1^*$$

如果把式（4-35）中共轭复数极点有关部分的逆变换以 $f_c(t)$ 表示，则有

$$f_c(t) = \mathscr{L}^{-1}\left[\frac{K_1}{s + \alpha - j\beta} + \frac{K_2}{s + \alpha + j\beta}\right] = e^{-\alpha t}\left(K_1 e^{j\beta t} + K_1^* e^{-j\beta t}\right)$$

$$= 2e^{-\alpha t}\left[A\cos(\beta t) - B\sin(\beta t)\right] \quad (4\text{-}36)$$

【例 4-8】　求下列函数的逆变换

$$F(s) = \frac{s}{(s + 1)(s^2 + 2s + 2)}$$

解：方法一：

$$F(s) = \frac{K_1}{s + 1} + \frac{K_2}{s + 1 - j} + \frac{K_3}{s + 1 + j}$$

分别求系数 $K_1$、$K_2$，可得

$$K_1 = (s+1) \frac{s}{(s+1)(s^2+2s+2)}\Big|_{s=-1} = -1$$

$$K_2 = (s+1-j) \frac{s}{(s+1)(s^2+2s+2)}\Big|_{s=-1+j} = \frac{1}{2} - \frac{1}{2}j$$

也即 $A = \frac{1}{2}$, $B = -\frac{1}{2}$。由式 (4-36) 可得 $F(s)$ 的逆变换为

$$f(t) = -e^{-t}u(t) + 2e^{-t}\left[\frac{1}{2}\cos(t) + \frac{1}{2}\sin(t)\right]u(t)$$

$$= -e^{-t}u(t) + e^{-t}\cos(t)u(t) + e^{-t}\sin(t)u(t)$$

方法二：

$$F(s) = \frac{K_1}{s+1} + \frac{Ms+N}{s^2+2s+2} = \frac{-1}{s+1} + \frac{Ms+N}{s^2+2s+2}$$

通分可得

$$F(s) = \frac{s}{(s+1)(s^2+2s+2)} = \frac{-s^2-2s-2+Ms^2+Ms+Ns+N}{(s+1)(s^2+2s+2)}$$

比较分子各项相等，求得 $M=1$, $N=2$。所以

$$F(s) = \frac{-1}{s+1} + \frac{s+2}{s^2+2s+2} = \frac{-1}{s+1} + \frac{(s+1)+1}{(s+1)^2+1} = \frac{-1}{s+1} + \frac{s+1}{(s+1)^2+1} + \frac{1}{(s+1)^2+1}$$

应用常用信号的拉普拉斯变换，可得

$$e^{-\alpha t}\cos(\beta t)u(t) \leftrightarrow \frac{s+\alpha}{(s+\alpha)^2+\beta^2}$$

$$e^{-\alpha t}\sin(\beta t)u(t) \leftrightarrow \frac{\beta}{(s+\alpha)^2+\beta^2}$$

得到 $F(s)$ 的逆变换为

$$f(t) = -e^{-t}u(t) + e^{-t}\cos(t)u(t) + e^{-t}\sin(t)u(t)$$

### 3. 有多重极点

设 $B(s) = 0$ 的根中有一个 $k$ 重根 $p_1$，则有

$$F(s) = \frac{A(s)}{B(s)} = \frac{A(s)}{(s-p_1)^k D(s)}$$

将 $F(s)$ 写成展开式为

$$F(s) = \frac{K_{11}}{(s-p_1)^k} + \frac{K_{12}}{(s-p_1)^{k-1}} + \cdots + \frac{K_{1k}}{(s-p_1)} + \frac{E(s)}{D(s)} \tag{4-37}$$

式中，$\frac{E(s)}{D(s)}$ 表示展开式中与极点 $p_1$ 无关的其余部分。则有

$$K_{11} = (s-p_1)^k F(s)\big|_{s=p_1} \tag{4-38}$$

然而，要求得 $K_{12}$、$K_{13}$、$\cdots$、$K_{1n}$ 等系数，不能再采用类似求 $K_{11}$ 的方法，因为这样做将导致分母中出现 0，而得不出结果。

令 $F_1(s) = (s-p_1)^k F(s)$，于是有

$$F_1(s) = K_{11} + K_{12}(s-p_1) + \cdots + K_{1k}(s-p_1)^{k-1} + \frac{E(s)}{D(s)}(s-p_1)^k \tag{4-39}$$

对式（4-39）微分，可得

$$\frac{\mathrm{d}}{\mathrm{d}s}F_1(s) = K_{12} + 2K_{13}(s-p_1) + \cdots + K_{1k}(k-1)(s-p_1)^{k-2} + \cdots$$

很明显，可以求得

$$K_{12} = \frac{\mathrm{d}}{\mathrm{d}s}F_1(s)\Big|_{s=p_1}$$

$$K_{13} = \frac{1}{2}\frac{\mathrm{d}^2}{\mathrm{d}s^2}F_1(s)\Big|_{s=p_1}$$

一般形式为

$$K_{1i} = \frac{1}{(i-1)!}\frac{\mathrm{d}^{i-1}}{\mathrm{d}s^{i-1}}F_1(s)\Big|_{s=p_1} \qquad i=1,2,\cdots,n \tag{4-40}$$

【例 4-9】　求下列函数的逆变换

$$F(s) = \frac{s+3}{s(s+1)^2}$$

解：将 $F(s)$ 写成展开式为

$$F(s) = \frac{K_1}{s} + \frac{K_{11}}{(s+1)^2} + \frac{K_{12}}{s+1}$$

容易求得

$$K_1 = sF(s)\big|_{s=0} = 3$$

$$K_{11} = (s+1)^2F(s)\big|_{s=-1} = -2$$

$$K_{12} = \frac{\mathrm{d}\big[(s+1)^2F(s)\big]}{\mathrm{d}s}\Big|_{s=-1} = -3$$

于是有

$$F(s) = \frac{3}{s} + \frac{-2}{(s+1)^2} + \frac{-3}{s+1}$$

$F(s)$ 的逆变换为

$$f(t) = 3u(t) - 2te^{-t}u(t) - 3e^{-t}u(t)$$

## 4.5　连续时间系统的复频域分析

### 4.5.1　系统函数

若 LTI 连续时间系统的输入信号为 $f(t)$，零状态响应为

4-3 系统函数

$y_{zs}(t)$，则有

$$\mathscr{L}[f(t)] = F(s), \qquad \mathscr{L}[y_{zs}(t)] = Y_{zs}(s)$$

系统函数 $H(s)$ 被定义为

$$H(s) = \frac{Y_{zs}(s)}{F(s)} \tag{4-41}$$

在分析 LTI 连续时间系统时，系统函数 $H(s)$ 具有十分重要的意义。

当激励为 $\delta(t)$ 时，零状态响应为 $h(t)$。由于 $\delta(t) \leftrightarrow 1$，所以

$$H(s) = \mathscr{L}[h(t)] \tag{4-42}$$

【例 4-10】 已知 LTI 系统的输入信号为 $f(t) = e^{-t}u(t)$，零状态响应为 $y_{zs}(t) = \frac{1}{2}e^{-t}u(t) + \frac{1}{4}e^{-2t}u(t)$，求系统函数 $H(s)$。

解：$f(t)$ 及其零状态响应 $y_{zs}(t)$ 的拉普拉斯变换式为

$$F(s) = \frac{1}{s+1}$$

$$Y_{zs}(s) = \frac{1}{2}\frac{1}{s+1} + \frac{1}{4}\frac{1}{s+2}$$

根据式（4-41）可求得系统函数为

$$H(s) = \frac{Y_{zs}(s)}{F(s)} = \frac{\dfrac{1}{2(s+1)} + \dfrac{1}{4(s+2)}}{\dfrac{1}{s+1}} = \frac{3s+5}{4(s+2)}$$

【例 4-11】 已知 LTI 系统的微分方程为 $\dfrac{d^2y(t)}{dt^2} + 5\dfrac{dy(t)}{dt} + 4y(t) = \dfrac{df(t)}{dt} + 2f(t)$，求系统函数 $H(s)$ 和单位冲激响应 $h(t)$。

解：在零状态条件下，对微分方程两边做拉普拉斯变换，可得

$$s^2Y_{zs}(s) + 5sY_{zs}(s) + 4Y_{zs}(s) = sF(s) + 2F(s)$$

$$H(s) = \frac{Y_{zs}(s)}{F(s)} = \frac{s+2}{s^2+5s+4}$$

$$H(s) = \frac{s+2}{s^2+5s+4} = \frac{\dfrac{2}{3}}{s+4} + \frac{\dfrac{1}{3}}{s+1}$$

所以

$$h(t) = \frac{2}{3}e^{-4t}u(t) + \frac{1}{3}e^{-t}u(t)$$

### 4.5.2 系统的响应

对二阶线性时不变因果系统，可以用下列微分方程描述，即

$$a_2\frac{d^2y(t)}{dt^2} + a_1\frac{dy(t)}{dt} + a_0y(t) = b_1\frac{df(t)}{dt} + b_0f(t)$$

激励 $f(t)$ 在 $t < 0$ 时，$x(t) = 0$，且 $x'(0_-) = x(0_-) = 0$。对上式取拉普拉斯变换，可得

$$[a_2s^2 + a_1s + a_0]Y(s) = (b_1s + b_0)F(s) + a_2sy(0_-) + a_1y(0_-) + a_2y'(0_-)$$

$$Y(s) = \frac{b_1s + b_0}{a_2s^2 + a_1s + a_0}F(s) + \frac{a_2sy(0_-) + a_1y(0_-) + a_2y'(0_-)}{a_2s^2 + a_1s + a_0}$$

$$= Y_{zs}(s) + Y_{zi}(s)$$

系统的完全响应 $Y(s)$ 等于零状态响应 $Y_{zs}(s)$ 和零输入响应 $Y_{zi}(s)$ 之和，$Y_{zs}(s)$ 与激励

$F(s)$ 有关，属于零状态响应；$Y_{zi}(s)$ 与系统的初始状态有关，属于零输入响应。零状态响应 $Y_{zs}(s)$ 中与输入 $F(s)$ 极点相对应的响应属于强制响应，其余为自由响应。

对 $Y(s)$ 求拉普拉斯逆变换，可得到全响应的时域表达式为

$$y(t) = \mathcal{L}^{-1}[Y(s)] = \mathcal{L}^{-1}[Y_{zs}(s)] + \mathcal{L}^{-1}[Y_{zi}(s)] = y_{zs}(t) + y_{zi}(t)$$

二阶线性时不变因果系统的频域分析方法同样适用于三阶及更高阶系统。

【例 4-12】　已知 LTI 系统的微分方程为 $\dfrac{d^2 y(t)}{dt^2} + 4\dfrac{dy(t)}{dt} + 3y(t) = 2\dfrac{df(t)}{dt} + 5f(t)$，激励信号 $f(t) = \varepsilon(t)$，初始状态 $y(0_-) = 1$，$y'(0_-) = 2$，求系统的完全响应 $y(t)$，并指出其零状态响应 $y_{zs}(t)$ 和零输入响应 $y_{zi}(t)$。

解：对微分方程两边取拉普拉斯变换，可得

$$s^2 Y(s) - sy(0_-) - y'(0_-) + 4[sY(s) - y(0_-)] + 3Y(s) = (2s+5)F(s)$$

$$Y(s) = \frac{2s+5}{s^2+4s+3}F(s) + \frac{sy(0_-) + y'(0_-) + 4y(0_-)}{s^2+4s+3}$$

代入已知数据，可得

$$Y(s) = \frac{2s+5}{s^2+4s+3}\frac{1}{s} + \frac{s+6}{s^2+4s+3} = \frac{s^2+8s+5}{(s^2+4s+3)s}$$

$$= \frac{\dfrac{5}{3}}{s} + \frac{1}{s+1} + \frac{-\dfrac{5}{3}}{s+3}$$

故

$$y(t) = \left(\frac{5}{3} + e^{-t} - \frac{5}{3}e^{-3t}\right)u(t)$$

零状态响应为

$$Y_{zs}(s) = \frac{2s+5}{(s^2+4s+3)}\frac{1}{s}$$

$$= \frac{2s+5}{s(s+1)(s+3)}$$

$$= \frac{\dfrac{5}{3}}{s} + \frac{-\dfrac{3}{2}}{s+1} + \frac{-\dfrac{1}{6}}{s+3}$$

故

$$y_{zs}(t) = \left(\frac{5}{3} - \frac{3}{2}e^{-t} - \frac{1}{6}e^{-3t}\right)u(t)$$

零输入响应为

$$Y_{zi}(s) = \frac{sy(0_-) + y'(0_-) + 4y(0_-)}{s^2+4s+3}$$

$$= \frac{s+6}{(s+1)(s+3)}$$

$$= \frac{\dfrac{5}{2}}{s+1} + \frac{-\dfrac{3}{2}}{s+3}$$

故

$$y_{zi}(t) = \left(\frac{5}{2}e^{-t} - \frac{3}{2}e^{-3t}\right)u(t)$$

### 4.5.3 电路的复频域分析

在电路原理课程中学习过电路元件（电阻 $R$、电感 $L$ 和电容 $C$）的 V – A 特性。

**1. 电阻元件 $R$**

如图 4-3a 所示电阻元件电压、电流之间的关系为

$$u_R(t) = Ri_R(t)$$

两边取拉普拉斯变换，可得

$$U_R(s) = RI_R(s) \tag{4-43}$$

根据式（4-43）可画出如图 4-3b 所示电阻元件 $R$ 的复频域模型。

图 4-3　电阻 $R$ 的时域和复频域模型

**2. 电感元件 $L$**

如图 4-4a 所示电感元件电压、电流之间的关系为

$$u_L(t) = L\frac{di_L(t)}{dt}$$

利用微分特性，两边取拉普拉斯变换，可得

$$U_L(s) = L[sI_L(s) - i_L(0_-)] = sLI_L(s) - Li_L(0_-) \tag{4-44}$$

根据式（4-44）可画出如图 4-4b 所示电感元件 $L$ 的串联形式的复频域模型。移项，整理式（4-44）可得

$$I_L(s) = \frac{U_L(s)}{sL} + \frac{i_L(0_-)}{s} \tag{4-45}$$

根据式（4-45）可画出如图 4-4c 所示电感元件 $L$ 并联形式的复频域模型。

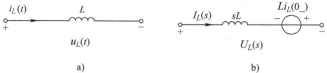

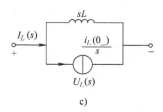

图 4-4　电感 $L$ 的时域和复频域模型

### 3. 电容元件 $C$

如图 4-5a 所示电容元件电压、电流之间的关系为

$$i_C(t) = C\frac{\mathrm{d}u_C(t)}{\mathrm{d}t}$$

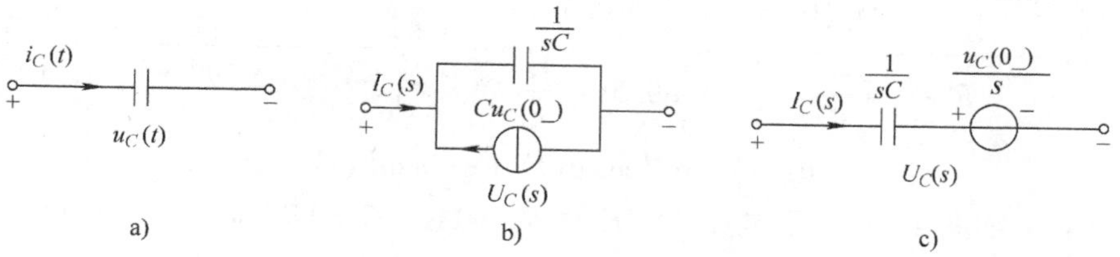

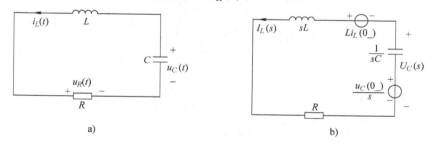

图 4-5   电容 $C$ 的时域和复频域模型

利用微分特性，两边取拉普拉斯变换，可得

$$I_C(s) = C[sU_C(s) - u_C(0_-)] = \frac{U_C(s)}{\frac{1}{sC}} - Cu_C(0_-) \tag{4-46}$$

根据式（4-46）可画出如图 4-5b 所示电容元件 $C$ 的并联形式的复频域模型。移项，整理式（4-46）可得

$$U_C(s) = \frac{1}{sC}I_C(s) + \frac{1}{s}u_C(0_-) \tag{4-47}$$

根据式（4-47）可画出如图 4-5c 所示电容元件 $C$ 的串联形式的复频域模型。

将电路中全部电路元件都表示为复频域模型，即将所有变量均转换为 $s$ 域就可以得出电路的复频域模型。

在运用复频域分析电路时，首先要建立电路的复频域模型，然后根据基尔霍夫定律、网孔电路法、节点电压法、戴维南定理等的复频域形式，列写代数方程求解。下面举例说明。

【例 4-13】   如图 4-6a 所示 $RLC$ 电路中，$R = 1\Omega$，$L = 0.5\mathrm{H}$，$C = 1\mathrm{F}$，初始状态 $i_L(0_-) = 1\mathrm{A}$，$u_C(0_-) = 1\mathrm{V}$，求零输入响应 $u_R(t)$。

图 4-6   例 4-13 电路图

解：画出图 4-6a 对应的复频域模型，如图 4-6b 所示，列写回路方程为

$$\left(R + sL + \frac{1}{sC}\right)I_L(s) = \frac{u_C(0_-)}{s} + Li_L(0_-)$$

$$I_L(s) = \frac{\dfrac{u_C(0_-)}{s} + Li_L(0_-)}{R + sL + \dfrac{1}{sC}}$$

$$U_R(s) = R\,\frac{\dfrac{u_C(0_-)}{s} + Li_L(0_-)}{R + sL + \dfrac{1}{sC}} = \frac{\dfrac{1}{s} + 0.5}{1 + 0.5s + \dfrac{1}{s}} = \frac{s+2}{s^2 + 2s + 2} = \frac{s+1}{(s+1)^2 + 1} + \frac{1}{(s+1)^2 + 1}$$

$$u_R(t) = \mathrm{e}^{-t}\cos t u(t) + \mathrm{e}^{-t}\sin t u(t)$$

【例 4-14】 如图 4-7a 所示电路中，$R_1 = R_2 = 1\Omega$，$C = 1\mathrm{F}$，$u_s(t) = u(t)$，初始状态 $u_C(0_-) = 1\mathrm{V}$，求电容两端的电压 $u_C(t)$。

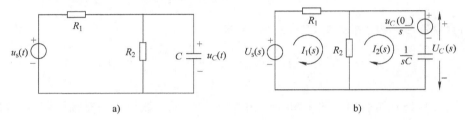

图 4-7　例 4-14 电路图

解：画出图 4-7a 电路对应的复频域模型，如图 4-7b 所示，设回路电流为 $I_1(s)$ 和 $I_2(s)$，列写回路方程为

$$\begin{cases} (R_1 + R_2)I_1(s) - R_2 I_2(s) = U_s(s) \\ -R_2 I_1(s) + \left(R_2 + \dfrac{1}{sC}\right)I_2(s) = -\dfrac{u_C(0_-)}{s} \end{cases}$$

代入 $R_1 = R_2 = 1$，$C = 1$，$U_s(s) = \dfrac{1}{s}$，可得

$$\begin{cases} 2I_1(s) - I_2(s) = \dfrac{1}{s} \\ -I_1(s) + \left(1 + \dfrac{1}{s}\right)I_2(s) = -\dfrac{1}{s} \end{cases}$$

得到

$$\begin{cases} I_1(s) = \dfrac{1}{2}\left(\dfrac{1}{s} - \dfrac{1}{s+2}\right) \\ I_2(s) = -\dfrac{1}{s+2} \end{cases}$$

$$U_C(s) = \frac{u_C(0_-)}{s} + \frac{1}{sC}I_2(s) = \frac{1}{s} + \frac{1}{s}\frac{-1}{s+2} = \frac{\dfrac{1}{2}}{s} + \frac{\dfrac{1}{2}}{s+2}$$

由拉普拉斯逆变换可得

$$u_C(t) = \frac{1}{2}u(t) + \frac{1}{2}\mathrm{e}^{-2t}u(t)$$

## 4.6　系统函数零极点分布图及稳定性

### 4.6.1　系统函数零极点分布图

假设系统函数表达式为

$$H(s) = \frac{a_m s^m + a_{m-1} s^{m-1} + \cdots + a_1 s + a_0}{b_n s^n + b_{n-1} s^{n-1} + \cdots + b_1 s + b_0} = \frac{N(s)}{D(s)} \tag{4-48}$$

对式（4-48）的分子、分母进行因式分解，可得

$$H(s) = \frac{a_m (s - z_1)(s - z_2)\cdots(s - z_m)}{b_n (s - p_1)(s - p_2)\cdots(s - p_n)} \tag{4-49}$$

式中，$z_1$，$z_2$，$\cdots$，$z_m$ 为分子多项式 $N(s) = 0$ 的根，称为系统函数的零点；$p_1$，$p_2$，$\cdots$，$p_n$ 为分母多项式 $D(s) = 0$ 的根，称为系统函数的极点。

当一个系统函数的零极点以及 $\dfrac{a_m}{b_n}$ 全部确定后，这个系统函数也就完全确定了。将系统函数的零极点画在 $s$ 平面中构成的图形称为 $H(s)$ 的零极点图。其中零点用 "○" 表示，极点用 "×" 表示，若有 $r$ 重零极点，则在附近标注 $(r)$。

【例 4-15】　已知系统函数 $H(s) = \dfrac{(s+1)^2}{s^3 + 2s^2 + 2s}$，画出系统函数的零极点分布图。

解：系统函数的零点为

$$(s+1)^2 = 0 \Rightarrow z_1 = z_2 = -1（二重根）$$

极点为

$$s^3 + 2s^2 + 2s = 0 \Rightarrow p_1 = 0，p_2 = -1 + j，p_3 = -1 - j$$

建立复平面，画出系统函数的零极点分布图如图 4-8 所示。

【例 4-16】　已知某系统函数 $H(s)$ 的零极点分布图如图 4-9 所示，且 $H(0) = 2$，求 $H(s)$。

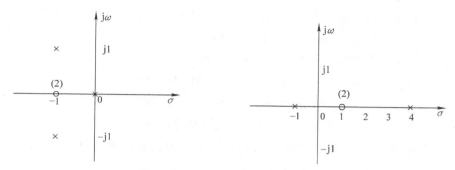

图 4-8　例 4-15 系统函数的零极点分布图　　图 4-9　例 4-16 系统函数的零极点分布图

解：由图 4-9 可知，$H(s)$ 的零点为 $z_1 = z_2 = 1$，极点为 $p_1 = 4$，$p_2 = -1$。所以

$$H(s) = \frac{a(s-1)^2}{(s-4)(s+1)}$$

$$H(0) = \frac{a(0-1)^2}{(0-4)(0+1)} = -\frac{a}{4} = 2 \Rightarrow a = -8$$

$$H(s) = -\frac{8(s-1)^2}{(s-4)(s+1)}$$

### 4.6.2　系统的稳定性

系统稳定是指若输入信号有界，则系统的零状态响应也是有界的。系统是否稳定是系统本身特性的反映，与激励无关。

按照稳定性的概念可将系统分类为稳定系统和不稳定系统。

假设系统的冲激响应为 $h(t)$，系统的系统函数为 $H(s)$，判断系统是否稳定，可从时域和 $s$ 域两方面进行判定。

时域判定：

当系统的单位冲激响应满足 $\int_{-\infty}^{\infty} |h(t)| \mathrm{d}t < \infty$ 时，系统稳定。

$s$ 域判定：

1) 如果 $H(s)$ 的全部极点落于 $s$ 左半平面（不包括虚轴），冲激响应呈现衰减状态，则系统是稳定系统。

2) 如果 $H(s)$ 的极点落于 $s$ 右半平面，或在虚轴上具有二阶以上的极点，冲激响应呈现增长状态，则系统是不稳定系统。

3) 如果 $H(s)$ 的极点落于 $s$ 平面虚轴上且只有一阶，其余极点都落于 $s$ 左半平面，冲激响应呈现非零的数值或等幅振荡状态，则系统临界稳定。

【例 4-17】　判定下列连续时间系统的稳定性。

(1) $H(s) = \dfrac{s}{(s+1)(s^2+4s+5)}$　　　(2) $H(s) = \dfrac{s}{(s+2)(s^2-5s-6)}$

(3) $H(s) = \dfrac{s+1}{(s+3)(s^2+4)}$　　　(4) $H(s) = \dfrac{s}{s^2+10s+21}$

解：(1) 计算系统函数的分母多项式 $(s+1)(s^2+4s+5)=0$ 的根，可得

$$p_1 = -1,\ p_2 = -2+\mathrm{j},\ p_3 = -2-\mathrm{j}$$

全部极点位于左半平面，所以系统是稳定系统。

(2) 计算系统函数的分母多项式 $(s+2)(s^2-5s-6)=0$ 的根，可得

$$p_1 = -2,\ p_2 = -1,\ p_3 = 6$$

有极点 $p_3 = 6$ 位于 $s$ 右半平面，所以系统是不稳定系统。

(3) 计算系统函数的分母多项式 $(s+3)(s^2+4)=0$ 的根，可得

$$p_1 = -3,\ p_2 = \mathrm{j}2,\ p_3 = -\mathrm{j}2$$

极点 $p_2 = \mathrm{j}2$，$p_3 = -\mathrm{j}2$ 位于 $s$ 平面虚轴上且只有一阶，其余极点都位于 $s$ 左半平面，所以系统是临界稳定系统。

(4) 计算系统函数的分母多项式 $s^2+10s+21=0$ 的根，可得

$$p_1 = -3,\ p_2 = -7$$

全部极点位于 $s$ 左半平面,所以系统是稳定系统。

【例 4-18】 已知闭环系统如图 4-10 所示,求

(1) 系统函数 $H(s) = \dfrac{Y(s)}{X(s)}$。

(2) $k$ 满足什么条件时系统稳定?

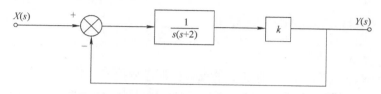

图 4-10 例 4-18 闭环系统模拟框图

解:(1) 由闭环系统模拟框图可得

$$[X(s) - Y(s)]\frac{k}{s(s+2)} = Y(s)$$

$$H(s) = \frac{Y(s)}{X(s)} = \frac{k}{s^2 + 2s + k}$$

(2) 计算系统函数分母多项式 $s^2 + 2s + k = 0$ 的根,可得

$$p_{1,2} = -1 \pm \sqrt{1-k}$$

考虑以下两种情况:

1) 当 $1-k \leqslant 0$ 时,$p_{1,2}$ 在 $s$ 左半平面,系统稳定,此时 $k \geqslant 1$。

2) 当 $1-k > 0$ 时,要想使 $p_{1,2}$ 在 $s$ 左半平面,$k$ 必须满足 $0 < k < 1$,系统才稳定。

以上两种情况取并集,得到只有 $k > 0$ 时系统才稳定。

## 4.7　MATLAB 在拉普拉斯变换中的应用

### 4.7.1　拉普拉斯变换的符号表示

函数:laplace ( )

语法:F = laplace (f, t, s) % 求时域函数 f (t) 的拉普拉斯变换 F

说明:F 是 s 的函数,参数 s 省略,返回结果 F 默认为's'的函数;f 为 t 的函数,当参数 t 省略,默认自由变量为't'。

【例 4-19】 求下列信号的拉普拉斯变换:

(1) $y_1(t) = u(t-2)$ 　　　　(2) $y_2(t) = (t+2)\delta(t)$

(3) $y_3(t) = (4t+5)u(t)$ 　　　　(4) $y_4(t) = \sin(5t + \dfrac{\pi}{3})u(t)$

解:MATLAB 程序如下:

```
syms s t ;
u = sym('heaviside(t)') ; % 单位阶跃函数 heaviside(t)
```

$e = sym('dirac(t)')$ ; %单位脉冲函数 dirac(t)

（1）Y1 = laplace( sym('heaviside(t−2)'))

（2）Y2 = laplace((t+2)*e)

（3）Y3 = laplace((4*t+5)*u)

（4）Y4 = laplace(sin(5*t+pi/3)*u)

### 4.7.2　拉普拉斯逆变换的符号表示

函数：ilaplace（）函数

语法：f = ilaplace（F，s，t）%求 F 的拉普拉斯逆变换 f

说明：F 是 s 的函数，参数 s 省略，返回结果 f 默认为 t 的函数，当参数 t 省略，默认自由变量为' t'。

【例 4-20】　求下列信号的拉普拉斯逆变换。

（1）$F_1(s) = \dfrac{e^{-2s}}{s^2+5s+6}$　　（2）$F_2(s) = \dfrac{3s}{s^2+2s+3}$

（3）$F_3(s) = \dfrac{1}{s(s^2+4s+4)}$

解：MATLAB 程序如下：

syms s；

（1）F1 = exp(−2*s)/(s^2+5*s+6)；

　　　f1 = ilaplace（F1）

运行结果为

f1 =

heaviside(t − 2)*(exp(4−2*t) − exp(6−3*t))

（2）F2 = (3*s)/(s^2+2*s+3)；

　　　f2 = ilaplace(F2)

运行结果为

f2 =

3*exp(−t)*(cos(2^(1/2)*t) − (2^(1/2)*sin(2^(1/2)*t))/2)

（3）F3 =1/（s*（s^2+4*s+4））；

　　　f3 = ilaplace（F3）

运行结果为

f3 =

1/4 − (t*exp(−2*t))/2 − exp(−2*t)/4

【例 4-21】　已知系统的传输函数为 $H(s) = \dfrac{3s+1}{s^2+2s+5}$，求该系统对激励信号 $x(t) = e^{-3t}$

$u(t)$的响应，并画出时域波形图。

解：MATLAB 程序如下：

syms H X Y s t

```
H = (3 * s + 1)/(s^2 + 2 * s + 5);
x = exp( - 3 * t);
X = laplace(x);          % 求 x(t) 的拉普拉斯变换
Y = H * X;               % 求零状态响应
y = ilaplace(Y)          % 求 Y(s) 的拉普拉斯逆变换
ezplot(y,[0 10]);        % 绘出 y(t) 的波形图
axis([0 10 -1 1]);       % 设置坐标区间
```

运行结果为

```
y =
exp( - t) * (cos(2 * t) + sin(2 * t)/2) - exp( - 3 * t)
```

时域波形图如图 4-11 所示。

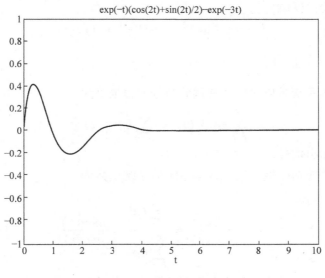

图 4-11　例 4-21 的时域波形图

### 4.7.3　拉普拉斯变换的部分分式展开法

函数：residue ( ) 函数

语法：[r, p, k] = residue(num,den)

说明：r 为所得部分分式展开式的系数向量，p 为极点，k 为直流分量，num 为系统函数分子多项式构成的矩阵，den 为系统函数分母多项式构成的矩阵。

【例 4-22】　某系统的传递函数为 $H(s) = \dfrac{4s^2 + 4s + 4}{s^3 + 3s^2 + 2s}$，求系统的单位阶跃响应。

解：单位阶跃信号 $f(t) = u(t)$，根据系统函数的定义式可得

$$Y(s) = F(s)H(s) = \frac{1}{s} \frac{4s^2 + 4s + 4}{s^3 + 3s^2 + 2s} = \frac{4s^2 + 4s + 4}{s^4 + 3s^3 + 2s^2}$$

MATLAB 程序如下：

```
num = [4 4 4];
```

den = [1 3 2 0 0];

[r,p,k] = residue(num,den)

运行结果为

```
r =          p =          k =
-3          -2           [ ]
4           -1
-1          0
2           0
```

根据 MATLAB 运行结果可得

$$Y(s) = \frac{-3}{s+2} + \frac{4}{s+1} + \frac{-1}{s} + \frac{2}{s^2}$$

所以系统的单位阶跃响应为

$$y(t) = (-3e^{-2t} + 4e^{-t} - 1 + 2t)u(t)$$

## 4.7.4 连续 LTI 系统的表示

线性时不变连续系统可以用线性常系数微分方程描述为

$$\sum_{i=0}^{N} a_i y^{(i)}(t) = \sum_{j=0}^{M} b_j f^{(j)}(t)$$

式中，$y(t)$ 为系统输出信号；$f(t)$ 为输入信号。

将上式进行拉普拉斯变换，则该连续系统的系统函数为

$$H(s) = \frac{Y(s)}{F(s)} = \frac{\sum_{j=0}^{M} b_j s^j}{\sum_{i=0}^{N} a_i s^i} = \frac{num(s)}{den(s)} \tag{4-50}$$

式中，$num(s)$ 和 $den(s)$ 分别为由微分方程系数决定的关于 $s$ 的多项式。将式（4-50）因式分解后有

$$H(s) = K \frac{\prod_{j=1}^{M}(s - z_j)}{\prod_{i=1}^{N}(s - p_i)} \tag{4-51}$$

式中，$K$ 为常数；$z_j$ 为系统函数 $H(s)$ 的 $M$ 个零点；$p_i$ 为 $H(s)$ 的 $N$ 个极点。

**1. 系统函数模型**

（1）式（4-50）是系统函数的一般模型

函数：tf（）函数

语法：sys = tf（num, den）

说明：num 为系统函数分子多项式构成的矩阵，den 为系统函数分母多项式构成的矩阵，sys 为创建一个时间连续的传递函数。

（2）式（4-51）是系统函数的零极点模型

函数：zpk（）函数

语法：sys = zpk（z, p, k）

说明：z、p 均为阵列，包含系统所有的零极点，k 为增益系数，sys 为创建一个时间连续的传递函数。当系统传递函数没有零点时，仅输入 z = [ ]。

（3）一般模型转换为零极点模型

[z,p,k] = tf2zp(num,den)　　% 输入"分子 – 分母"，返回传递函数的"z,p,k"

sys = zpk(z,p,k)　　　　　% 创建传递函数

（4）零极点模型转换为一般模型

[num,den] = zp2tf(z,p,k)　　% 输入"z,p,k"，返回传递函数的"分子 – 分母"

sys = tf(num,den)　　　　　% 创建传递函数

【例 4-23】　某系统的传递函数为 $H(s) = \dfrac{s+1}{s^2+3s+1}$，将其转换为零极点形式。

解：[z,p,k] = tf2zp([1,1],[1,3,1])

H = zpk(z,p,k)

运行结果为

H =

$$\frac{(s+1)}{(s+2.618)(s+0.382)}$$

【例 4-24】　某系统的传递函数为 $H(s) = \dfrac{s+2}{(s+1)^2(s+3)}$，将其转换为一般分式形式。

解：[num,den] = zp2tf( -2, [ -1, -1, -3 ],1);

H = tf(num,den)

运行结果为

H =

$$\frac{s+2}{s^3 + 5 s^2 + 7 s + 3}$$

**2. 系统函数的零极点分布图**

在连续系统的分析中，系统函数的零极点分布具有非常重要的意义。通过对系统函数零极点的分析，可以分析连续系统以下几个方面的特性：

1）系统冲激响应 $h(t)$ 的时域特性。

2）判断系统的稳定性。

3）分析系统的频率特性 $H(j\omega)$（幅频响应和相频响应）。

假设连续系统的系统函数为

$$H(s) = \frac{Y(s)}{F(s)}$$

则系统函数的零点和极点位置可以用 MATLAB 函数 pzplot（）求得。

函数：pzplot（）函数

语法：pzplot(sys)

　　　[p,z] = pzplot(sys)

说明：pzplot（sys）根据系统传递函数在 $s$ 复平面上画出系统对应的零极点位置，极点用"×"表示，零点用"○"表示。

【例4-25】 某系统的传递函数为 $H(s) = \dfrac{2s^2 + 5s + 2}{s^2 + 2s + 3}$，画出其零极点分布图。

解：H = tf([2 5 2],[1 2 3]);

　　　pzplot(H)

　　　grid on

运行结果如图4-12所示。

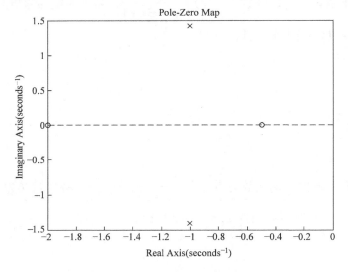

图4-12　例4-25系统零极点分布图

【例4-26】 某系统的传递函数为 $H(s) = \dfrac{s^2 + 0.5s + 25}{(s^2 + 2s + 10)(s + 2)}$，画出其零极点分布图，并判断系统的稳定性。

解：num = [1 0.5 25];

　　　den = conv([1 2 10],[1 2]);

　　　sys = tf(num,den);

　　　pzplot(sys);

运行结果如图4-13所示。

由图4-13可以看出，所有的极点都在 $s$ 平面的左半平面，所以系统是稳定系统。

### 4.7.5　由零极点分布分析系统的频率响应特性

函数：freqs（）函数

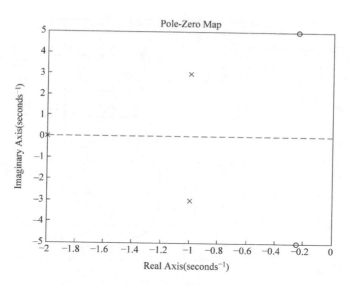

图 4-13　例 4-26 系统零极点分布图

语法：h = freqs(num,den,w)

　　　　[h,w] = freqs(num,den)

　　　　[h,w] = freqs(num,den,f)

　　　　freqs(num,den)

说明：h = freqs（num，den，w）根据系数向量计算返回模拟滤波器的复频域响应 h。freqs 计算在复平面虚轴上的频率响应 h，角频率 w 确定了输入的实向量，因此必须包含至少一个频率点。

[h，w] = freqs（num，den）自动挑选 200 个频率点来计算频率响应 h。

[h，w] = freqs（num，den，f）挑选 f 个频率点来计算频率响应 h。

【例 4-27】　某系统的传递函数为 $H(s) = \dfrac{0.2s^2 + 0.3s + 1}{s^2 + 0.4s + 1}$，画出其幅度频谱图和相位频谱图。

解：den = [1 0.4 1];

　　num = [0.2 0.3 1];

　　w = logspace(-1,1);

　　freqs(num,den,w)

运行结果如图 4-14 所示。

【例 4-28】　如图 4-15 所示网络中，$L = 2H$，$C = 0.1F$，$R = 10\Omega$。求：

（1）写出电压转移函数。

（2）求单位冲激响应、单位阶跃响应，并画出波形图。

（3）画出频率响应特性曲线。

解：（1）画出图 4-15 网络的 s 域等效模型如图 4-16 所示，求电压转移函数的 MATLAB 程序如下：

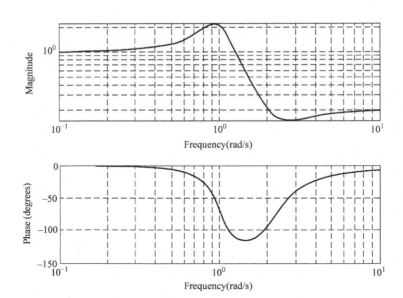

图 4-14　例 4-27 系统幅度频谱图和相位频谱图

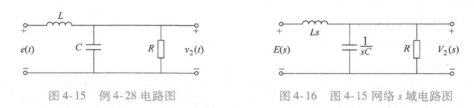

图 4-15　例 4-28 电路图　　　　　图 4-16　图 4-15 网络 $s$ 域电路图

```
syms L C R s;
Z1 = 1/(1/R + s * C);
Z2 = s * L;
H = Z1/(Z1 + Z2);
L = 2;C = 0.1;R = 10;
H1 = subs(H);        % 将符号变量 H 替换为数值 H1
H1 = simplify(H1)    % 化简 H1
```

运行结果为

H1 = 5/(s^2 + s + 5)

（2）求冲激响应和阶跃响应

```
h = ilaplace(H1);       % 利用拉普拉斯逆变换求单位冲激响应
ezplot(h,[0,20]),axis([0 20 -1 2]);
ylabel('单位冲激响应');
G = H1/s;
g = ilaplace(G);        % 利用拉普拉斯逆变换求单位阶跃响应
figure;
ezplot(g,[0,20]);
ylabel('单位阶跃响应');
```

axis([0 20 −0.1 1.7]);
　(3) L=2; C=0.1; R=sqrt (L/C);

wc=1/sqrt(L∗C);

H2=subs(H); 　　　　　%将符号变量 H 替换为数值 H2

Hw=subs(H2,'s','j∗w')　%将数值 H2 中的变量 s 替换为 jw

figure;subplot(2,1,1);

ezplot(abs(Hw),[−3∗wc,3∗wc]); 　%画出幅度频谱图

xlabel('\omega(rad/s)');

ylabel('amplitude response');

subplot(2,1,2);

ezplot(angle(Hw),[−3∗wc,3∗wc]); 　　%画出相位频谱图

xlabel('\omega(rad/s)');

ylabel('phase response');

　运行结果为

wc=2.2361

H2 =1/((2∗s + 1/(s/10 + 5^(1/2)/10))∗(s/10 + 5^(1/2)/10))

Hw =1/((w∗2∗i + 1/((w∗i)/10 + 5^(1/2)/10))∗((w∗i)/10 + 5^(1/2)/10))

由图 4-17 频率响应特性曲线可以看出该系统为带通滤波器。

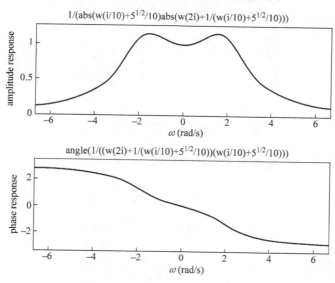

图 4-17　例 4-28 网络频率响应特性曲线

# 习题

## 一、填空题

1. 拉普拉斯变换可以将积分微分方程转换为＿＿＿＿＿＿＿＿＿。

2. 凡是有始有终、能量有限的信号，其收敛坐标落于＿＿＿＿＿＿，收敛域为＿＿＿＿＿＿。

3. $e^{-\alpha t}\sin\omega t$ 的拉普拉斯变换为_____。

4. $e^{-\alpha t}\cos\omega t$ 的拉普拉斯变换为_____。

5. 若系统函数 $H(s)$ 的极点位于 $s$ 平面的左半平面，则冲激响应 $h(t)$_____（填增长或衰减）；若系统函数 $H(s)$ 的极点位于 $s$ 平面的右半平面，则冲激响应 $h(t)$_____（填增长或衰减）。

6. 稳定系统要求系统函数 $H(s)$ 的极点_____。

## 二、分析计算题

1. 利用拉普拉斯变换的定义式求下列信号的拉普拉斯变换，并指出收敛域。

(1) $f(t) = \delta(t) - e^{-2t}u(t)$

(2) $f(t) = u(t) - u(t-1)$

(3) $f(t) = te^{-t}u(t)$

(4) $f(t) = (e^{-2t} - 2e^{-t})u(t)$

2. 求下列函数的拉普拉斯变换。

(1) $f(t) = e^{-3t}u(t)$

(2) $f(t) = e^{-3t}u(t-1)$

(3) $f(t) = e^{-3(t-1)}u(t)$

(4) $f(t) = e^{-3(t-1)}u(t-1)$

3. 求下列函数的拉普拉斯变换，已知 $\mathscr{L}[f(t)] = F(s)$。

(1) $e^{-\frac{t}{a}}f\left(\dfrac{t}{a}\right)$

(2) $e^{-at}f\left(\dfrac{t}{a}\right)$

(3) $e^{-\frac{t}{a}}f(at)$

(4) $e^{-at}f(at)$

4. 求如图 4-18 所示函数的拉普拉斯变换。

 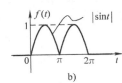 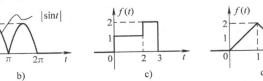 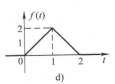

图 4-18　题 4 图

5. 分别求下列函数的拉普拉斯逆变换的初值与终值。

(1) $\dfrac{s+6}{(s+2)(s+5)}$

(2) $\dfrac{s+3}{(s+1)^2(s+2)}$

(3) $\dfrac{1-e^{-3s}}{s(s+4)}$

(4) $\dfrac{s^2+2s+1}{s^3-s^2-s+1}$

(5) $\dfrac{s^2+2s+1}{s^3+6s^2+6s+6}$

(6) $\dfrac{2s+3}{(s+1)^3}$

6. 由拉普拉斯变换卷积性质求下列信号的卷积。

(1) $f_1(t) = tu(t)$　　$f_2(t) = e^{-2t}u(t)$

(2) $f_1(t) = tu(t)$　　$f_2(t) = u(t)$

(3) $f_1(t) = tu(t)$　　$f_2(t) = u(t) - u(t-2)$

(4) $f_1(t) = e^{-3t}u(t)$　　$f_2(t) = e^{-2t}u(t)$

(5) $f_1(t) = u(t) - u(t-4)$　　$f_2(t) = \sin(\omega t)u(t)$

(6) $f_1(t) = (t+1)[u(t) - u(t-1)]$　　$f_2(t) = u(t-1) - u(t-2)$

（7）$f_1(t) = \mathrm{e}^{-at}u(t)$　　$f_2(t) = \sin(\omega t)u(t)$

（8）$f_1(t) = u(t-1) - u(t-2)$　　$f_2(t) = u(t-1) - u(t-2)$

7. 试用部分分式展开法求下列拉普拉斯变换式的原函数。

（1）$F_1(s) = \dfrac{s+3}{(s+1)^3(s+2)}$ 　　　　（2）$F_2(s) = \dfrac{10(s+2)(s+5)}{s(s+1)(s+3)}$

（3）$F_3(s) = \dfrac{s^3 + 5s^2 + 9s + 7}{(s+1)(s+2)}$ 　　　　（4）$F_4(s) = \dfrac{s^2 + 3}{(s^2 + 2s + 5)(s+2)}$

8. 求下列 LTI 系统的冲激响应和阶跃响应。

（1）$\dfrac{\mathrm{d}^2 y(t)}{\mathrm{d}t^2} + 3\dfrac{\mathrm{d}y(t)}{\mathrm{d}t} + 2y(t) = 2x(t)$

（2）$\dfrac{\mathrm{d}^2 y(t)}{\mathrm{d}t^2} + 2\dfrac{\mathrm{d}y(t)}{\mathrm{d}t} + 2y(t) = \dfrac{\mathrm{d}x(t)}{\mathrm{d}t}$

（3）$\dfrac{\mathrm{d}^3 y(t)}{\mathrm{d}t^3} + 6\dfrac{\mathrm{d}^2 y(t)}{\mathrm{d}t^2} + 11\dfrac{\mathrm{d}y(t)}{\mathrm{d}t} + 6y(t) = 3\dfrac{\mathrm{d}x(t)}{\mathrm{d}t} + x(t)$

（4）$\dfrac{\mathrm{d}y(t)}{\mathrm{d}t} + 2y(t) = \dfrac{\mathrm{d}^2 x(t)}{\mathrm{d}t^2} + 3\dfrac{\mathrm{d}x(t)}{\mathrm{d}t} + x(t)$

9. 已知 LTI 系统的微分方程为

$$\dfrac{\mathrm{d}^2 y(t)}{\mathrm{d}t^2} + 6\dfrac{\mathrm{d}y(t)}{\mathrm{d}t} + 8y(t) = 2\dfrac{\mathrm{d}x(t)}{\mathrm{d}t} + 5x(t)$$

求在下列两种情况下系统的完全响应，并指出其零输入响应和零状态响应。

（1）$x(t) = u(t)$，$y(0_-) = 1$，$y'(0_-) = 2$

（2）$x(t) = \mathrm{e}^{-3t}u(t)$，$y(0_-) = 2$，$y'(0_-) = 3$

10. 已知系统的单位阶跃响应 $g(t) = (1 - \mathrm{e}^{-2t})u(t)$，为使其零状态响应 $y(t) = (2 - 2\mathrm{e}^{-2t} - 2t\mathrm{e}^{-2t})u(t)$，求激励 $f(t)$。

11. 已知系统微分方程为

$$\dfrac{\mathrm{d}^3 y(t)}{\mathrm{d}t^3} + 6\dfrac{\mathrm{d}^2 y(t)}{\mathrm{d}t^2} + 11\dfrac{\mathrm{d}y(t)}{\mathrm{d}t} + 6y(t) = x(t)$$

（1）当输入 $x(t) = \mathrm{e}^{-4t}u(t)$ 时，求该系统的零状态响应。

（2）已知 $y(0_-) = 1$，$\left.\dfrac{\mathrm{d}y(t)}{\mathrm{d}t}\right|_{t=0_-} = -1$，$\left.\dfrac{\mathrm{d}^2 y(t)}{\mathrm{d}t^2}\right|_{t=0_-} = 1$，求 $t > 0_-$ 系统的零输入响应。

（3）当输入为 $x(t) = \mathrm{e}^{-4t}u(t)$ 和初始条件同（2）所给出时，求系统的完全响应。

12. 已知系统在激励信号 $f_1(t) = \delta(t)$ 作用下产生的响应为 $y_1(t) = -3\mathrm{e}^{-t}u(t)$；系统在激励信号 $f_2(t) = u(t)$ 作用下产生的响应为 $y_2(t) = (1 - 5\mathrm{e}^{-t})u(t)$，求系统在激励信号 $f(t) = tu(t)$ 作用下产生的响应 $y(t)$。

13. 已知系统在 $f_1(t) = \sin(2t)u(t)$ 激励下的零状态响应为

$$y_1(t) = \dfrac{2}{5}\left(\mathrm{e}^{-t} - \cos 2t + \dfrac{1}{2}\sin 2t\right)u(t)$$

求系统在 $f_2(t) = \mathrm{e}^{-t}u(t)$ 激励下的零状态响应 $y_2(t)$。

14. 求如图 4-19 所示电路的系统函数 $H(s) = \dfrac{V_2(s)}{V_1(s)}$。

15. 求如图 4-20 所示电路的系统函数。

(1) $H(s) = \dfrac{I(s)}{X(s)}$             (2) $H(s) = \dfrac{V(s)}{X(s)}$

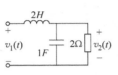
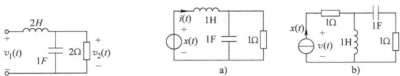

图 4-19　题 14 图                图 4-20　题 15 图

16. 已知系统函数 $H(s)$ 的零极点分布图如图 4-21 所示，且 $H(0) = 1$，求 $H(s)$。

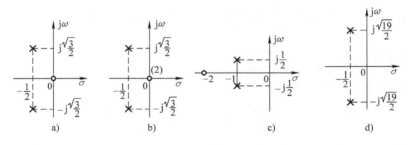

图 4-21　题 16 图

17. 已知系统函数 $H(s)$ 的零极点分布为 $s = -\dfrac{1}{2}$，$z_1 = -2$，$z_2 = -3$，且 $H(0) = \dfrac{1}{3}$。求该系统的系统函数和冲激响应。

18. 已知系统函数极点为 $p_1 = 0$，$p_2 = -1$，零点为 $z = 1$，如该系统冲激响应的终值为 $-10$，试求此系统函数。

19. 如图 4-22 所示系统，求：

(1) 系统函数 $H(s) = \dfrac{Y(s)}{X(s)}$。

(2) $K$ 满足什么条件时系统稳定？

(3) 临界稳定条件下系统的冲激响应 $h(t)$。

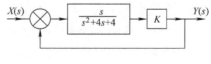

图 4-22　题 19 图

20. 由下列信号的拉普拉斯变换 $F(s)$ 求该信号的傅里叶变换 $F(\omega)$。

(1) $F(s) = \dfrac{1}{s}$                      (2) $F(s) = \dfrac{2}{s^2 + 1}$

(3) $F(s) = \dfrac{s^2 + 9}{s(s^2 + 4s + 3)}$　　　　(4) $F(s) = \dfrac{1}{s(s^2 + 1)}$

(5) $F(s) = \dfrac{s^2 + 9}{s(s^2 + 4)}$

21. 用 MATLAB 求下列信号的拉普拉斯变换。

(1) $f(t) = \cos 2t u(t)$　　　　(2) $f(t) = e^{-2t}\sin t u(t)$

(3) $f(t) = \sin \pi t [u(t) - u(t-1)]$　　　　(4) $f(t) = e^{-3t}u(t)$

(5) $f(t) = (1 - e^{-2t})u(t)$

22. 用 MATLAB 求下列信号的拉普拉斯逆变换。

(1) $F(s) = \dfrac{1}{(s+2)(s+4)}$　　　　(2) $F(s) = \dfrac{(s+1)(s+4)}{s(s+2)(s+3)}$

(3) $F(s) = \dfrac{s}{s^2 + 4s + 7}$　　　　(4) $F(s) = \dfrac{s^2 - 4}{s^2 + 4}$

23. 已知下列连续系统的系统函数，试用 MATLAB 画出系统的零极点图，并根据零极点图判断系统的稳定性。

(1) $F(s) = \dfrac{s^2 + s + 2}{3s^3 + 5s^2 + 4s - 6}$　　　　(2) $F(s) = \dfrac{3s(s^2 - 9)}{s^4 + 20s^2 + 64}$

(3) $F(s) = \dfrac{2(s^2 - 4s + 5)}{s^2 + 4s + 5}$　　　　(4) $F(s) = \dfrac{1}{s^3 + 2s^2 + 2s + 1}$

24. 已知某二阶系统的零极点分布如图 4-23 所示，试用 MATLAB 画出系统的幅频响应曲线和相频响应曲线，并分析系统的作用。如果改变极点位置（即改变 $\alpha_1$ 和 $\alpha_2$ 的大小），观察并分析极点位置将如何改变系统频率特性。

25. 已知连续系统的零极点图如图 4-24 所示，试用 MATLAB 画出该系统的幅频响应曲线，并分析该系统的作用。

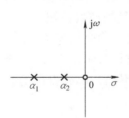

图 4-23　题 24 图　　　　图 4-24　题 25 图

26. 已知连续时间信号 $f(t) = \cos 2\pi t [u(t) - u(t-4)]$，试求该信号的拉普拉斯变换 $F(s)$ 及傅里叶变换 $F(j\omega)$，用 MATLAB 画出该信号的拉普拉斯变换 $F(s)$ 及振幅频谱曲线 $F(j\omega)$，观察曲面图在虚轴上的剖面图，并将其与信号的振幅频谱曲线进行比较，分析频域与复频域的对应关系。

# 第 5 章　离散时间信号与系统的时域分析

【本章教学目标与要求】

1）掌握离散信号的表示及基本运算。

2）掌握常见的离散信号及其特点。

3）掌握序列的卷积和运算。

4）了解离散时间系统的数学模型。

5）了解卷积和与解卷积在数字图像处理中的应用。

前面几章所讨论的系统均属于连续时间系统，这类系统用于传输和处理连续时间信号。此外，还有一类用于传输和处理离散时间信号的系统，称为离散时间系统，简称离散系统。近代，数字计算机的出现和大规模集成技术的高度发展，为信号处理提供了强有力的手段。在电子技术各个领域，如雷达、声呐、语音信号处理、数字通信等，正在用数字方法代替模拟方法实现信号处理。

离散时间系统的分析方法与连续时间系统的分析方法在很多方面都是相似的。由前面章节知识可知，在系统的描述方面，连续系统输入与输出的数学模型是微分方程，而离散系统的输入与输出关系由差分方程表示。在系统的分析方面，连续系统有时域、频域和复频域（$s$ 域）的分析方法，而离散系统也有时域、频域和复频域（$Z$ 域）的分析方法。在系统的响应求解上，连续系统与离散系统都可以分解为零输入响应和零状态响应。所以在进行离散信号与系统的学习时，可以将它与连续信号与系统进行对比，这对于掌握其分析方法、进行实际运用非常有帮助。但应该指出的是，两种系统不同，都有自己的特殊性，必然也有差异，学习时也应注意这些差别。

本章将讨论离散时间信号与系统的时域分析。

## 5.1　离散信号的由来及表示

### 5.1.1　离散信号的由来

在实际中遇到的信号一般都是模拟信号，如声音信号、图像信号等，而离散信号是将连续信号进行等间隔采样得来的。假设模拟信号为 $x_a(t)$，在离散时间点 $t_n$ 对它进行采

5-1　离散信号
的由来

样，得到 $x_a(t_n)$，$n$ 为整数。在实际应用中，通常采样间隔为常数 $T$，即 $t_n = nT$，这种采样称为等间隔采样。采样之后的信号记为

$$x(n) = x_a(t) \big|_{t=nT} = x_a(nT) \quad -\infty < n < \infty$$

式中，$x(n)$ 为时域离散信号，$n$ 只能取整数。将 $n = \cdots$，$-2$，$-1$，$0$，$1$，$2$，$\cdots$ 代入上式，可得

$$x(n) = \{\cdots, x_a(-2T), x_a(-T), x_a(0), x_a(T), x_a(2T), \cdots\}$$

显然，$x(n)$ 是一个有序的数字的集合，因此时域离散信号也可称为序列。而且，$nT$ 并不代表具体的时刻，而只表明离散时间信号在序列中前后位置的顺序。注意：这里 $n$ 取整数，非整数时 $x(n)$ 无定义。

### 5.1.2　离散信号的表示

离散信号通常有三种表示方法：集合法、图形法、公式法。

**1. 用集合符号表示序列**

数的集合用 $\{\}$ 表示，时域离散信号是一个有序的数的集合，可以表示成集合的形式为

$$x(n) = \{x_n, n = \cdots, -2, -1, 0, 1, 2, \cdots\}$$

例如，一个有限长序列可以表示为

$$x(n) = \{1, 2, 3, 4, 3, 2, 1; n = 0, 1, 2, 3, 4, 5, 6\}$$

也可以简单表示为

$$x(n) = \{\underline{1}, 2, 3, 4, 3, 2, 1\}$$

集合中有下划线的元素表示 $n = 0$ 时的采样值。

**2. 用图形表示序列**

例如，$x(n) = \{\underline{1}, 2, 3, 4, 3, 2, 1\}$ 也可以用图形表示，如图 5-1 所示，这种表示方法很直观，为了醒目，常常在每一条竖线的顶端加一个小黑点，也称为火柴杆状图。

**3. 用公式表示序列**

有些序列有规律，可以用公式表示。如正弦序列 $x(n) = \sin(\omega_0 n)$，$-\infty < n < \infty$。

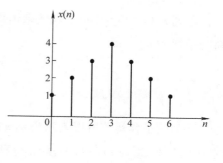

图 5-1　$x(n)$ 的离散波形图

## 5.2　序列的基本运算

序列的基本运算有序列的加（减）法、乘法、平移、翻转。

### 5.2.1　序列的加（减）、乘

**1. 序列的加（减）**

序列 $x_1(n)$ 和 $x_2(n)$ 之间的加（减）运算，是指同序号的序列值逐项对应进行相加减，

最后得到新的序列 $x(n)$，即

$$x(n) = x_1(n) + x_2(n) \text{ 或 } x(n) = x_1(n) - x_2(n)$$

用图形表示序列的加法、减法如图 5-2 所示。

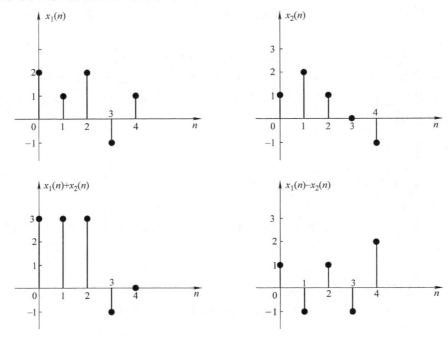

图 5-2　序列的加法、减法

**2. 序列的乘**

序列 $x_1(n)$ 和 $x_2(n)$ 之间的乘运算，是指同序号的序列值逐项对应进行相乘，最后得到新的序列 $x(n)$，即

$$x(n) = x_1(n)x_2(n)$$

### 5.2.2　序列的平移

序列的平移运算可以表示为 $y(n) = x(n - n_0)$。当 $n_0 > 0$ 时，称为 $x(n)$ 的延时序列，此时 $y(n)$ 序列由 $x(n)$ 向右平移 $n_0$ 得到。当 $n_0 < 0$ 时，称为 $x(n)$ 的超前序列，此时 $y(n)$ 序列由 $x(n)$ 向右平移 $|n_0|$ 得到。如图 5-3a 所示序列，当 $n_0 = 2$ 时，其平移波形图如图 5-3b 所示。

### 5.2.3　序列的翻转

序列 $x(n)$ 的自变量 $n$ 如果用 $-n$ 代替，得到新的序列 $x(-n)$，表示 $x(n)$ 相对于纵轴翻转，也称为序列的折叠。如图 5-4 所示。

### 5.2.4　序列的差分

序列的一阶前项差分 $\Delta x(n)$ 定义为

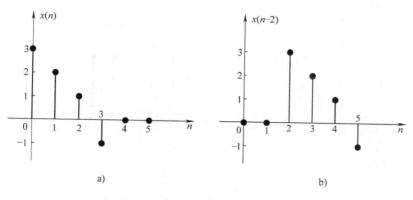

图 5-3 序列的平移

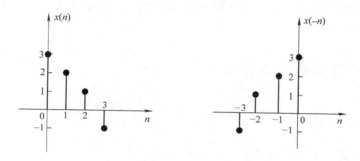

图 5-4 序列的翻转

$$\Delta x(n) = x(n+1) - x(n) \tag{5-1}$$

一阶后项差分 $\nabla x(n)$ 定义为

$$\nabla x(n) = x(n) - x(n-1) \tag{5-2}$$

同理，可以定义二阶前项差分和二阶后项差分。二阶前项差分为

$$\Delta[\Delta x(n)] = \Delta x(n+1) - \Delta x(n)$$
$$= x(n+2) - 2x(n+1) + x(n) \tag{5-3}$$

二阶后项差分为

$$\nabla[\nabla x(n)] = \nabla x(n) - \nabla x(n-1)$$
$$= x(n) - 2x(n-1) + x(n-2) \tag{5-4}$$

依次类推，可以得到更高阶的前项和后项差分。差分与连续系统中的微分相对应，特别指出，离散系统中的差分方程是后项差分。

## 5.2.5 序列的累加求和

序列的求和定义为

$$y(n) = \sum_{n=-\infty}^{m} x(n) \tag{5-5}$$

这与连续系统中的积分运算相对应。如图 5-5a 所示序列，其累加求和得到的新的序列图形如图 5-5b 所示。

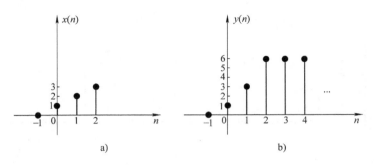

图 5-5 序列的累加求和

最后指出，对于离散信号，由于 $x(an)$ 仅在 $an$ 为整数时才有意义，进行尺度变换或者 $x(n)$ 波形的展缩可能会使部分信号丢失或者改变，因此，在这里不研究一般情况下离散信号的尺度变换。

## 5.3 典型的离散时间信号

### 5.3.1 单位脉冲序列

单位脉冲序列又称为单位取样序列，其定义为

$$\delta(n) = \begin{cases} 1 & n = 0 \\ 0 & n \neq 0 \end{cases} \tag{5-6}$$

单位脉冲序列的特点是仅在 $n = 0$ 时刻有值且值为 1，其他时刻值均为 0。它在时域离散线性时不变系统中的作用类似于连续信号与系统中的单位冲激函数 $\delta(t)$，不同的是，单位冲激函数 $\delta(t)$ 在 $t = 0$ 时刻的值为无穷大，并非任何现实信号，而 $\delta(n)$ 是 $n = 0$ 时取值为 1 的一个现实序列。单位脉冲序列和单位冲激信号的图形如图 5-6 所示。

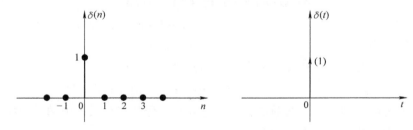

图 5-6 单位脉冲序列和单位冲激信号

### 5.3.2 单位阶跃序列

单位阶跃序列的定义为

$$u(n) = \begin{cases} 1 & n \geq 0 \\ 0 & n < 0 \end{cases} \tag{5-7}$$

单位阶跃序列的图形如图 5-7 所示，它类似于模拟信号中的单位阶跃函数 $u(t)$。可用

单位阶跃序列表示单位脉冲序列，即

$$\delta(n) = u(n) - u(n-1) \tag{5-8}$$

同样，可用单位脉冲序列表示单位阶跃序列，即

$$u(n) = \sum_{k=0}^{\infty} \delta(n-k) \tag{5-9}$$

式 (5-9) 表明，单位阶跃序列可以看成是无穷多个移位的单位脉冲序列叠加而成。

### 5.3.3　矩形序列

矩形序列 $R_N(n)$ 定义为

$$R_N(n) = \begin{cases} 1 & 0 \leq n \leq N-1 \\ 0 & n < 0, n > N-1 \end{cases} \tag{5-10}$$

式中，$N$ 为矩形序列的长度。如 $N = 4$ 时，$R_4(n)$ 的图形如图 5-8 所示。矩形序列可以用单位阶跃序列来表示，即

$$R_N(n) = u(n) - u(n-N) \tag{5-11}$$

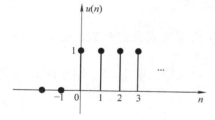

图 5-7　单位阶跃序列

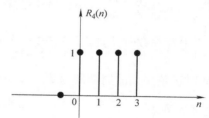

图 5-8　长度为 4 的矩形序列

同时，矩形序列也可以用单位取样序列表示，即

$$R_N(n) = \sum_{k=0}^{N-1} \delta(n-k) \tag{5-12}$$

### 5.3.4　正弦序列

正弦序列定义为

$$x(n) = \sin(\omega_0 n) \tag{5-13}$$

式中，$\omega_0$ 为正弦序列数字域角频率，单位是弧度（rad），它反映序列值依次周期性重复的速率，或者说表示相邻两个序列值之间相位变化的弧度数。

对连续信号中的正弦波抽样，可得到正弦序列。例如，若连续信号为

$$f(t) = \sin(\Omega_0 t)$$

则抽样之后的序列为

$$x(n) = f(nT) = \sin(n\Omega_0 T)$$

所以，数字角频率 $\omega_0$ 和模拟角频率 $\Omega_0$ 之间的关系为

$$\omega_0 = \Omega_0 T = \frac{\Omega_0}{f_s} \tag{5-14}$$

式中，$T$ 为抽样间隔时间；$f_s$ 为抽样频率。数字角频率 $\omega_0$ 和模拟角频率 $\Omega_0$ 之间呈线性关系，可以认为 $\omega_0$ 是 $\Omega_0$ 对于 $f_s$ 取归一化的值，即 $\omega_0 = \dfrac{\Omega_0}{f_s}$。

下面讨论正弦序列的周期。周期序列的定义为

$$x(n+N) = x(n) \tag{5-15}$$

满足式（5-15）的最小正整数 $N$ 就是序列 $x(n)$ 的周期，序列 $x(n)$ 称为周期序列。与模拟信号不同，离散正弦序列是否为周期序列取决于 $\dfrac{2\pi}{\omega_0}$ 是正整数、有理数还是无理数。假设 $x(n) = A\sin(\omega_0 n + \varphi)$，则 $x(n+N) = A\sin\left[\omega_0(n+N) + \varphi\right]$。如果 $x(n) = x(n+N)$，则要求 $N = \dfrac{2\pi}{\omega_0}k$。其中，$k$ 与 $N$ 均为整数，且 $k$ 的取值要保证 $N$ 是最小的正整数，满足这些条件，正弦序列才是周期序列。所以，正弦序列的周期有以下三种情况：

1）$\dfrac{2\pi}{\omega_0}$ 为整数时，$k$ 取 1 就可以保证 $N$ 为最小的正整数，此时正弦序列的周期就为 $\dfrac{2\pi}{\omega_0}$。如 $\sin\left(\dfrac{\pi}{8}n\right)$，$\omega_0 = \dfrac{\pi}{8}$，$\dfrac{2\pi}{\omega_0} = 16$，该正弦序列周期就为 16。

2）$\dfrac{2\pi}{\omega_0}$ 为有理数时，且设 $\dfrac{2\pi}{\omega_0} = \dfrac{P}{Q}$，其中 $P$ 和 $Q$ 为互为素数的整数，则取 $k = Q$，那么 $N = P$，此时正弦序列的周期即为 $P$。如 $\sin\left(\dfrac{3\pi}{7}n\right)$，$\dfrac{2\pi}{\omega_0} = \dfrac{14}{3}$，取 $k = 3$，则该序列是以 14 为周期的周期序列。

3）$\dfrac{2\pi}{\omega_0}$ 为无理数时，无论 $k$ 怎么取值，$N$ 都不会是正整数，此时正弦序列不是周期序列。

### 5.3.5　实指数序列

实指数序列定义为

$$x(n) = a^n u(n) \quad a \text{ 为实数} \tag{5-16}$$

当 $|a| < 1$ 时，$x(n)$ 的幅度会随着 $n$ 的增大而减小，称序列 $x(n)$ 为收敛序列。当 $|a| > 1$ 时，称序列 $x(n)$ 为发散序列。实指数序列的波形如图 5-9 所示。

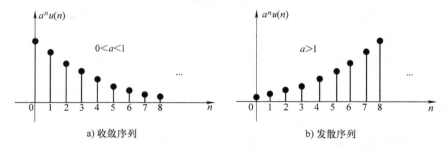

图 5-9　实指数序列

## 5.4 　卷积和

### 5.4.1 　用单位取样序列表示任意序列

连续时间系统的卷积分析法的基本过程是将激励信号 $x(t)$ 分解为一系列加权的冲激信号，根据系统对各个冲激信号的响应，叠加得到系统对激励信号 $x(t)$ 的零状态响应。这个叠加是连续叠加，表现为求卷积积分。在离散时间系统中，情况大致相似，略有不同的是，激励信号本来就是一个离散序列，因此，第一步分解工作十分容易进行，离散的激励信号中的每一个离散量施加于系统，系统输出一个与之相应的响应，每一个响应也均是一个离散序列，最后把这些响应序列叠加起来，就得到系统对任意激励信号的零状态响应。这个叠加是离散叠加（即求和运算，而不是积分运算），叠加的过程表现为求卷积和。

任一离散信号 $x(n)$ 均可表示为单位脉冲序列 $\delta(n)$ 的延时加权和的形式，即

$$x(n) = \cdots + x(-2)\delta(n+2) + x(-1)\delta(n+1) + x(0)\delta(n) + x(1)\delta(n-1) + x(2)\delta(n-2) + \cdots$$

$$= \sum_{n=-\infty}^{\infty} x(m)\delta(n-m) \tag{5-17}$$

### 5.4.2 　单位取样响应

在连续线性系统中研究了单位冲激信号 $\delta(t)$ 作用于系统引起的响应 $h(t)$，对于离散线性系统，考察的是单位取样序列 $\delta(n)$ 作为激励而产生的系统零状态响应 $h(n)$，即单位取样响应。这不仅是由于这种激励信号具有典型性，而且也是为求卷积和做准备。

由于 $\delta(n)$ 信号只在 $n=0$ 时取值为 1，在 $n$ 为其他值时 $\delta(n)$ 都为零，因此，利用这一特点可以较方便地以迭代法依次求出 $h(0)$，$h(1)$，$\cdots$，$h(n)$。

【例 5-1】　已知离散时间系统的差分方程表达式

$$y(n) - \frac{1}{2}y(n-1) = x(n)$$

试求其单位取样响应 $h(n)$。

解：对于因果系统，由于 $x(-1) = \delta(-1) = 0$，故 $y(-1) = h(-1) = 0$。以此为起始条件代入差分方程可得

$$h(0) = \frac{1}{2}h(-1) + \delta(0) = 0 + 1 = 1$$

依次代入可得

$$h(1) = \frac{1}{2}h(0) + \delta(1) = \frac{1}{2} + 0 = \frac{1}{2}$$

$$h(2) = \frac{1}{2}h(1) + \delta(2) = \frac{1}{4} + 0 = \frac{1}{4}$$

$$\vdots$$

$$h(n) = \frac{1}{2}h(n-1) + \delta(n) = \left(\frac{1}{2}\right)^n$$

此系统的单位取样响应为

$$h(n) = \begin{cases} \left(\dfrac{1}{2}\right)^n & n \geqslant 0 \\ 0 & n < 0 \end{cases}$$

注意：用上述迭代方法求系统的单位取样响应还不能直接得到 $h(n)$ 的闭式。为了能够给出闭式解答，可以把单位取样 $\delta(n)$ 激励信号等效为起始条件，这样就把问题转化为求解齐次方程，由此得到 $h(n)$ 的闭式。下面举例说明这种方法。

【例 5-2】 系统差分方程为
$$y(n) - 3y(n-1) + 3y(n-2) - y(n-3) = x(n)$$

求系统的单位取样响应。

解：首先求差分方程的齐次解（即系统的零输入响应）。特征方程为
$$\alpha^3 - 3\alpha^2 + 3\alpha - 1 = 0$$

解得特征根 $\alpha_1 = \alpha_2 = \alpha_3 = 1$，即 1 为三重根。于是可知，齐次解的表达式为
$$C_1 n^2 + C_2 n + C_3$$

因为起始时系统是静止的，容易推知 $h(-1) = h(-2) = 0$，$h(0) = \delta(0) = 1$。以 $h(0) = 1$，$h(-2) = 0$ 作为边界条件建立一组方程式求系数 $C$，即
$$\begin{cases} 1 = C_3 \\ 0 = C_1 - C_2 + C_3 \\ 0 = 4C_1 - 2C_2 + C_3 \end{cases}$$

解得 $C_1 = \dfrac{1}{2}$，$C_2 = \dfrac{3}{2}$，$C_3 = 1$。

最后得出系统的单位取样响应为
$$h(n) = \begin{cases} \dfrac{1}{2}(n^2 + 3n + 2) & n \geqslant 0 \\ 0 & n < 0 \end{cases}$$

此例中单位取样的激励作用等效为一个起始条件 $h(0) = 1$，因此，求单位取样响应的问题转化为求系统的零输入响应，可以很方便地得到 $\delta(n)$ 闭式解。

【例 5-3】 已知系统的差分方程为
$$y(n) - 5y(n-1) + 6y(n-2) = x(n) - 3x(n-2)$$

求系统的单位取样响应。

解：首先求得齐次解为
$$C_1 3^n + C_2 2^n$$

假定差分方程式右端只有 $x(n)$ 项作用，不考虑 $3x(n-2)$ 项作用，求此时系统的单位取样响应 $h_1(n)$。边界条件为 $h_1(0) = 1$，$h_1(-1) = 0$，由此建立求系数 $C$ 的方程组为
$$\begin{cases} 1 = C_1 + C_2 \\ 0 = \dfrac{1}{3}C_1 + \dfrac{1}{2}C_2 \end{cases}$$

解得 $C_1 = 3$，$C_2 = -2$。于是可得
$$h_1(n) = \begin{cases} 3^{n+1} - 2^{n+1} & n \geqslant 0 \\ 0 & n < 0 \end{cases}$$

接下来只考虑 $-3x(n-2)$ 项作用引起的响应 $h_2(n)$。由线性时不变特性可知

$$h_2(n) = -3h_1(n-2) = \begin{cases} -3(3^{n-1} - 2^{n-1}) & n \geq 2 \\ 0 & n < 2 \end{cases}$$

将以上结果叠加，并在表示式中利用单位阶跃序列符号 $u(n)$ 写出系统的单位取样响应为

$$\begin{aligned} h(n) &= h_1(n) + h_2(2) \\ &= (3^{n+1} - 2^{n+1})u(n) - 3(3^{n-1} - 2^{n-1})u(n-2) \\ &= (3^{n+1} - 2^{n+1})[\delta(n) + \delta(n-1) + u(n-2)] - 3(3^{n-1} - 2^{n-1})u(n-2) \\ &= \delta(n) + 5\delta(n-1) + (3^{n+1} - 2^{n+1} - 3^n + 3 \times 2^{n-1})u(n-2) \\ &= \delta(n) + 5\delta(n-1) + (2 \times 3^n - 2^{n-1})u(n-2) \end{aligned}$$

在连续时间系统中，曾利用系统函数求拉普拉斯逆变换的方法求解冲激响应 $h(t)$，与此类似，在离散时间系统中，也可利用系统函数求逆 $Z$ 变换来确定单位取样响应，一般情况下这是一种较简便的方法。这部分内容将在第 6 章详述。

由于单位取样响应 $h(n)$ 表征了系统自身的性能，因此，在时域分析中可以根据 $h(n)$ 来判断系统的某些重要特性，如因果性、稳定性，以此区分因果系统与非因果系统、稳定系统与非稳定系统。

所谓因果系统，就是输出变化不领先于输入变化的系统。响应 $y(n)$ 只取决于此时以及此时以前的激励，即 $x(n)$，$x(n-1)$，$x(n-2)$，…。如果 $y(n)$ 不仅取决于当前，同时取决于过去的输入，而且还取决于未来的输入 $x(n+1)$，$x(n+2)$，…，那么，在时间上就违背了因果关系，因而是非因果系统，也即不可实现的系统。

离散线性时不变系统作为因果系统的充分必要条件为

$$h(n) = 0 \quad n < 0 \tag{5-18}$$

或表示为

$$h(n) = h(u)u(n) \tag{5-19}$$

在离散时间系统的应用中，某些数据处理过程的自变量虽为时间，但是待处理的数据可以记录并保存起来。这时，不一定局限于用因果系统处理信号，也可借助非因果系统。在语音处理、气象学、地球物理学、经济学、人口统计学等领域中会遇到这种情况。

## 5.4.3　卷积和

连续时间系统的卷积分析法的基本过程是将激励信号 $x(t)$ 分解为一系列加权冲激信号，根据系统对各个冲激的响应，叠加得到系统对激励信号 $x(t)$ 的零状态响应。这个叠加是连续叠加，表现为卷积积分。在离散系统中，情况也大致相似，略有不同的是，激励信号本来就是一个离散的序列，因此，第一步分解工作十分容易进行，离散的激励信号中的每个离散量作用于系统，系统输出一个与之相应的响应，每一个响应也是离散序列，最后，把这些响应序列叠加起来，就可以得到任意激励信号作用下的零状态响应。这个叠加过程就表现为卷积和。

在连续时间系统中，用卷积积分法计算零状态响应时，单位冲激函数 $\delta(t)$ 和单位冲激响应 $h(t)$ 起着关键的作用，而在离散时间系统中，相应的单位取样序列 $\delta(n)$ 和单位取样响应 $h(n)$ 同样起着十分重要的作用。

任意离散信号 $x(n)$ 均可表示为单位取样序列 $\delta(n)$ 的延迟加权和的形式，如

式（5-17），即

$$x(n) = \cdots + x(-2)\delta(n+2) + x(-1)\delta(n+1) + x(0)\delta(n) + x(1)\delta(n-1) + x(2)\delta(n-2) + \cdots$$

$$= \sum_{n=-\infty}^{\infty} x(m)\delta(n-m)$$

如果已知离散时间系统的单位取样序列 $\delta(n)$ 和单位取样响应 $h(n)$，根据线性时不变系统的线性性质，系统对任意激励信号 $x(n)$ 的零状态响应为

$$y_{zs}(n) = \cdots + x(-2)h(m+2) + x(-1)h(m+1) + x(0)h(m) + x(1)h(m-1) + x(2)h(m-2) + \cdots$$

$$= \sum_{n=-\infty}^{\infty} x(m)h(n-m) \tag{5-20}$$

式（5-20）称为 $x(n)$ 和 $h(n)$ 的卷积和，也称为离散卷积，用符号记为

$$y_{zs}(n) = x(n) * h(n) \tag{5-21}$$

对于因果系统来说，由于单位取样序列 $\delta(n)$ 仅存在于 $n=0$ 时刻，故当 $n<0$ 时单位取样响应 $h(n)=0$；$m<n$ 时，$h(m-n)=0$。若 $x(n)$ 为有始信号，且 $n<0$，$x(n)=0$，则式（5-20）中，取值区间只需从 $0 \sim n$ 即可，即

$$y_{zs}(n) = \sum_{n=0}^{n} x(m)h(n-m) \tag{5-22}$$

计算卷积和也可以使用图解法，其运算过程与卷积积分的过程相似，只是求和运算代替了积分运算。假设两个离散序列 $x(n)$ 和 $h(n)$，则其卷积和计算步骤如下：

1）换元：将 $x(n)$ 和 $h(n)$ 中的变量 $n$ 更换成变量 $m$。

2）折叠：画出 $h(m)$ 相对于纵轴的镜像 $h(-m)$。

3）位移：将折叠后的 $h(-m)$ 沿 $k$ 轴平移一个 $n$ 值，得 $h(n-m)$。

4）相乘：将移位后的序列 $h(n-k)$ 乘以 $x(m)$。

5）求和：把 $h(n-k)$ 和 $x(m)$ 相乘所得的序列相加，即为 $n$ 值下的卷积值。

下面用图解法说明计算卷积和的全过程。

【例 5-4】 设激励信号 $x(n) = \{1, 2, 1, 2, 1\cdots\}$，离散时间系统的单位取样响应 $h(n) = \{1, 2, 1\}$ 试求其零状态响应 $y_{zs}(n)$。

解：首先 $x(n)$ 和 $h(n)$ 的变量替换为 $x(m)$ 和 $h(m)$，分别如图 5-10a、b 所示。$h(-m)$ 如图 5-10c 所示。然后逐个计算给定 $n$ 值下的 $y_{zs}(k)$ 值，由于 $x(n)$ 和 $h(n)$ 在 $n<0$ 时取值均为零，应用式（5-22），当 $n<0$ 时，$y_{zs}(n)=0$，当 $n\geq0$ 时，有

$$y_{zs}(0) = \sum_{n=0}^{0} x(0)h(0-m) = x(0)h(0) = 1 \times 1 = 1$$

将 $h(-m)$ 沿 $m$ 轴右移 1 个单位时间，得 $h(1-m)$，如图 5-10d 所示。然后，将 $x(m)$ 和 $h(1-m)$ 相乘得到如图 5-10e 所示序列，最后，求得所得序列之和，即

$$y_{zs}(1) = \sum_{n=0}^{1} x(m)h(1-m) = x(0)h(1) + x(1)h(0) = 1 \times 2 + 2 \times 1 = 4$$

将 $h(-m)$ 沿 $m$ 轴右移 2 个单位时间，得 $h(2-m)$，再将 $x(m)$ 和 $h(2-m)$ 相乘得到如图 5-10f 所示序列，求该序列之和，即

$$y_{zs}(2) = \sum_{n=0}^{2} x(m)h(2-m) = x(0)h(2) + x(1)h(1) + x(2)h(0)$$
$$= 1 \times 1 + 2 \times 2 + 1 \times 1 = 6$$

同理，可得 $y_{zs}(k) = \{\underline{1}, 4, 6, 6, \cdots\}$，零状态响应如图 5-10g 所示。

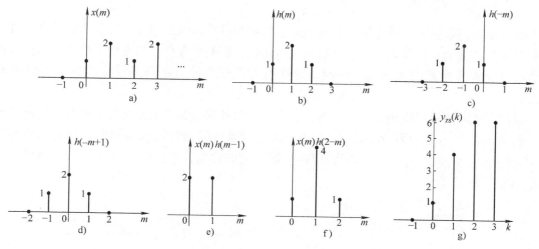

图 5-10　卷积和的图解说明

【例 5-5】　离散时间系统的激励信号 $x(n) = \{\underline{2}, 1, 5\}$，单位取样响应 $h(n) = \{\underline{3}, 1, 4, 2\}$，试求其零状态响应。

解：两个序列都是有限序列，可以应用一种优于例 5-4 的方法，即依照普通的乘法来计算它们的卷积和，只是不要进位，通常称为不进位乘法，即

$$
\begin{array}{r}
\underline{3} \quad 1 \quad 4 \quad 2 \\
\underline{2} \quad 1 \quad 5 \\
\hline
15 \quad 5 \quad 20 \quad 10 \\
3 \quad 1 \quad 4 \quad 2 \\
+6 \quad 2 \quad 8 \quad 4 \\
\hline
\{\underline{6} \quad 5 \quad 24 \quad 13 \quad 22 \quad 10\} = y_{zs}(n)
\end{array}
$$

5-2　例 5-5

通过例 5-5 可以发现计算两个有限序列卷积和的一些有用的结论，即

$$f_c(n) = f_a(n) * f_b(n)$$

假设 $f_a(n)$ 和 $f_b(n)$ 非零项数分别为 $n_a$ 和 $n_b$ 项，且其相对应的序号分别为 $[a_1, a_2]$ 和 $[b_1, b_2]$，则 $f_c(n)$ 的非零项数为 $n_c = n_a + n_b - 1$，相应的序号为 $[a_1+b_1, a_2+b_2]$，序列 $f_a(n)$ 所有项之和与序列 $f_b(n)$ 所有项之和的乘积恰好等于序列 $f_c(n)$ 所有项之和。

通过这些特性，可以检查计算结果是否正确。

<h2>5.5　离散时间系统的数学模型</h2>

系统的输入信号和输出信号都是离散信号时，该系统称为离散时间系统。假设时域离散系统的输入为 $x(n)$，经过规定的运算，输出序列为 $y(n)$。系统的运算关系用 $T[\cdot]$ 表示，

则输入和输出的关系表示为

$$y(n) = T[x(n)] \qquad (5\text{-}23)$$

时域离散系统的框图如图 5-11 所示。

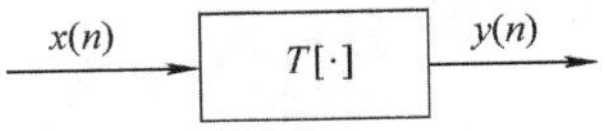

图 5-11 时域离散系统

### 5.5.1 常系数线性差分方程

在连续时间系统中，描述输入和输出关系的数学模型是微分方程。对于离散系统，由于自变量 $n$ 是离散的，必须采用另一种数学模型描述，即差分方程。与连续系统类似，离散系统也可以分为线性系统和非线性系统、时变与时不变系统。本书只讨论线性时不变离散系统。

线性离散时间系统应满足均匀性与叠加性，均匀性与叠加性的意义在于：对于给定的系统，假设 $x_1(n)$，$y_1(n)$ 和 $x_2(n)$，$y_2(n)$ 分别表示系统的两对输入与输出，当输入序列为 $c_1 x_1(n) + c_2 x_2(n)$ 时（$c_1$、$c_2$ 分别为常数），则系统的输出为 $c_1 y_1(n) + c_2 y_2(n)$。线性特性示意图如图 5-12 所示。

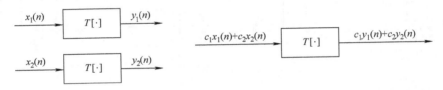

图 5-12 线性特性示意图

对于时不变系统（或称移不变系统），输入信号的响应与信号加于系统的时间无关。若输入 $x(n)$ 产生输出 $y(n)$，则输入为 $x(n-N)$ 时输出为 $y(n-N)$。时不变特性示意图如图 5-13 所示，它表明若输入延迟 $N$，响应也延迟 $N$。

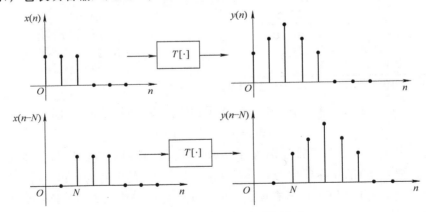

图 5-13 时不变特性示意图

线性时不变离散系统采用的是常系数线性差分方程，具体形式为

$$ay(n) + a_1 y(n-1) + \cdots + a_{N-1} y(n-N+1) + a_N y(n-N)$$
$$= b_0 x(n) + b_1 x(n-1) + \cdots + b_{M-1} x(n-M+1) + b_M y(n-M)$$

或写作

$$\sum_{i=0}^{N} a_i y(n-i) = \sum_{i=0}^{M} b_i x(n-i) \quad a_0 = 1 \tag{5-24}$$

式中，$x(n)$ 和 $y(n)$ 分别为系统的输入序列和输出序列；$a_i$ 和 $b_i$ 均为常数。$x(n-i)$ 和 $y(n-i)$ 项只有一次幂，也不存在相互交叉相乘项，故称为常系数线性差分方程。差分方程的阶数由 $y(n-i)$ 项中 $i$ 的最大取值和最小取值的差确定，故式（5-24）差分方程的阶数为 $N$，称为 $N$ 阶差分方程。

已知系统的输入序列，通过求解差分方程可以求出输出序列。求解差分方程的基本方法有以下三种：

（1）经典解法

经典解法类似于模拟系统中求解微分方程的方法，它包括齐次解和特解，由边界条件求待定系数。这种方法比较复杂，实际中很少用到，这里不做介绍。

（2）递推法（迭代法）

递推法简单，且适合计算机求解，但只能得到数值解，对于阶次较高的线性常系数差分方程不容易得到封闭式解答。

（3）变换域法

变换域法是将差分方程变换到 $Z$ 域进行求解，方法简单有效，这部分内容将在第 6 章学习。本节只介绍递推法。

【例 5-6】　假设某系统的差分方程为 $y(n) - ay(n-1) = x(n)$，输入序列 $x(n) = \delta(n)$，求输出序列 $y(n)$。

解：假设初始条件 $y(-1) = 0$，则递推可得

$$y(n) = ay(n-1) + x(n)$$
$$n = 0 \text{ 时}, y(0) = ay(n-1) + \delta(0) = 1$$
$$n = 1 \text{ 时}, y(1) = ay(0) + \delta(1) = a$$
$$n = 2 \text{ 时}, y(2) = ay(1) + \delta(2) = a^2$$
$$\vdots$$
$$n = n \text{ 时}, y(n) = a^n$$
$$y(n) = a^n u(n)$$

假设初始条件 $y(-1) = 1$，则递推可得

$$y(n) = ay(n-1) + x(n)$$
$$n = 0 \text{ 时}, y(0) = ay(n-1) + \delta(0) = 1 + a$$
$$n = 1 \text{ 时}, y(1) = ay(0) + \delta(1) = (1+a)a$$
$$n = 2 \text{ 时}, y(2) = ay(1) + \delta(2) = (1+a)a^2$$
$$\vdots$$
$$n = n \text{ 时}, y(n) = (1+a)a^n$$
$$y(n) = (1+a)a^n u(n)$$

例 5-6 表明，对于同一个差分方程和同一个输入信号，因为初始条件不同，得到的输出信号是不同的。

对于实际系统，用递推法求解，总是由初始条件向 $n > 0$ 的方向递推，得到的是一个因果解。但对于差分方程，其本身也可以向 $n < 0$ 的方向递推，得到的是非因果解。因此，差分方程本身不能确定该系统是因果系统还是非因果系统，还需要用初始条件进行限制。

### 5.5.2  离散时间系统的框图描述

在连续时间系统中，系统内部的数学运算关系可用积分器、标量乘法器和加法器连成的结构来模拟。与此对应，在离散时间系统中，基本运算关系通常由延时器、标量乘法器和加法器构成。三种基本运算框图如图 5-14 所示。

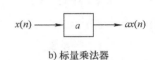

a) 延时器

b) 标量乘法器

c) 加法器

图 5-14  三种基本运算框图

下面讨论如何运用延时器、标量乘法器和加法器对离散时间系统进行模拟。

假设一个一阶离散时间系统的差分方程为

$$y(n) + a_1 y(n-1) = x(n) \tag{5-25}$$

或写为

$$y(n) = -a_1 y(n-1) + x(n)$$

由式（5-25）很容易画出一阶离散时间系统的模拟框图，如图 5-15 所示。

二阶离散时间系统的差分方程为

$$y(n) + a_2 y(n-2) + a_1 y(n-1) = x(n) \tag{5-26}$$

或改写为

$$y(n) = -a_2 y(n-2) - a_1 y(n-1) + x(n)$$

由式（5-26）可画出二阶离散时间系统的模拟框图如图 5-16 所示。可以看出，离散时间系统的模拟框图与连续时间系统的模拟框图具有相同的结构，只是前者用延迟器代替了后者的积分器。

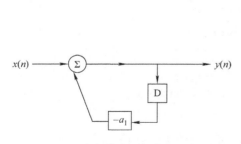

图 5-15  一阶离散时间系统的模拟框图

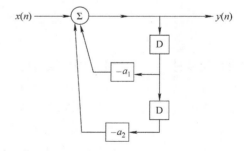

图 5-16  二阶离散时间系统的模拟框图

对于一般的二阶离散时间系统，若差分方程为

$$y(n) + a_0 y(n-1) + a_1 y(n-2) = b_1 x(n-1) + b_0 x(n) \tag{5-27}$$

该差分方程所描述的离散时间系统的模拟框图如图 5-17 所示。上述讨论可以推广到 $n$ 阶离散时间系统的模拟。

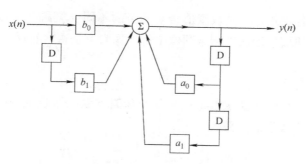

图 5-17　一般二阶离散时间系统的模拟框图

【例5-7】　已知二阶离散时间系统的差分方程为

$$y(n) - \frac{7}{12}y(n-1) + \frac{1}{12}y(n-2) = x(n) - \frac{1}{2}x(n-1)$$

试画出其模拟框图。

解：将差分方程改写为

$$y(n) = \frac{7}{12}y(n-1) - \frac{1}{12}y(n-2) + x(n) - \frac{1}{2}x(n-1)$$

可得到如图 5-18 所示的模拟框图。

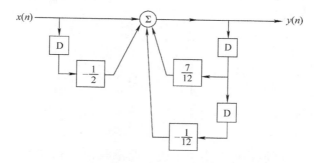

图 5-18　例 5-7 模拟框图

## 5.6　卷积和与解卷积在数字图像处理中的应用

### 5.6.1　图像的平滑

　　图像在生成和传输过程中，往往会受到各种噪声的干扰和影响，从而降低了图像质量，为后续的图像处理和分析造成障碍。

　　噪声反映在图像中，会使原本均匀和连续变化的灰度值突然变大或变小，形成一些虚假的边缘或轮廓。减弱、抑制或消除这类噪声而改善图像质量的方法称为图像平滑。图像平滑既可以在空（间）域进行，也可以在频（率）域进行。本节将从空域和频域来讨论图像的平滑。

　　**1. 邻域平均法**

　　图像中的大部分噪声是随机噪声，对某一像素点的影响可以看作是孤立的。因此，噪声点与该像素点的邻近各点相比，其灰度值会有显著的不同（突跳变大或变小）。基于这一事实，可以采用所谓的邻域平均法来判定图像中每一像素点是否含有噪声，并采用适当的方法来减弱或消除该噪声。

（1）定义和计算公式

邻域平均法就是对含噪声图像 $f(x,y)$ 的每个像素点取一邻域 $S$，用 $S$ 中所包含像素的灰度平均值来代替该点的灰度值。即

$$g(x,y) = f_{\text{avg}} = \frac{1}{N} \sum_{(i,j) \in S} f(i,j) \tag{5-28}$$

式中，$S$ 为不包括本点 $(x, y)$ 的邻域中各像素点的集合；$N$ 为 $S$ 中像素的个数。设要处理的像素点的坐标为 $(x, y)$，相应的 4 - 邻域平均计算公式为

$$\begin{aligned} g(x,y) = f_{\text{avg}} &= \frac{1}{4} \sum_{(i,j) \in S_4} f(i,j) \\ &= \frac{1}{4}[f(x-1,y) + f(x,y-1) + \\ &\quad f(x,y+1) + f(x+1,y)] \end{aligned} \tag{5-29}$$

8 - 邻域平均计算公式为

$$\begin{aligned} g(x,y) = f_{\text{avg}} &= \frac{1}{8} \sum_{(i,j) \in S_8} f(i,j) \\ &= \frac{1}{8}[f(x-1,y-1) + f(x-1,y) + \\ &\quad f(x-1,y+1) + f(x,y-1) + \\ &\quad f(x,y+1) + f(x+1,y-1) + \\ &\quad f(x+1,y) + f(x+1,y+1)] \end{aligned} \tag{5-30}$$

（2）特性分析

假设图像是由许多灰度值相近的小块组成，设噪声 $\eta(x,y)$ 是均值为 0、方差（噪声功率）为 $\sigma^2$ 且与图像不相关的加性白噪声。经过邻域平均后的图像 $g(x,y)$ 为

$$\begin{aligned} g(x,y) &= \frac{1}{N} \sum_{(i,j) \in S} f(i,j) = \frac{1}{N} \sum_{(i,j) \in S} [f_s(i,j) + \eta(i,j)] \\ &= \frac{1}{N} \sum_{(i,j) \in S} f_s(i,j) + \frac{1}{N} \sum_{(i,j) \in S} \eta(i,j) \end{aligned} \tag{5-31}$$

式中，$f_s(x,y)$ 为不含噪声的图像信号。

对式（5-31）结果中含噪声的第二项进行统计运算，求其均值 $E\{\cdot\}$ 和方差 $D\{\cdot\}$，即

$$E\left\{\frac{1}{N} \sum_{(i,j) \in S} \eta(i,j)\right\} = \frac{1}{N} \sum_{(i,j) \in S} E\{\eta(i,j)\} = 0 \tag{5-32}$$

$$D\left\{\frac{1}{N} \sum_{(i,j) \in S} \eta(i,j)\right\} = \frac{1}{N^2} \sum_{(i,j) \in S} D\{\eta(i,j)\} = \frac{1}{N}\sigma^2 \tag{5-33}$$

由式（5-32）、式（5-33）可知，图像经过 $N$ 点邻域平均后，噪声的均值仍为 0，而方差会降为原来的 $\frac{1}{N}$，这就证明邻域平均确实削弱了噪声，而且 $N$ 值越大（邻域越大），噪声

削弱的程度就越强。同时，经过邻域平均后，图像信号也由原来的 $f_s(x,y)$ 变为 $\dfrac{1}{N}\sum\limits_{(i,j)\in S} f_s(i,j)$，虽然整体大小没有变化，但此运算使得图像中目标的边缘或细节因平均而变得模糊。

**2. 阈值平均法**

为了克服邻域平均法使得图像中目标的边缘或细节变得模糊的缺点，可以采用加门限的方法。具体计算公式为

$$g(x,y) = \begin{cases} f_{avg} & |f(x,y) - f_{avg}| > T \\ f(x,y) & \text{其他} \end{cases} \tag{5-34}$$

式中，门限 $T$ 通常选择为 $T > k\sigma_f$，$\sigma_f$ 为图像的均方差。在实际应用中，门限值要利用经验和试验来事先获得。这种方法对抑制椒盐噪声比较有效，同时也能较好地保护目标细节。

**3. 加权平均法**

利用邻域内像素的灰度值和像素点本身灰度加权值的平均值来代替该点的灰度值，能在一定程度上减少图像模糊，同时也突出了图像本点 $(x,y)$ 的重要性，这种方法称为加权平均法，其计算公式为

$$g(x,y) = f_{avgw} = \frac{1}{M+N}\left[ \sum_{(i,j)\in S} f(i,j) + Mf(x,y) \right] \tag{5-35}$$

同样也对加权平均法选择门限，形成阈值加权平均法，即

$$g(x,y) = \begin{cases} f_{avgw} & |f(x,y) - f_{avgw}| > T \\ f(x,y) & \text{其他} \end{cases} \tag{5-36}$$

这样既能平滑噪声，又保证图像中的目标物边缘不至于模糊。

**4. 模板平滑法**

无论是邻域平均还是加权平均，具体计算过程相当于用相应的区域与原图像进行卷积，卷积块写成矩阵的形式如下：

（1）邻域平均

4 – 邻域平均

$$\boldsymbol{W}_1 = \frac{1}{4}\begin{pmatrix} 0 & 1 & 0 \\ 1 & 0 & 1 \\ 0 & 1 & 0 \end{pmatrix}$$

8 – 邻域平均

$$\boldsymbol{W}_2 = \frac{1}{8}\begin{pmatrix} 1 & 1 & 1 \\ 1 & 0 & 1 \\ 1 & 1 & 1 \end{pmatrix}$$

（2）加权平均

4 – 邻域加权平均

$$\boldsymbol{W}_3 = \frac{1}{5}\begin{pmatrix} 0 & 1 & 0 \\ 1 & 1 & 1 \\ 0 & 1 & 0 \end{pmatrix} \text{（权值 } M=1\text{）}, \quad \boldsymbol{W}_4 = \frac{1}{6}\begin{pmatrix} 0 & 1 & 0 \\ 1 & 2 & 1 \\ 0 & 1 & 0 \end{pmatrix} \text{（权值 } M=2\text{）}$$

8 – 邻域加权平均

$$W_5 = \frac{1}{9}\begin{pmatrix} 1 & 1 & 1 \\ 1 & 1 & 1 \\ 1 & 1 & 1 \end{pmatrix}（权值 M = 1），\quad W_6 = \frac{1}{10}\begin{pmatrix} 1 & 1 & 1 \\ 1 & 2 & 1 \\ 1 & 1 & 1 \end{pmatrix}（权值 M = 2）$$

上述矩阵通常称为模板，也称为掩模矩阵。利用这些模板对图像进行处理的方法就称为模板法，不同形式和结构的模板就会形成不同的图像处理方法。由此，邻域平均法和加权平均法，都可归结到模板平滑法中。

根据实际需要，也可以设计其他具有不同特性的平滑模板，如 $W_7 = \frac{1}{16}\begin{pmatrix} 1 & 2 & 1 \\ 2 & 4 & 2 \\ 1 & 2 & 1 \end{pmatrix}$，该

模板属于加权平均模板，但与标准加权平均不同的是，在对本点加权（权值 $M = 4$）的同时，也对本行和本列的灰度值进行加权（权值 $M = 2$），其效果是在平滑图像的同时，突出了本点及水平和垂直方向，能较好地保持水平和垂直方向的边缘。

由以上模板形式，可得出平滑模板的特点如下：

1）模板内系数全为正，表示求和，所乘的小于 1 的系数表示取平均。

2）模板系数之和为 1，表示对常数图像（$f(x, y)$ = 常数）处理前后不变，而对一般图像而言，处理前后平均亮度基本保持不变。

利用模板对图像进行平滑处理时，一般从图像的第二行和第二列的像素点开始，逐点移动模板进行计算，而且始终用原图像。为了保证 $3 \times 3$ 的模板内能套住原图像的像素点，图像的四周（第一行、最后一行、第一列、最后一列）不处理，另外一种方法为在原图像四周添加两行两列元素（取值为 0 获原图像四周的延拓），再按上述方法运算后舍弃添加的元素。

基于模版的平滑处理，相当于模板与原图像的卷积，即

$$g(x, y) = f(x, y) * W \tag{5-37}$$

为不失一般性，若设 $3 \times 3$ 的模板 $W$（比例因子为 $C$）为

$$W = C\begin{pmatrix} w(-1, -1) & w(-1, 0) & w(-1, 1) \\ w(0, -1) & w(0, 0) & w(0, 1) \\ w(1, -1) & w(1, 0) & w(1, 1) \end{pmatrix} \tag{5-38}$$

以 $(x, y)$ 为中心与模板大小相同的图像块为

$$F(x, y) = \begin{pmatrix} f(x-1, y-1) & f(x-1, y) & f(x-1, y+1) \\ f(x, y-1) & f(x, y) & f(x, y+1) \\ f(x+1, y-1) & f(x+1, y) & f(x+1, y+1) \end{pmatrix} \tag{5-39}$$

则 $F(x, y)$ 与 $W$ 的卷积为

$$F(x, y) * W = C\sum_{i=-1}^{1}\sum_{j=-1}^{1}\left[ f(x+i, y+j)w(i, j) \right] \tag{5-40}$$

**5. 多图像平均法**

利用邻域平均滤除噪声的思想，可以在相同条件下获取同一目标物的若干幅图像，然后

采用多图像平均的方法来消减随机噪声。

假设在相同条件下，获取同一目标物的 $M$ 幅图像为

$$f(x,y) = \{f_1(x,y), f_2(x,y), \cdots, f_M(x,y)\} \tag{5-41}$$

则多幅图像平均法可以表示为

$$g(x,y) = \frac{1}{M}\sum_{i=1}^{M} f_i(x,y) \tag{5-42}$$

如果图像中仅包含零均值、方差为 $\sigma_\eta^2$ 且与图像不相关的加性白噪声，且各幅图像间的噪声也不相关，即

$$f_i(x,y) = f_s(x,y) + \eta_i(x,y) \tag{5-43}$$

则

$$
\begin{aligned}
E\{g(x,y)\} &= E\left\{\frac{1}{M}\sum_{i=1}^{M} f_i(x,y)\right\} = E\left\{\frac{1}{M}\sum_{i=1}^{M} f_s(x,y) + \frac{1}{M}\sum_{i=1}^{M}\eta_i(x,y)\right\} \\
&= \frac{1}{M}\sum_{i=1}^{M} E\{f_s(x,y)\} + \frac{1}{M}\sum_{i=1}^{M} E\{\eta_i(x,y)\} \\
&\approx f_s(x,y) + 0 = f_s(x,y)
\end{aligned}
\tag{5-44}
$$

$$
\begin{aligned}
D\{g(x,y)\} &= E\{g^2(x,y)\} - E^2\{g(x,y)\} \\
&= \frac{1}{M^2}E\left\{\left[Mf_s(x,y) + \sum_{i=1}^{M}\eta_i(x,y)\right]\right\} - f_s^2(x,y) \\
&= \frac{1}{M^2}E\left\{\sum_{i=1}^{M}\eta_i^2(x,y)\right\} = \frac{1}{M^2}(M\sigma_\eta^2) = \frac{1}{M}\sigma_\eta^2
\end{aligned}
\tag{5-45}
$$

式（5-44）、式（5-45）表明，多幅图像经平均后，图像信号基本不变，而各点噪声的方差降为单幅图像中该点噪声方差的 $\frac{1}{M}$，从而抑制了噪声，相当于提高了信噪比。因此，这种平均的消噪思想广泛应用于噪声中的弱目标检测。

图 5-19 为多幅图像平均法削弱随机噪声的一个实际案例，其中图 5-19a 为一幅含有零均值高斯随机噪声的图像，图 5-19b、c 和 d 分别为用 4 幅、8 幅和 16 幅同类图像（噪声的均值和方差不变）进行多幅图像平均的结果。可以看出，随着平均图像数量 $M$ 的增加，噪声的影响逐渐减少。

a) 含噪图像　　　　　　b) 4幅图像平均处理结果

### 5.6.2　图像锐化

图像在形成和传输过程中，由于成像系统聚焦不好或信道的带宽过窄，结果会使图像目标物轮廓变模糊，细节不清晰。同时，图像平滑后也会变模糊。究其原因主要是图像受到了平均或积分运算。对此，可采用相反的运算

c) 8幅图像平均处理结果　　d) 16幅图像平均处理结果

图 5-19　多幅图像平均法削弱
图像随机噪声示例

（如微分运算）来增强图像，使图像变清晰。若从频域分析，图像模糊的实质是目标物轮廓和细节的高频分量被衰减，因而在频域可采用高频提升滤波的方法来增强图像。这种使图像目标物轮廓和细节更加突出的方法，称为图像锐化。锐化在增强图像边缘的同时，也会增强噪声，因此一般先去除或减轻噪声，再进行锐化处理。图像锐化可以在空间域和频率域通过高通滤波来实现。

微分作为数学中求变化率的一种方法，可用来求解图像中目标物轮廓和细节（统称为边缘）等突变部分的变化。对于数字信号，微分通常用差分来表示。常用的一阶和二阶微分的差分表示为

一阶微分的差分

$$\frac{\partial f}{\partial x} = f(x+1,y) - f(x,y) \tag{5-46}$$

$$\frac{\partial f}{\partial x} = f(x,y+1) - f(x,y) \tag{5-47}$$

二阶微分的差分

$$\frac{\partial^2 f}{\partial x^2} = f(x+1,y) + f(x-1,y) - 2f(x,y) \tag{5-48}$$

$$\frac{\partial^2 f}{\partial y^2} = f(x,y+1) + f(x,y-1) - 2f(x,y) \tag{5-49}$$

为了能增强图像任何方向的边缘，希望微分运算是各向同性的（旋转不变性）。可以证明，偏导数的二次方和运算具有各向同性。

**1. 拉普拉斯锐化法**

拉普拉斯算子是一种各向同性的二阶微分算子，拉普拉斯算子为

$$\nabla^2 = \frac{\partial^2}{\partial x^2} + \frac{\partial^2}{\partial y^2} \tag{5-50}$$

拉普拉斯算子对 $f(x,y)$ 的作用为

$$\nabla^2 f = \frac{\partial^2 f}{\partial x^2} + \frac{\partial^2 f}{\partial y^2} \tag{5-51}$$

将式（5-48）、式（5-49）代入式（5-51），可得

$$\nabla^2 f = f(x+1,y) + f(x-1,y) + f(x,y+1) + f(x,y-1) - 4f(x,y) \tag{5-52}$$

式（5-52）的拉普拉斯算子在上、下、左、右 4 个方向上具有各向同性。若在两对角线方向上也进行拉普拉斯运算，则新的拉普拉斯算子在 8 个方向上具有各向同性。

二维数字图像的锐化公式为

$$g(x,y) = f(x,y) + \alpha[-\nabla^2 f(x,y)] \tag{5-53}$$

将式（5-52）代入式（5-53），可得二维数字图像的拉普拉斯锐化表示为

$$\begin{aligned}
g(x,y) &= f(x,y) - \alpha[f(x+1,y) + f(x-1,y) + \\
&\quad f(x,y+1) + f(x,y-1) - 4f(x,y)] \\
&= (1+4\alpha)f(x,y) - \alpha[f(x+1,y) + f(x-1,y) + \\
&\quad f(x,y+1) + f(x,y-1)]
\end{aligned} \tag{5-54}$$

式中，$\alpha$ 为锐化强度系数（一般取为正整数），$\alpha$ 越大，锐化的程度就越强。

图像在不同 $\alpha$ 取值下的锐化结果对比如图 5-20 所示。

a) 原图像　　　　　　　　b) $\alpha=1$　　　　　　　　c) $\alpha=2$

图 5-20　图像在不同 $\alpha$ 取值下的锐化结果比较

**2. 模板锐化法**

将式（5-54）写成模板形式，则有

$$W_1 = \begin{pmatrix} 0 & -\alpha & 0 \\ -\alpha & 1+4\alpha & -\alpha \\ 0 & -\alpha & 0 \end{pmatrix} \tag{5-55}$$

具有此形式的模板称为 4 - 邻域锐化模板。当 $\alpha$ 取 1 和 2 时，有

$$W_2 = \begin{pmatrix} 0 & -1 & 0 \\ -1 & 5 & -1 \\ 0 & -1 & 0 \end{pmatrix}, W_3 = \begin{pmatrix} 0 & -2 & 0 \\ -2 & 9 & -2 \\ 0 & -2 & 0 \end{pmatrix} \tag{5-56}$$

图 5-20b、c 相当于 $W_2$ 和 $W_3$ 对图 5-20a 锐化的结果。同理，也可以根据实际需要，设计出其他具有不同特性的锐化模板，如

$$W_4 = \begin{pmatrix} -\alpha & -\alpha & -\alpha \\ -\alpha & 1+8\alpha & -\alpha \\ -\alpha & -\alpha & -\alpha \end{pmatrix} \tag{5-57}$$

具有式（5-57）形式的模板称为 8 - 邻域锐化模板，也称为 8 - 邻域拉普拉斯模板，在 8 个方向上具有各向同性。它既能像 4 - 邻域锐化模板一样对水平和垂直方向边缘有锐化增强作用，也能对对角方向边缘有锐化增强作用。

与平滑模板类似，锐化模板有如下特点：

1）锐化模板的权系数有正有负，表示差分运算。

2）模板内系数之和为 1，表示对常数图像处理前后不变，而对一般图像而言，处理前后平均亮度基本保持不变。

利用模板对图像进行锐化处理时，一般从图像的第二行和第二列的像素点开始，逐点移动模板进行计算，而且始终用原图像。为保证 $3 \times 3$ 的模板内都能套住像素点，图像的四周（第一行、最后一行、第一列和最后一列）不处理。

与模板平滑法一样，模板锐化法等于锐化模板与图像的卷积，计算公式同式（5-55）和式（5-58）。

**3. 图像锐化的实质**

式（5-54）给出了图像的拉普拉斯锐化公式，也可写成如下形式，即

$$g(x,y) = f(x,y) + \alpha\{[f(x,y) - f(x-1,y)] +$$
$$[f(x,y) - f(x+1,y)] + [f(x,y) - f(x,y-1)] +$$
$$[f(x,y) - f(x,y+1)]\} \tag{5-58}$$

式中，右边的 $f(x,y)$ 为原图像的当前处理像素点（称为本点）；$\alpha$ 为锐化强度系数；$\{\cdot\}$ 内为本点分别与其上、下、左、右像素点的灰度差值之和，也就是图像本点处的边缘。因此，图像锐化的实质为

$$\text{锐化图像} = \text{原图像} + \text{加重的边缘} \tag{5-59}$$

即

$$g(x,y) = f(x,y) + \alpha\Delta f \tag{5-60}$$

其中

$$\Delta f = [f(x,y) - f(x-1,y)] + [f(x,y) - f(x+1,y)] +$$
$$[f(x,y) - f(x,y-1)] + [f(x,y) - f(x,y+1)] \tag{5-61}$$

为图像边缘。

通过对锐化本质的了解，可知图像锐化的关键是求图像的边缘，只要能检测出图像边缘，就能按式（5-59）得到锐化结果。除了上面介绍的拉普拉斯算子法和模板法外，还有频域的高通提升滤波法等许多边缘检测的方法。原图像、边缘和锐化结果的关系如图 5-21 所示。

a) 原图像　　　　　　b) 加重的边缘 $\alpha\Delta f$　　　　　c) 锐化结果

图 5-21　原图像、边缘和锐化结果的关系（$\alpha = 2$）

### 5.6.3　图像的边缘检测

图像的边缘是图像最基本的特征，它是灰度值不连续的结果，这种不连续常可利用求导数的方法方便地检测到，一般常用一阶导数和二阶导数来检测边缘。图像中具有不同灰度的相邻区域之间总存在边缘。常见的边缘类型有阶跃型、斜坡型、线状型和屋顶型。阶跃型边缘是一种理想的边缘，由于采样等缘故，边缘处总有一些模糊，因而边缘处会有灰度斜坡，形成了斜坡型边缘。斜坡型边缘的坡度与被模糊的程度成反比，模糊程度高的边缘往往表现为厚边缘。线状型边缘有一个灰度突变，对应图像中的细线条；而屋顶型边缘两侧的灰度斜坡相对平缓，对应粗边缘。在图 5-22 中，第一行是一些具有边缘的图像示例，第二行是沿图像水平方向的一个剖面图，第三和第四行分别为剖面的一阶和二阶导数；第一列和第二列为阶梯状边缘，第三列为脉冲状边缘，第四列为屋顶状边缘。

对于斜坡型边缘，在灰度斜坡的起点和终点，其一阶导数均有一个阶跃，在斜坡处为常数，其他地方为零；其二阶导数在斜坡起点产生一个向上的脉冲，在终点产生一个向下的脉

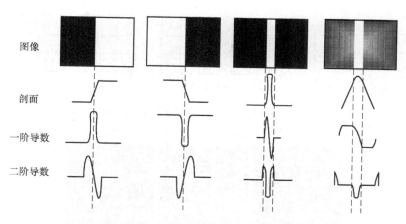

图 5-22　图像中不同类型的边缘

冲，其他地方为零，在两个脉冲之间有一个过零点。因此，通过检测一阶导数的极大值，可以确定斜坡型边缘；通过检测二阶导数的过零点，可以确定边缘的中心位置。对于线状型边缘，在边缘的起点与终点处，其一阶导数都有一个阶跃，分别对应极大值和极小值；在边缘的起点与终点处，其二阶导数都对应一个向上的脉冲，在边缘中心对应一个向下的脉冲，在边缘中心两侧存在两个过零点。因此，通过检测二阶差分的两个过零点，就可以确定线状型边缘的范围；通过检测二阶差分的极小值，可以确定边缘中心位置。屋顶型边缘的一阶导数和二阶导数与线状型类似，通过检测其一阶导数的过零点就可以确定屋顶的位置。

　　由上述分析可以得出以下结论：一阶导数的幅度值可用来检测边缘的存在；通过检测二阶导数的过零点可以确定边缘的中心位置；利用二阶导数在过零点附近的符号可以确定边缘像素位于边缘的暗区还是亮区。另外，一阶导数和二阶导数对噪声非常敏感，尤其是二阶导数。因此，在边缘检测之前应考虑图像平滑，减弱噪声的影响。在数字图像处理中，常利用差分近似微分来求取导数。边缘检测可借助微分算子（包括梯度算子和拉普拉斯算子）在空间域通过模板卷积来实现。

### 1. 梯度算子

梯度对应一阶导数，梯度算子是一阶导数算子。对一个连续函数 $f(x,y)$，它在位置 $(x,y)$ 的梯度可表示为一个矢量，即

$$\nabla f(x,y) = (G_x \quad G_y)^{\mathrm{T}} = \left( \frac{\partial f}{\partial x} \quad \frac{\partial f}{\partial y} \right)^{\mathrm{T}} \tag{5-62}$$

这个矢量的幅度和方向角分别为

$$mag(\nabla f) = \left[ G_x^2 + G_y^2 \right]^{1/2} \tag{5-63}$$

$$\phi(x,y) = \arctan(G_y / G_x) \tag{5-64}$$

在实际中常用小区域模板卷积来近似计算偏导数，即对 $G_x$ 和 $G_y$ 各用一个模板，所以需要两个模板组合起来以构成一个梯度算子。最简单的梯度算子是罗伯特交叉算子，如图 5-23a 所示。常用的还有蒲瑞维特算子、索贝尔算子，分别如图 5-23b、c 所示。

图 5-24 为一组用三组模板计算出来的方向梯度图。其中，第一列分别是用两个罗伯特模板得到的；第二列分别是用两个蒲瑞维特模板得到的；第三列分别是用两个索贝尔模板得到的。

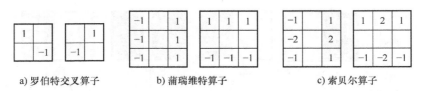

a) 罗伯特交叉算子　　　　b) 蒲瑞维特算子　　　　c) 索贝尔算子

图 5-23　常用的梯度算子

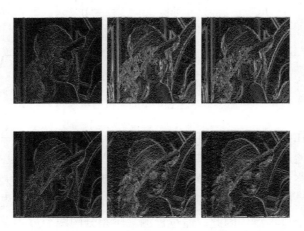

图 5-24　用三组模板计算出来的方向梯度图比较

## 2. 拉普拉斯算子

拉普拉斯算子是一种二阶导数算子，对一个连续函数 $f(x,y)$，它在位置（$x$，$y$）的拉普拉斯值定义为

$$\nabla f^2 = \frac{\partial^2 f}{\partial x^2} + \frac{\partial^2 f}{\partial y^2} \tag{5-65}$$

计算拉普拉斯值的模板里对应中心像素的系数应该是正的，而对应中心像素的邻近像素的系数应该是负的，且它们的和应该是零。常用的两种拉普拉斯模板分别如图 5-25 所示。

用图 5-25 两种模板分别进行边缘检测得到的两幅图像如图 5-26 所示。

图 5-25　常用的两种拉普拉斯模板　　　图 5-26　两种拉普拉斯模板边缘检测结果对比

实际中可将图像与二维高斯函数的拉普拉斯值进行卷积运算，二维高斯函数表示为

$$h(x,y) = \exp\left(-\frac{x^2 + y^2}{2\sigma^2}\right) \tag{5-66}$$

式中，$\sigma$ 为高斯分布的均方差。如果令 $r^2 = x^2 + y^2$，根据拉普拉斯值定义，有

$$\nabla^2 h = \left(\frac{r^2 - \sigma^2}{\sigma^4}\right)\exp\left(-\frac{r^2}{2\sigma^2}\right) \qquad (5\text{-}67)$$

式（5-67）是一个轴对称函数，该算子也称马尔算子，它的一个剖面如图 5-27 所示。

用二阶导数算子检测阶梯状边缘需将算子与图像卷积并确定过零点。图 5-28a 为一幅含有字母 S 的二值图，图 5-28b 为卷积得到的结果，其中将过零点检测出来作为边缘就可以得到图 5-28c。

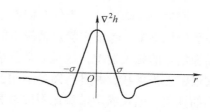

图 5-27　马尔算子剖面图

　　　a) 二值图　　　　　　b) 卷积结果　　　　　c) 边缘检测图

图 5-28　二阶导数算子检测边缘示例

### 3. Canny 边缘检测算子

Canny 边缘检测算子是一个非常普遍和有效的算子。Canny 算子首先对灰度图像用均方差为 $\sigma$ 的高斯滤波器进行平滑，然后对平滑后图像的每个像素计算梯度幅值和梯度方向。梯度方向用于细化边缘，如果当前像素的梯度幅值不高于梯度方向上的两个邻点的梯度幅值，则抑制该像素响应，从而使得边缘细化，这种方法称为非最大抑制。该方法也可以结合其他边缘检测算子来细化边缘。为了便于处理，需要将梯度方向量化到 8 个邻域方向上。Canny 算子使用两个幅值阈值，高阈值用于检测梯度幅值大的强边缘，低阈值用于检测梯度幅值较小的弱边缘。低阈值通常取为高阈值的一半。边缘细化后，就开始跟踪具有高幅值的轮廓。最后，从满足高阈值的边缘像素开始，顺序跟踪连续的轮廓段，将与强边缘相连的弱边缘连接起来。一般情况下，与罗伯特算子和索贝尔算子相比，Canny 算子检测的边缘比较完整。

## 5.6.4　图像复原

与图像增强类似，图像复原技术的最终目的也是改善给定的图像。尽管图像增强和图像复原有相交叉的领域，但图像增强主要是一个主观过程，而图像复原的大部分过程是一个客观过程。图像复原试图利用退化现象的某种先验知识来重建或复原被退化的图像。因而，复原技术就是把退化模型化，并且采用相反的过程进行处理，以便复原出原图像。

### 1. 图像退化/复原过程模型

产生图像降质的因素很多，如光学系统的像差、成像过程的相对运动、X 射线的散布特性、各种外界因素干扰以及噪声等。这里讨论点降质和空间降质两种。所谓点降质是降质因素只影响图像中像素的灰度级变化，而空间降质是指降质因素引起空间模糊，这两种降质一般可用数学上的降质模型来描述。另外，这里讨论的只是数学图像像素点上的复原问题，而不考虑传感器、数/模和模/数变换器及显示器造成的图像退化的复原问题。

产生图像降质的一个复杂因素是随机噪声问题，在形成数字图像的过程中，噪声会不可避免地加进来。考虑有噪声情况下的图像复原问题，就必须知道噪声的统计特性以及噪声和图像信号的相关情况，这是非常复杂的。在实际应用中，往往假设噪声是白噪声，即它的频率谱密度为常数，并且与图像不相关。这种假设是理想情况，因为白噪声的概念是一个数学上的抽象。但在噪声带宽比图像带宽大得多的情况下，该假设还是一个比较可行且方便的模型，同时还应注意，不同的复原技术需要不同的有关噪声的先验信息。

如图 5-29 所示，图像退化过程可以被模型化为一个退化函数和一个加性噪声项，处理一幅输入图像 $f(x,y)$ 产生一幅退化图像 $g(x,y)$。给定 $g(x,y)$ 和关于退化函数 $H$ 的一些知识以及外加噪声项 $n(x,y)$，图像复原的目的就是获得关于原始图像的近似估计 $\hat{f}(x,y)$。希望这一估计尽可能接近原始输入图像，并且 $H$ 和 $n$ 的信息知道得越多，所得到的 $\hat{f}(x,y)$ 就会越接近 $f(x,y)$。

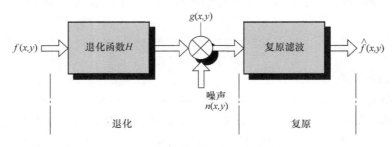

图 5-29　图像退化/复原过程的模型

如果系统 $H$ 是一个线性、空间（或移位）不变的系统，那么在空域中给出的退化图像可表示为

$$g(x,y) = h(x,y) * f(x,y) + n(x,y) \tag{5-68}$$

式中，$h(x,y)$ 为退化函数的空间描述；* 表示空间卷积。由于空域上卷积与频域上乘积相同，式（5-68）可以改写为

$$G(u,v) = H(u,v)F(u,v) + N(u,v) \tag{5-69}$$

式（5-69）中大写字母项为式（5-68）中相应项的傅里叶变换。

在实际中，可用矩阵表达式表示二维离散降质模型，即

$$\mathbf{g} = \mathbf{Hf} + \mathbf{n} \tag{5-70}$$

式中，$\mathbf{g}$、$\mathbf{f}$、$\mathbf{n}$ 为 $M \times N$ 维列向量，这些列向量是由 $M \times N$ 维的函数矩阵 $g(x,y)$、$f(x,y)$ 和 $n(x,y)$ 的各个行堆积而成。

### 2. 几个典型的降质系统的传递函数

从图 5-29 可以看出，建立图像降质模型的关键是寻求降质系统的 $H$，在空域中表示为降质系统的冲激响应 $h(x,y)$；对应于频域，即求 $h(x,y)$ 的傅里叶变换（传递函数）$H(u,v)$。因此，在进行图像复原前，一般应设法求得完全的或近似的降质系统的传递函数 $H(u,v)$。下面介绍几个较典型的降质系统的传递函数。

（1）受衍射限制的空间非相干光学成像系统中由于衍射引起的图像降质的 $H(u,v)$

假设出射光瞳用函数表示为

$$P_e(x,y) = \begin{cases} 1 & \text{当}(x,y)\text{在光瞳内} \\ 0 & \text{当}(x,y)\text{在光瞳外} \end{cases} \tag{5-71}$$

那么，降质系统的传递函数为

$$H(u,v) = \int_{-\infty}^{\infty}\int_{-\infty}^{\infty} P_e(\xi,\eta)P_e(\xi - \lambda D_i u, \eta - \lambda D_i v)\,\mathrm{d}\xi\mathrm{d}\eta \tag{5-72}$$

式中，$\lambda$ 为光的波长；$D_i$ 为出射光瞳到影像平面的距离。

（2）照相机与景物之间的相对运动造成图像降质的 $H(u,v)$

假设照相机在软片上曝光产生的影像除受相对运动影响外，不考虑其他因素的时间变化，根据在快门开启后的时间区间上对瞬时曝光进行积分可得任意点的总曝光量。设 $x_0(t)$ 和 $y_0(t)$ 分别为 $x$ 和 $y$ 方向上的位移量，并认为快门开启和关闭所用的时间非常短，设 $T$ 为曝光时间，假设当前图像在 $x$ 方向以给定的速度 $x_0(t) = at/T$ 做均匀直线运动，在 $y$ 方向以 $y_0 = bt/T$ 做均匀直线运动，则降质系统的传递函数变为

$$H = (u,v) = \frac{T}{\pi(ua + vb)}\sin[\pi(ua + vb)]\mathrm{e}^{-\mathrm{j}\pi(ua + vb)} \tag{5-73}$$

（3）大气湍流造成的图像降质的 $H(u,v)$

在卫星、航空、天文图像中，由于受大气湍流的影响，图像比较模糊。对于长时间曝光的大气湍流降质图像，降质系统传递函数为

$$H(u,v) = \exp\left[-c(u^2 + v^2)^{5/6}\right] \tag{5-74}$$

式中，$c$ 为与湍流性质有关的常数。

对于短时间曝光时大气湍流的影响，其考虑的问题更为复杂。此时，降质系统传递函数变为随机性质，推导较为困难，目前还在研究之中。

## 5.7　MATLAB 仿真

### 1. 用 MATLAB 表示常用离散序列

在 MATLAB 中绘制离散时间信号的波形用 stem 函数。stem 函数的用法与 plot 函数一样，常用格式有 stem（n，y）、stem（y）等。其中 n 为离散时间信号的序号组成的一维向量，y 为相应序号的序列值组成的一维向量。

【例 5-8】　试用 MATLAB 命令画出正弦序列 $x(n) = \sin\left(\dfrac{n\pi}{6}\right)$ 的波形图。

解：MATLAB 程序如下：

```
n = 0:39;
x = sin(pi/6 * n);
stem(n,x,'fill'),xlabel('n'),grid on
title('正弦序列');
axis([0,40,-1.5,1.5]);
```

运行结果如图 5-30 所示。

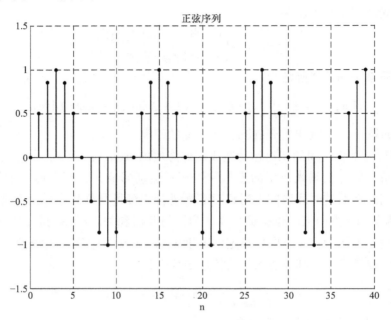

图 5-30　例 5-8 正弦序列波形图

**2. 用 MATLAB 实现常用离散序列的基本运算**

离散时间序列的基本运算也可用 MATLAB 实现，基本运算主要包括加、减、乘、移位、翻转等。两个序列的加减乘除是同序号对应的序列值进行相加减乘除运算，可以用 MATLAB 的点乘、点除来实现。

【例 5-9】　用 MATLAB 命令画出下列离散时间信号的波形图。

(1) $x_1(n) = a^n[u(n) - u(n-N)]$　　　　(2) $x_2(n) = x_1(n+3)$

(3) $x_3(n) = x_1(n+3)$　　　　　　　　　(4) $x_4(n) = x_1(-n)$

解：MATLAB 程序如下：

```
a = 0.8;N = 8;n = -12:12;
x = a.^n;
n1 = n;n2 = n1 - 3;n3 = n1 + 2;n4 = -n1;
subplot(411);
stem(n1,x,'fill'),grid on
title('x1(n)'),axis([-15 15 0 1])
subplot(412);
stem(n2,x,'fill'),grid on
title('x2(n)'),axis([-15 15 0 1])
subplot(413);
stem(n3,x,'fill'),grid on
title('x3(n)'),axis([-15 15 0 1])
subplot(414);
```

stem(n4,x,'fill'),grid on

title('x4(n)'),axis([ -15 15 0 1])

运行结果如图 5-31 所示。

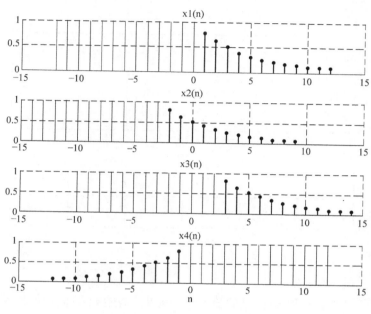

图 5-31　例 5-9 波形图

### 3. 用 MATLAB 实现离散序列的卷积运算

用 MATLAB 求离散时间序列的卷积和的函数为 conv，其语句格式为

$$y = \mathrm{conv}(x, h)$$

其中，x 和 h 表示离散时间信号值的向量，$y$ 为卷积和的结果。

【例 5-10】　利用 MATLAB 的 conv 命令求两个长度为 4 的矩形序列的卷积和运算，即 $g(n) = [u(n) - u(n-4)] * [u(n) - u(n-4)]$，其结果应为长度为 7($4 + 4 - 1 = 7$)的三角序列，用向量（1 1 1 1）表示矩形序列。

解：MATLAB 程序如下：

x1 = [1 1 1 1];

x2 = [1 1 1 1];

g = conv(x1,x2)

如果要将结果绘制出来，则利用 stem 命令，即

subplot(3,1,1),stem(x1),title('x1');

subplot(3,1,2),stem(x2),title('x2');

subplot(3,1,3),n = 1:7;

stem(n,g,'fill'),title('x1 * x2'),grid on,xlabel('n')

运行结果如图 5-32 所示。

【例 5-11】　已知 $h(n) = 0.8n[u(n) - u(n-8)]$，$x(n) = u(n) - u(n-4)$，求 $y(n) = x(n) * h(n)$。

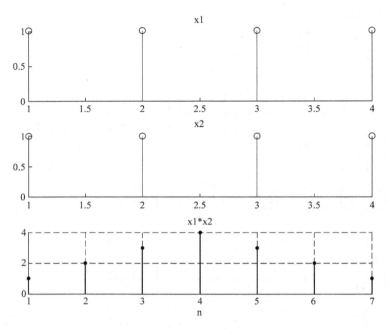

图 5-32    例 5-10 卷积和运算结果

解：由题意可知，描述 $h(n)$ 向量的长度至少为 8，描述 $x(n)$ 向量的长度至少为 4，因此为了图形完整美观，将 $h(n)$ 向量和 $x(n)$ 向量加上一些附加的零值。

MATLAB 程序如下：

```
nx = -1:5;      % x(n)向量显示范围(添加了附加的零值)
nh = -2:10;     % h(n)向量显示范围(添加了附加的零值)
x = uDT(nx) - uDT(nx - 4);
h = 0.8.^nh. * (uDT(nh) — uDT(nh - 8));
y = conv(x,h);
ny1 = nx(1) + nh(1);   % 卷积结果起始点
% 卷积结果长度为两序列长度之和减1，即0 ~ (lengh(nx) + (lengh(nh) - 1)
ny = ny + (0:(length(nx) + length(nh) - 2));
subplot(311)
stem(nx,x,'fill'),grid on
xlabel('n'),title('x(n)')
axis([-4 16 0 3])
subplot(312)
stem( nh,h','fill'),grid on
xlabel('n'),title('h(n)')
axis([-4 16 0 3])
subplot(313)
stem(ny,y, 'fill'),grid on
xlabel('n'),title('y(n) = x(n) * h(n)')
```

axis([ -4 16 0 3])

运行结果如图 5-33 所示。

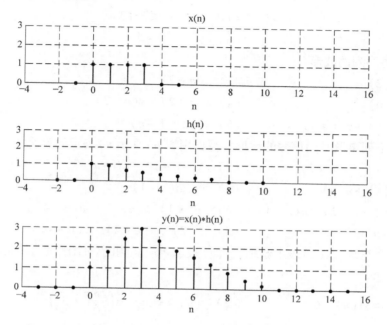

图 5-33　例 5-11 利用卷积求解系统的零状态响应

# 习题

1. 分别画出下列各序列的波形。

(1) $x(n) = \left(\dfrac{1}{2}\right)^n u(n)$　　　　　　(2) $x(n) = 2^n u(n)$

(3) $x(n) = \left(-\dfrac{1}{2}\right)^n u(n)$　　　　　(4) $x(n) = (-2)^n u(n)$

(5) $x(n) = 2^{n-1} u(n-1)$　　　　　(6) $x(n) = \left(\dfrac{1}{2}\right)^{n-1} u(n)$

(7) $x(n) = n u(n)$　　　　　　　(8) $x(n) = -n u(-n)$

(9) $x(n) = 2^{-n} u(-n-1)$　　　　(10) $x(n) = \left(-\dfrac{1}{2}\right)^{-n} u(n)$

2. 序列 $x(n)$ 如图 5-34 所示，试将 $x(n)$ 表示为 $\delta(n)$ 及其延迟的线性组合。

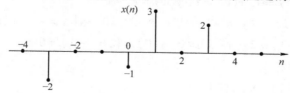

图 5-34　题 2 图

**189**

3. 设序列

$$x(n) = \begin{cases} 0 & n < -2 \\ n+2 & -2 \leqslant n \leqslant 3 \\ 0 & n > 3 \end{cases}$$

画出下列各序列的波形。

(1) $x(n+2)$

(2) $x(n-2)$

(3) $x(1-n)$

(4) $x(n+2)+x(n-2)$

(5) $x(1-n)+x(1+n)$

(6) $x(n)x(1-n)$

4. 试画出下列离散时间信号的波形，写出用 $\delta(n)$ 或 $u(n)$ 表示的表达式。

(1) $u(n+1)u(-n+3)$

(2) $u(-n+1)-u(-n+3)$

(3) $-2\delta(n)+u(n)$

(4) $1-2\delta(n-1)$

(5) $1-[u(-n+1)-u(n+1)]$

(6) $(n^2+1)[\delta(n+2)-\delta(n-4)]$

(7) $1-u(n-2)$

(8) $(-2)^n[u(n+2)-u(n-4)]$

5. 下列每个系统，$x(n)$ 表示激励，$y(n)$ 表示响应。判断每个激励与响应的关系是否线性？是否非移变？

(1) $y(n)=8x(n)+6$

(2) $y(n)=x(n)\cos\left(\dfrac{2n\pi}{5}+\dfrac{\pi}{10}\right)$

(3) $y(n)=[x(n)]^2$

(4) $y(n)=\displaystyle\sum_{m=-\infty}^{n}x(m)$

6. 已知系统的差分方程为 $y(n)-\dfrac{1}{2}y(n-1)=x(n)$，已知起始条件为 $y(-1)=0$，分别求下列输入序列时的输出 $y(n)$，并画出其波形。

(1) $x(n)=\delta(n)$

(2) $x(n)=u(n)$

(3) $x(n)=G_5(n)$

7. 求解下列差分方程。

(1) $y(n)-\dfrac{1}{2}y(n-1)=0$，$y(0)=1$

(2) $y(n)-\dfrac{3}{4}y(n-1)+\dfrac{1}{8}y(n-2)=0$，$y(0)=1$，$y(1)=2$

(3) $y(n)+3y(n-1)=0$，$y(0)=1$

(4) $y(n)+3y(n-1)+2y(n-2)=0$，$y(-1)=2$，$y(-2)=1$

(5) $y(n)+2y(n-1)+y(n-2)=0$，$y(0)=y(-1)=1$

(6) $y(n)+y(n-2)=0$，$y(0)=1$，$y(1)=2$

(7) $y(n)-7y(n-1)+16y(n-2)-12y(n-3)=0$，$y(0)=-1$，$y(1)=-3$，$y(2)=-5$

(8) $y(n)+2y(n-1)+2y(n-2)=0$，$y(0)=1$，$y(-1)=0$

8. 求下列差分方程。

(1) $y(n)+5y(n-1)=n$，$y(0)=1$

(2) $y(n)+2y(n-1)=n-2$，$y(0)=1$

（3）$y(n) + 2y(n-1) + y(n-2) = 3^n$，$y(0) = y(-1) = 0$

（4）$y(n) - 5y(n-1) + 6y(n-2) = u(n)$，$y(-1) = 3$，$y(-2) = 5$

（5）$y(n) - 5y(n-1) + 6y(n-2) = 2(0.5)^n u(n)$，$y(-1) = 0$，$y(-2) = 2$

（6）$y(n) - 3y(n-1) + 2y(n-2) = u(n) + 3u(n-1)$，$y(0) = 1$，$y(1) = 1$

9. 已知离散时间 LTI 系统的单位阶跃响应为 $g(n) = \left[ 2 - \left( \frac{1}{2} \right)^n + \left( -\frac{3}{2} \right)^n \right] u(n)$，求系统的单位取样响应 $h(n)$。

10. 若一离散时间 LTI 系统对激励 $x(n) = \left( \frac{1}{2} \right)^n u(n) - \frac{1}{4} \left( \frac{1}{2} \right)^{n-1} u(n-1)$ 所产生的零状态响应为 $y(n) = \left( \frac{1}{3} \right)^n u(n)$，求该系统的差分方程和单位取样响应。

11. 若一离散时间 LTI 系统对激励 $x(n) = (n+2) \left( \frac{1}{2} \right)^n u(n)$ 所产生的零状态响应为 $y(n) = \left( \frac{1}{4} \right)^n u(n)$，求系统的零状态响应为 $y(n) = \delta(n) - \left( -\frac{1}{2} \right)^n u(n)$ 时系统的输入序列。

12. 一人每年初在银行存款一次，设其第 $n$ 年新存款额为 $x(n)$，若银行年息为 $r$，每年所得利息自动转存下年，以 $y(n)$ 表示第 $n$ 年的总存款额，试列写其差分方程。

13. 求下列信号的卷积。

（1）$e^{-2n} u(n) * e^{-3n} u(n)$ 

（2）$2^n u(n) * 2^n u(n)$

（3）$\left( \frac{1}{2} \right)^n u(n) * u(n)$ 

（4）$[u(n) - u(n-4)] * [u(n) - u(n-4)]$

（5）$nu(n) * nu(n)$ 

（6）$[u(n) - u(n-4)] * \sin\left( \frac{n\pi}{2} \right)$

（7）$\sin\left( \frac{n\pi}{2} \right) u(n) * \sin\left( \frac{n\pi}{2} \right) u(n)$ 

（8）$\sin\left( \frac{n\pi}{2} \right) u(n) * 2^n u(n)$

14. 已知各系统的激励 $x(n)$ 和单位取样响应 $h(n)$ 的波形如图 5-35 所示，求其零状态响应的波形。

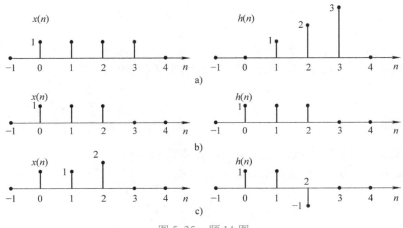

图 5-35    题 14 图

# 第6章 离散时间信号与系统的 $z$ 域分析

**【本章教学目标与要求】**

1）掌握离散信号的正逆 Z 变换求解及其收敛域。

2）掌握离散信号的 Z 变换性质。

3）掌握离散系统的复频域分析方法。

4）掌握利用系统函数零极点位置判断离散系统的因果稳定性。

第 5 章讨论了离散时间信号与系统的时域分析，这与连续时间信号与系统的时域分析有很多相似之处。由前面章节的学习可知，连续时间信号与系统还有变换域的分析方法，即傅里叶变换和拉普拉斯变换。同样，离散时间信号与系统也有类似的变换域分析方法，即离散傅里叶变换和 Z 变换。在离散时间信号与系统的理论研究中，Z 变换成为一种重要的数学工具。它把离散系统的数学模型——差分方程转化为简单的代数方程，使其求解过程得以简化。因而，Z 变换在离散系统中的地位与作用，类似于连续系统中的拉普拉斯变换。

本章首先讨论 Z 变换的定义、性质以及它与拉普拉斯变换、傅里叶变换的关系。在此基础上研究离散时间系统的 $z$ 域分析，给出离散系统的系统函数与频率响应的概念。必须指出，类似于连续系统的 $s$ 域分析，在离散系统的 $z$ 域分析中将看到，利用系统函数在 $z$ 平面零极点分布特性研究系统的时域特性、频域特性以及稳定性等方法也具有同样重要的意义。

## 6.1 Z 变换

Z 变换可以由拉普拉斯变换引入，本节首先给出 Z 变换的定义。

6-1 Z 变换的定义

### 6.1.1 Z 变换的定义

Z 变换与拉普拉斯变换类似，也分为单边 Z 变换和双边 Z 变换。假设某序列 $x(n)$，其双边 Z 变换的定义为

$$X(z) = \sum_{n=-\infty}^{+\infty} x(n) z^{-n} \tag{6-1}$$

式中，$z$ 是一个复变量，它所在的平面称为 $z$ 平面。将 $X(z)$ 展开可得

$$X(z) = \cdots + x(-1)z^1 + x(0)z^0 + x(1)z^{-1} + \cdots + x(k)z^{-k} + \cdots \tag{6-2}$$

由式（6-2）可以看出，$X(z)$ 是关于 $z^{-1}$ 的一个幂级数，$z^{-k}$ 的系数就是 $x(k)$。注意：在 Z 变换的定义中，对自变量 $n$ 求和的区间是 $[-\infty, +\infty]$，称为双边 Z 变换。其单边 Z 变换的定义为

$$X(z) = \sum_{n=0}^{+\infty} x(n)z^{-n} \tag{6-3}$$

单边 Z 变换的求和区间是 $[0, +\infty]$。对于因果序列，两种 Z 变换的结果是一样的。由于实际的离散信号一般为因果序列，所以后面主要讨论单边 Z 变换。

离散信号的 Z 变换可以由取样信号的拉普拉斯变换引入。一个连续时间信号 $x(t)$ 进行等间隔理想采样可得到取样信号 $x_s(t)$，可以表示为

$$\begin{aligned}
x_s(t) &= x(t)\delta_T(t) \\
&= x(t) \sum_{n=-\infty}^{+\infty} \delta(t-nT) \\
&= \sum_{n=-\infty}^{+\infty} x(nT)\delta(t-nT)
\end{aligned} \tag{6-4}$$

取样信号的拉普拉斯变换为

$$X_s(s) = \int_{-\infty}^{\infty} x_a(t)\mathrm{e}^{-st}\mathrm{d}t = \int_{-\infty}^{\infty} \left[ \sum_{n=-\infty}^{\infty} x(nT)\delta(t-nT) \right] \mathrm{e}^{-st}\mathrm{d}t$$

将积分与求和的次序对调，并利用冲激函数的抽样特性，便可得到取样信号的拉普拉斯变换为

$$X_s(s) = \sum_{n=-\infty}^{\infty} x(nT)\mathrm{e}^{-snT} \tag{6-5}$$

此时，如果引入一个新的复变量 $z$，令

$$z = \mathrm{e}^{sT}$$

或写为

$$s = \frac{1}{T}\ln z$$

则式（6-5）变成了复变量 $z$ 的函数式 $X(z)$，即

$$X(z) = \sum_{n=-\infty}^{\infty} x(n)z^{-n} \tag{6-6}$$

如果序列 $x(t)$ 各取样值与取样信号 $x(t)\delta_T(t)$ 各冲激函数的强度相对应，即可借助符号 $z = \mathrm{e}^{sT}$，将抽样信号的拉普拉斯变换移植来表示离散时间信号的 Z 变换。

【例 6-1】　若某离散序列 $x(n) = u(n)$，试求该序列的 Z 变换。

解：由 Z 变换的定义可得

$$X(z) = \sum_{n=-\infty}^{\infty} u(n)z^{-n} = \sum_{n=0}^{\infty} z^{-n}$$

$X(z)$ 级数求和的存在是有条件的，即级数公比 $|z^{-1}| < 1$ 时级数收敛，求和才存在，此时计算出 $X(z) = \dfrac{1}{1-z^{-1}}$，$|z| > 1$。$|z| > 1$ 称为 $X(z)$ 的收敛域。由例 6-1 可知，求序列的 Z

变换时一定要求其收敛域，否则是没有意义的。下面讨论 Z 变换的收敛域。

## 6.1.2　Z 变换的收敛域

式（6-1）Z 变存在的条件是等号右边的级数收敛，要求级数绝对可和，即

$$\sum_{n=-\infty}^{\infty} |x(n)z^{-n}| < \infty \tag{6-7}$$

则满足式（6-7）条件的所有 Z 值的集合称为 Z 变换的收敛域。一般 Z 变换的收敛域是环状域，即

$$R_{x-} < |z| < R_{x+}$$

令 $z = re^{j\omega}$，代入上式得 $R_{x-} < r < R_{x+}$。收敛域示意图如图 6-1 所示，收敛域是由半径为 $R_{x+}$ 和 $R_{x-}$ 的两个圆形成的环状区域。其中，$R_{x-}$ 可以小到零，$R_{x+}$ 可以大到无穷大。当 $r = 1$ 时，称为单位圆。

常用的 Z 变换是一个关于 $z$ 的有理函数，可以表示为

$$X(z) = \frac{P(z)}{Q(z)}$$

式中，分子多项式 $P(z)$ 的根称为 $X(z)$ 的零点；分母多项式 $Q(z)$ 的根称为 $X(z)$ 的极点。在极点处的 Z 变换是不存在的，收敛域中不含极点。因此，收敛域总是用极点来限定其边界。

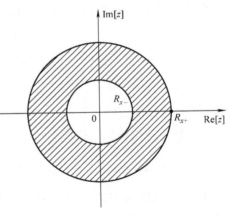

图 6-1　收敛域示意图

下面讨论几种序列的 Z 变换收敛域问题，了解序列特性对收敛域的影响可以帮助快速判断序列的 Z 变换收敛域。

### 1. 有限长序列

有限长序列只在有限的区间（$n_1 \leqslant n \leqslant n_2$）具有非零的有限值，可以表示为

$$x(n) = \begin{cases} x(n) & n_1 \leqslant n \leqslant n_2 \\ 0 & 其他 \end{cases}$$

此时该序列的 Z 变换为

$$X(z) = \sum_{n=n_1}^{n_2} x(n)z^{-n}$$

由于 $n_1$、$n_2$ 是有限整数，因而上式是一个有限项级数。由该级数可以看出，当 $n_1 < 0$、$n_2 > 0$ 时，除 $z = \infty$ 及 $z = 0$ 外，$X(z)$ 在 $z$ 平面上处处收敛，即收敛域为 $0 < |z| < \infty$。当 $n_1 < 0$ 时，$X(z)$ 的收敛域为不包括 $\infty$ 点。当 $n_2 > 0$ 时，$X(z)$ 的收敛域不包含 0 点。如果是因果序列，收敛域包含 $z = \infty$ 点。具体有限长序列的收敛域可以表示为

$$n_1 < 0, \ n_2 \leqslant 0 \ \text{时}, \ 0 \leqslant |z| < \infty$$

$$n_1 < 0, \ n_2 > 0 \ \text{时}, \ 0 < |z| < \infty$$

$$n_1 \geqslant 0, \ n_2 > 0 \ \text{时}, \ 0 < |z| \leqslant \infty$$

【例 6-2】　求序列 $x(n) = R_N(n)$ 的 Z 变换及其收敛域。

解：序列 $x(n)$ 的 Z 变换为

$$X(z) = \sum_{n=-\infty}^{\infty} R_N(n) z^{-n} = \sum_{n=0}^{N-1} z^{-n} = \frac{1 - z^{-N}}{1 - z^{-1}}$$

$X(z)$ 是一个有限长因果序列，因此收敛域为 $0 \leqslant |z| < \infty$。$z = 1$ 既是零点也是极点，零极点对消，$X(z)$ 在单位圆上仍存在。

**2. 右边序列**

右边序列是指当 $n < n_1$ 时 $x(n) = 0$，序列只有在 $n \geqslant n_1$ 时才有值，可以表示为

$$x(n) = \begin{cases} x(n) & n \geqslant n_1 \\ 0 & n < n_1 \end{cases}$$

此时序列的 Z 变换为

$$X(z) = \sum_{n=n_1}^{\infty} x(n) z^{-n}$$

右边序列的收敛域是半径为 $R_{x-}$ 的圆外部分。如果 $n_1 \geqslant 0$，则收敛域包括 $z = \infty$，即 $|z| > R_{x-}$；如果 $n_1 < 0$，则收敛域不包括 $z = \infty$，即 $R_{x-} < |z| < \infty$。显然，当 $n_1 = 0$ 时，右边序列变成因果序列，也就是说，因果序列是右边序列的一种特殊情况，它的收敛域是 $R_{x-} < |z| \leqslant \infty$。

【例 6-3】　求序列 $x(n) = a^n u(n)$ 的 Z 变换及其收敛域。

解：序列 $x(n)$ 的 Z 变换为

$$X(z) = \sum_{n=-\infty}^{\infty} a^n u(n) z^{-n} = \sum_{n=0}^{\infty} a^n z^{-n} = \frac{1}{1 - a z^{-1}}$$

$X(z)$ 是一个右边序列且为因果序列，收敛域包含 $\infty$ 点，又因为 $X(z)$ 的极点是 $z = a$ 点，收敛域不能包含极点，所以其收敛域为 $(a, +\infty]$。

**3. 左边序列**

左边序列是当 $n > n_2$ 时，$x(n) = 0$，而 $n \leqslant n_2$ 时，序列值不全为零。此时序列的 Z 变换为

$$X(z) = \sum_{n=-\infty}^{n_2} x(n) z^{-n}$$

左边序列的收敛域是半径为 $R_{x+}$ 的圆内部分。如果 $n_2 > 0$，则收敛域不包括 $z = 0$，即 $0 < |z| < R_{x+}$，如果 $n_2 \leqslant 0$，则收敛域包括 $z = 0$，即 $0 \leqslant |z| < R_{x+}$。

**4. 双边序列**

双边序列是从 $n = -\infty$ 延伸到 $n = +\infty$ 的序列，一般可写为

$$X(z) = \sum_{n=-\infty}^{\infty} x(n) z^{-n} = \sum_{n=0}^{\infty} x(n) z^{-n} + \sum_{n=-\infty}^{-1} x(n) z^{-n}$$

显然，可以把双边序列看成右边序列和左边序列的 Z 变换的和。上式右边第一个级数是右边序列，其收敛域为 $|z| > R_{x-}$；第二个级数是左边序列，收敛域为 $|z| < R_{x+}$。如果 $R_{x+} > R_{x-}$，则 $X(z)$ 的收敛域是两个级数收敛域的交集部分，即

$$R_{x-} < |z| < R_{x+}$$

如果 $R_{x-} > R_{x+}$，则两个级数不存在公共收敛域，此时 $X(z)$ 不收敛。

【例 6-4】 求序列 $x(n) = a^n u(n) - b^n u(-n-1)$ 的 Z 变换，并确定其收敛域（其中 $b > a$，$b > 0$，$a > 0$）。

解：序列 $x(n)$ 是一个双边序列，其单边 Z 变换为

$$X(z) = \sum_{n=0}^{\infty} x(n) z^{-n} = \sum_{n=0}^{\infty} [a^n u(n) - b^n u(-n-1)] z^{-n} = \sum_{n=0}^{\infty} a^n z^{-n}$$

如果 $|z| > a$，则上面的级数收敛，可得

$$X(z) = \sum_{n=0}^{\infty} a^n z^{-n} = \frac{z}{z-a}$$

其零点位于 $z = 0$，极点位于 $z = a$，收敛域为 $|z| > a$。

序列 $x(n)$ 的双边 Z 变换为

$$
\begin{aligned}
X(z) &= \sum_{n=-\infty}^{\infty} x(n) z^{-n} \\
&= \sum_{n=-\infty}^{\infty} [a^n u(n) - b^n u(-n-1)] z^{-n} \\
&= \sum_{n=0}^{\infty} a^n z^{-n} - \sum_{n=-\infty}^{-1} b^n z^{-n} \\
&= \sum_{n=0}^{\infty} a^n z^{-n} + 1 - \sum_{n=0}^{\infty} b^{-n} z^n
\end{aligned}
$$

如果 $|z| > a$，$|z| < b$，则上面的级数收敛，可得

$$X(z) = \frac{z}{z-a} + 1 + \frac{b}{z-b} = \frac{z}{z-a} + \frac{z}{z-b}$$

显然，序列 $x(n)$ 的双边 Z 变换的零点位于 $z = 0$ 及 $z = \dfrac{a+b}{2}$，极点位于 $z = a$ 与 $z = b$，收敛域为 $b > |z| > a$。

## 6.2　Z 变换的性质

下面介绍 Z 变换的重要性质。

### 1. 线性性质

线性性质满足叠加性与均匀性，即若

$$ZT[x(n)] = X(z) \quad R_{x1} < |z| < R_{x2}$$
$$ZT[y(n)] = Y(z) \quad R_{y1} < |z| < R_{y2}$$

则

$$ZT[ax(n) + by(n)] = aX(z) + bY(z) \quad R_1 < |z| < R_2 \tag{6-8}$$

式中，$a$、$b$ 为任意常数。相加后序列的 Z 变换收敛域一般为两个收敛域的公共部分，即 $R_1$ 取 $R_{x1}$ 与 $R_{y1}$ 中较大者，而 $R_2$ 取 $R_{x2}$ 与 $R_{y2}$ 中较小者，记为 $\max(R_{x1}, R_{y1}) < |z| < \min(R_{x2}, R_{y2})$。

**2. 移位性质**

假设

$$X(z) = ZT[x(n)] \quad R_{x-} < |z| < R_{x+}$$

则

$$ZT[x(n-1)] = z^{-1}X(z) + x(-1) \tag{6-9}$$

将式（6-9）加以推广，可得

$$ZT[x(n-2)] = z^{-2}X(z) + z^{-1}x(-1) + x(-2) \tag{6-10}$$

$$ZT[x(n-m)] = z^{-m}\left[X(z) + \sum_{k=1}^{m} x(-k)z^k\right] \tag{6-11}$$

当 $x(-1) = x(-2) = \cdots = x(-m) = 0$ 时

$$ZT[x(n-m)] = z^{-m}X(z) \tag{6-12}$$

移位性质能将关于 $x(n)$ 的差分方程转化为关于 $X(z)$ 的代数方程，它对简化分析离散时间系统起着非常重要的作用。

**3. $z$ 域微分性质**

若

$$ZT[x(n)] = X(z)$$

则

$$ZT[nx(n)] = -z\frac{\mathrm{d}X(z)}{\mathrm{d}z} \tag{6-13}$$

**证明：**

$$\frac{\mathrm{d}X(z)}{\mathrm{d}z} = \frac{\mathrm{d}}{\mathrm{d}z}\left[\sum_{n=-\infty}^{\infty} x(n)z^{-n}\right] = \sum_{n=-\infty}^{\infty} x(n)\frac{\mathrm{d}}{\mathrm{d}z}(z^{-n})$$

$$= -\sum_{n=-\infty}^{\infty} nx(n)z^{-n-1} = -z^{-1}\sum_{n=-\infty}^{\infty} nx(n)z^{-n}$$

$$= -z^{-1}ZT[nx(n)]$$

因此

$$ZT[nx(n)] = -z\frac{\mathrm{d}X(z)}{\mathrm{d}z}$$

**4. 乘以指数序列**

若

$$ZT[x(n)] = X(z) \quad R_{x-} < |z| < R_{x+}$$
$$y(n) = a^n x(n) \quad a \text{ 为常数}$$

则

$$Y(z) = ZT[a^n x(n)] = X(a^{-1}z) \quad |a|R_{x-} < |z| < |a|R_{x+} \tag{6-14}$$

**证明：**　$Y(z) = \sum_{n=-\infty}^{\infty} a^n x(n)z^{-n} = \sum_{n=-\infty}^{\infty} x(n)(a^{-1}z)^{-n} = X(a^{-1}z)$

因为 $R_{x-} < |a^{-1}z| < R_{x+}$，可得 $|a|R_{x-} < |z| < |a|R_{x+}$。如果 $X(z)$ 在 $z = z_1$ 处有极点，

则 $Y(z)$ 在 $z = az_1$ 处有极点。

### 5. 初值定理

若 $x(n)$ 是因果序列，已知 $X(z) = ZT[x(n)] = \sum_{n=0}^{\infty} x(n)z^{-n}$

则

$$x(0) = \lim_{z \to \infty} X(z) \tag{6-15}$$

证明：因为

$$X(z) = \sum_{n=0}^{\infty} x(n)z^{-n} = x(0) + x(1)z^{-1} + x(2)z^{-2} + \cdots$$

当 $z \to \infty$ 时，上式中的级数除了第一项 $x(0)$ 外，其他各项都趋近于零，所以

$$\lim_{z \to \infty} X(z) = \lim_{z \to \infty} \sum_{n=0}^{\infty} x(n)z^{-n} = x(0)$$

### 6. 终值定理

若 $x(n)$ 是因果序列，已知 $X(z) = ZT[x(n)] = \sum_{n=0}^{\infty} x(n)z^{-n}$，其 Z 变换的极点除了一个一阶极点在 $z = 1$ 上，其他极点均在单位圆内，则

$$\lim_{n \to \infty} x(n) = \lim_{z \to \infty} [(z-1)X(z)] \tag{6-16}$$

证明：因为

$$ZT[x(n+1) - x(n)] = zX(z) - zx(0) - X(z)$$
$$= (z-1)X(z) - zx(0)$$

取极限得

$$\lim_{z \to 1}(z-1)X(z) = x(0) + \lim_{z \to 1} \sum_{n=0}^{\infty} [x(n+1) - x(n)]z^{-n}$$
$$= x(0) + [x(1) - x(0)] + [x(2) - x(1)] + [x(3) - x(2)] + \cdots$$
$$= x(0) - x(0) + x(\infty)$$

所以

$$\lim_{z \to 1}(z-1)X(z) = x(\infty)$$

从推导中可以看出，终值定理只有当 $n \to \infty$ 时 $x(n)$ 收敛才可应用，也就是说要求 $X(z)$ 的极点必须处在单位圆内（在单位圆上只能位于 $z = 1$ 点且是一阶极点）。

### 7. 时域卷积定理

已知两序列 $x(n)$、$h(n)$，其 Z 变换为

$$X(z) = ZT[x(n)] \qquad R_{x-} < |z| < R_{x+}$$
$$H(z) = ZT[h(n)] \qquad R_{h-} < |z| < R_{h+}$$

则

$$ZT[x(n) * h(n)] = X(z)H(z) \tag{6-17}$$

在一般情况下，式（6-17）的收敛域是 $X(z)$ 与 $H(z)$ 收敛域的重叠部分，即 $\max(R_{x-}, R_{h-}) < |z| < \min(R_{x+}, R_{h+})$。若位于某一 Z 变换收敛域边缘上的极点被另一 Z 变换的零点抵消，则收敛域将会扩大。

证明：因为

$$ZT[x(n) * h(n)] = \sum_{n=-\infty}^{\infty} [x(n) * h(n)] z^{-n}$$

$$= \sum_{n=-\infty}^{\infty} \sum_{m=-\infty}^{\infty} x(m) h(n-m) z^{-n}$$

$$= \sum_{m=-\infty}^{\infty} x(m) \sum_{n=-\infty}^{\infty} h(n-m) z^{-(n-m)} z^{-m}$$

$$= \sum_{m=-\infty}^{\infty} x(m) z^{-m} H(z)$$

所以

$$ZT[x(n) * h(n)] = X(z) H(z)$$

可见两序列在时域中的卷积等效于在 $z$ 域中两序列 Z 变换的乘积。若 $x(n)$ 与 $h(n)$ 分别为线性时不变离散系统的激励序列和单位脉冲响应，那么在求系统的响应序列 $y(n)$ 时，可以避免卷积运算，而借助于式（6-17）通过 $X(z)H(z)$ 的逆 Z 变换求出 $y(n)$，在很多情况下会更方便些。

【例 6-5】 求下列两单边指数序列的卷积：

$$x(n) = a^n u(n)$$
$$h(n) = b^n u(n)$$

解：因为

$$X(z) = \frac{z}{z-a} \quad |z| > |a|$$

$$H(z) = \frac{z}{z-b} \quad |z| > |b|$$

由 Z 变换的卷积性质可得

$$Y(z) = X(z) H(z) = \frac{z^2}{(z-a)(z-b)}$$

显然，其收敛域为 $|z| > |a|$ 与 $|z| > |b|$ 的重叠部分。

将 $Y(z)$ 部分分式展开，可得

$$Y(z) = \frac{1}{a-b} \left( \frac{az}{z-a} - \frac{bz}{z-b} \right)$$

其逆变换为

$$y(n) = \frac{1}{a-b} (a^{n+1} - b^{n+1}) u(n)$$

## 6.3 逆 Z 变换

### 6.3.1 幂级数展开法

因为 $x(n)$ 的 Z 变换定义为 $z^{-1}$ 的幂级数，即

$$X(z) = \sum_{n=-\infty}^{\infty} x(n)z^{-n}$$

所以，只要在给定的收敛域内把 $X(z)$ 展成幂级数，级数的系数就是序列 $x(n)$。

在一般情况下，$X(z)$ 是有理函数，令分子多项式为 $N(z)$，分母多项式为 $D(z)$。如果 $X(z)$ 的收敛域是 $|z| > R_{x1}$，则 $x(n)$ 必然是因果序列，此时 $N(z)$、$D(z)$ 按 $z$ 的降幂（或 $z^{-1}$ 的升幂）次序进行排列。如果收敛域是 $|Z| < R_{x2}$，则 $x(n)$ 必然是左边序列，此时 $N(z)$、$D(z)$ 按 $z$ 的升幂（或 $z^{-1}$ 的降幂）次序进行排列。然后利用长除法，可将 $X(z)$ 展成幂级数，从而得到 $x(n)$。

【例 6-6】 求 $X(z) = \dfrac{z}{(z-1)^2}$ 的逆变换 $x(n)$，收敛域为 $|z| > 1$。

解：由于 $X(z)$ 的收敛域是 $|z| > 1$，因而 $x(n)$ 必然是因果序列。此时 $X(z)$ 按 $z$ 的降幂排列为

$$X(z) = \frac{z}{z^2 - 2z + 1}$$

进行长除，可得

$$
\begin{array}{r}
z^{-1} + 2z^{-2} + 3z^{-3} + \cdots \\[4pt]
z^2 - 2z + 1 \overline{\smash{\big)}\, z} \\[4pt]
\underline{z - 2 + z^{-1}} \\[4pt]
2 - z^{-1} \\[4pt]
\underline{2 - 4z^{-1} + 2z^{-2}} \\[4pt]
3z^{-1} - 2z^{-2} \\[4pt]
\underline{3z^{-1} - 6z^{-2} + 3z^{-3}} \\[4pt]
4z^{-2} - 3z^{-3} \\[4pt]
\cdots
\end{array}
$$

所以
$x$
$$X(z) = z^{-1} + 2z^{-2} + 3z^{-3} + \cdots$$
$$= \sum_{n=1}^{\infty} nz^{-n}$$

得到
$$x(n) = nu(n)$$

### 6.3.2 部分分式展开法

序列的 Z 变换通常是 $z$ 的有理函数，可表示为有理分式形式。类似于拉普拉斯变换中部分分式展开法，在这里，

6-2 部分分式
展开法

也可以先将 $X(z)$ 展开成一些简单而常见的部分分式之和，然后分别求出各部分分式的逆变换，再把各逆变换相加即可得到 $x(n)$。

Z 变换的基本形式为 $\dfrac{z}{z - z_m}$，在利用 Z 变换的部分分式展开法时，通常先将 $\dfrac{X(z)}{z}$ 展开，然后每个分式乘以 $z$，这样对于一阶极点，$X(z)$ 便可展开成 $\dfrac{z}{z - z_m}$ 形式。

下面先给出一个简单的例题，然后讨论部分分式展开法的一般公式。

【例 6-7】　试用部分分式展开法求解 $X(z) = \dfrac{z^2}{z^2 - 1.5z + 0.5}$ 的逆变换 $x(n)$（$|z| > 1$）。

解：因为

$$X(z) = \frac{z^2}{(z - 1)(z - 0.5)}$$

只包含一阶极点 $z_1 = 0.5$，$z_2 = 1$。按部分分式展开为

$$\frac{X(z)}{z} = \frac{A_1}{z - 0.5} + \frac{A_2}{z - 1}$$

其中

$$A_1 = \left[ \frac{X(z)}{z}(z - 0.5) \right]_{z = 0.5} = -1$$

$$A_2 = \left[ \frac{X(z)}{z}(z - 1) \right]_{z = 1} = 2$$

所以 $X(z)$ 展开为

$$X(z) = \frac{2z}{z + 1} - \frac{z}{z - 0.5}$$

因为 $|z > 1|$，所以 $x(n)$ 是因果序列，由前一节导出的 Z 变换关系式可得

$$x(n) = (2 - 0.5^n)u(n)$$

一般情况下，$X(z)$ 的表达式为

$$X(z) = \frac{N(z)}{D(z)} = \frac{b_0 + b_1 z + \cdots + b_{r-1} z^{r-1} + b_r z^r}{a_0 + a_1 z + \cdots + a_{k-1} z^{k-1} + b_k z^k} \tag{6-18}$$

对于因果序列，其 Z 变换收敛域为 $|z| > R$，为保证在 $z = \infty$ 处收敛，其分母多项式的阶次不低于分子多项式的阶次，即满足 $k \geqslant r$。

如果 $X(z)$ 只含有一阶极点，则 $\dfrac{X(z)}{z}$ 可以展开为

$$\frac{X(z)}{z} = \sum_{m=0}^{k} \frac{A_m}{z - z_m}$$

即

$$X(z) = \sum_{m=0}^{k} \frac{A_m z}{z - z_m} \tag{6-19}$$

式中，$z_m$ 为 $\dfrac{X(z)}{z}$ 的极点；$A_m$ 为 $z_m$ 的留数，它等于

$$A_m = Res\left[\frac{X(z)}{z}\right]_{z=z_m} = \left[(z-z_m)\frac{X(z)}{z}\right]_{z=z_m}$$

或者将式（6-19）表示为

$$X(z) = A_0 + \sum_{m=1}^{K}\frac{A_m z}{z-z_m} \tag{6-20}$$

式中，$z_m$ 为 $X(z)$ 的极点，而 $A_0$ 为

$$A_0 = [X(z)]_{z=0} = \frac{b_0}{a_0} \tag{6-21}$$

若 $X(z)$ 中含有高阶极点，式（6-19）、式（6-20）应当加以修正，若 $X(z)$ 除含有 $M$ 个一阶极点外，在 $z=z_i$ 处还含有一个 $s$ 阶极点，此时 $X(z)$ 应展开为

$$X(z) = \sum_{m=0}^{M}\frac{A_m z}{z-z_m} + \sum_{j=1}^{s}\frac{B_j z}{(z-z_i)j}$$

$$= A_0 + \sum_{m=1}^{M}\frac{A_m z}{z-z_m} + \sum_{j=1}^{s}\frac{B_j z}{(z-z_i)j}$$

其中 $A_m$ 的确定方法同前，而 $B_j$ 为

$$B_j = \frac{1}{(s-j)!}\left[\frac{\mathrm{d}^{s-j}}{\mathrm{d}z^{s-j}}(z-z_i)^s\frac{X(z)}{z}\right]_{z=z_i} \tag{6-22}$$

在这种情况下，$X(z)$ 也可展开为

$$X(z) = A_0 + \sum_{m=1}^{M}\frac{A_m z}{z-z_m} + \sum_{j=1}^{s}\frac{C_j z^j}{(z-z_i)j} \tag{6-23}$$

其中，对于 $j=s$ 项系数有

$$C_s = \left[\left(\frac{z-z_i}{z}\right)^b X(z)\right]_{z=z_i} \tag{6-24}$$

其他各 $C_j$ 系数由待定系数法求出。

在这两种展开式中，部分分式的基本形式为 $\frac{z}{(z-z_i)j}$ 或 $\frac{z^j}{(z-z_i)j}$。表 6-1 ~ 表 6-3 中给出了相应的逆变换。其中，表 6-1 为 $|z|>a$ 对应右边序列的情况，而表 6-2 为 $|z|<a$ 对应左边序列的情况。由表 6-1 利用延时定理容易导出补充表 6-3。作为练习，读者还可由表 6-2 导出类似的补充表。

**表 6-1　逆 Z 变换表（一）**

| Z 变换（$|z|>|a|$） | 序列 |
|---|---|
| $\dfrac{z}{z-1}$ | $u(n)$ |
| $\dfrac{z}{z-a}$ | $a^n u(n)$ |
| $\dfrac{z^2}{(z-a)^2}$ | $(n+1)a^n u(n)$ |
| $\dfrac{z^3}{(z-a)^3}$ | $\dfrac{(n+1)(n+2)}{2!}a^n u(n)$ |
| $\dfrac{z^4}{(z-a)^4}$ | $\dfrac{(n+1)(n+2)(n+3)}{3!}a^n u(n)$ |
| $\dfrac{z^{m+1}}{(z-a)^{m+1}}$ | $\dfrac{(n+1)(n+2)\cdots(n+m)}{m!}a^n u(n)$ |

表 6-2　逆 Z 变换表（二）

| Z 变换（$|z| < |a|$） | 序列 |
|---|---|
| $\dfrac{z}{z-1}$ | $-u(-n-1)$ |
| $\dfrac{z}{z-a}$ | $-a^n u(-n-1)$ |
| $\dfrac{z^2}{(z-a)^2}$ | $-(n+1)a^n u(-n-1)$ |
| $\dfrac{z^3}{(z-a)^3}$ | $-\dfrac{(n+1)(n+2)}{2!}a^n u(-n-1)$ |
| $\dfrac{z^4}{(z-a)^4}$ | $-\dfrac{(n+1)(n+2)(n+3)}{3!}a^n u(-n-1)$ |
| $\dfrac{z^{m+1}}{(z-a)^{m+1}}$ | $-\dfrac{(n+1)(n+2)\cdots(n+m)}{m!}a^n u(-n-1)$ |

表 6-3　逆 Z 变换表（三）

| Z 变换（$|z| > |a|$） | 序列 |
|---|---|
| $\dfrac{z}{(z-1)^2}$ | $mu(n)$ |
| $\dfrac{az}{(z-a)^2}$ | $na^n u(n)$ |
| $\dfrac{z}{(z-1)^3}$ | $\dfrac{n(n-1)}{2!}u(n)$ |
| $\dfrac{z}{(z-1)^4}$ | $\dfrac{n(n-1)(n-2)}{3!}u(n)$ |
| $\dfrac{z}{(z-1)^{m+1}}$ | $\dfrac{n(n-1)\cdots(n-m+1)}{m!}u(n)$ |

## 6.4　离散时间系统的 $z$ 域分析

　　与连续时间系统的拉普拉斯变换分析相类似，在分析离散时间系统时，可以通过 Z 变换把描述离散时间系统的差分方程转化为代数方程。此外，$z$ 域中导出的离散系统函数的概念同样能更方便、深入地描述离散系统本身的固有特性。

　　离散时间系统的 Z 变换分析法与时域分析法一样，可以分别求出零输入响应和零状态响应，然后叠加求得全响应；也可以直接求得全响应。

**1. 零输入响应**

　　假设描述离散时间系统的是一个二阶差分方程

$$a_2 y(n-2) + a_1 y(n-1) + a_0 y(n) = b_2 x(n-2) + b_1 x(n-1) + b_0 x(n)$$

当输入 $x(n)=0$ 时，可得相应的齐次差分方程为

$$a_2 y(n-2) + a_1 y(n-1) + a_0 y(n) = 0$$

将差分方程两边进行 Z 变换，利用线性和移位性质，可得

$$a_2[z^{-2}Y(z) + z^{-1}y(-1) + y(-2)] + a_1[z^{-1}Y(z) + y(-1)] + a_0 Y(z) = 0$$

式中，$Y(z)$ 为零输入响应 $y_{zi}(n)$ 的 Z 变换 $Y_{zi}(z)$；$y(-2)$ 和 $y(-1)$ 为系统的零输入初始条

件 $y_{zi}(-2)$ 和 $y_{zi}(-1)$。整理后，可得

$$Y_{zi}(z) = \frac{a_2[y_{zi}(-2) + y_{zi}(-1)z^{-1}] + a_1 y(-1)}{a_2 z^{-2} + a_1 z^{-1} + a_0} \tag{6-25}$$

对 $Y_{zi}(z)$ 进行逆 Z 变换就可以求出零输入响应 $y_{zi}(n)$。

推广到 $n$ 阶离散系统，相应的齐次方程为

$$\sum_{i=0}^{n} a_i y(n-i) = 0$$

对上式进行 Z 变换，整理后可得

$$Y_{zi}(z) = \frac{\displaystyle\sum_{i=1}^{n} a_i \sum_{k=0}^{i-1} y_{zi}(k-i)z^{-k}}{\displaystyle\sum_{i=0}^{n} a^i z^{-i}} \tag{6-26}$$

该部分与系统的输入无关，称为零输入响应。

【例6-8】 若某二阶差分方程为

$$y(n) - y(n-1) - 2y(n-2) = x(n) + 2x(n-2)$$

初始条件 $y(-2) = -\dfrac{1}{2}$，$y(-1) = 2$，试求该系统的零输入响应。

解：当输入 $x(n) = 0$ 时，相应的齐次方程为

$$y(n) - y(n-1) - 2y(n-2) = 0$$

方程两边同求 Z 变换，整理得

$$Y_{zi}(z) = \frac{-2[y(-2) + y(-1)z^{-1}] - y(-1)}{-2z^{-2} - z^{-1} + 1}$$

代入初始条件 $y(-2) = -\dfrac{1}{2}$，$y(-1) = 2$，可得

$$Y_{zi}(z) = \frac{z^2 + 4z}{z^2 - z - 2} = \frac{2z}{z-2} + \frac{-z}{z+1}$$

求逆 Z 变换可得系统的零输入响应为

$$y_{zi}(n) = [2(2)^n - (-1)^n]u(n)$$

**2. 零状态响应**

在离散时间系统的时域分析法中，已经导出了零状态响应等于激励函数与单位函数响应的卷积和，即

$$y_{zs}(n) = x(n) * h(n) \tag{6-27}$$

对式（6-27）进行 Z 变换，并应用时域卷积定理，有

$$Y_{zs}(z) = X(z)H(z) \tag{6-28}$$

式中，$X(z)$、$H(z)$ 和 $Y_{zs}(z)$ 分别为激励函数 $x(n)$、单位函数响应 $h(n)$ 和零状态响应 $y_{zs}(n)$ 的 Z 变换。最后，进行逆 Z 变换，即可得到零状态响应。

设 $N$ 阶差分方程为 $\displaystyle\sum_{k=0}^{N} a_k y(n-k) = \sum_{k=0}^{M} b_k x(n-k)$，系统初始状态为 0，即 $y(-1) = y$

$(-2) = \cdots = y(-N) = 0$。对该 $N$ 阶差分方程等式两边进行 Z 变换，可得

$$\sum_{k=0}^{N} a_k Y(z) z^{-k} = \sum_{k=0}^{M} b_k X(z) z^{-k}$$

$$Y(z) = \frac{\sum_{k=0}^{M} b_k z^{-k}}{\sum_{k=0}^{N} a_k z^{-k}} X(z) \tag{6-29}$$

将式（6-29）中的 $Y(z)$ 进行逆 Z 变换就可以得到零状态响应 $y_{zs}(n)$，即

$$y_{zs}(n) = IZT[Y(z)]$$

该部分与系统初始状态无关。

在连续时间系统中，冲激响应 $h(t)$ 的拉普拉斯变换 $H(s)$ 是连续时间系统的系统函数。在离散时间系统中，单位函数响应 $h(n)$ 的 Z 变换 $H(z)$ 是离散时间系统的系统函数，简称离散系统函数。连续时间系统的系统函数 $H(s)$ 可以直接由微分方程的拉普拉斯变换求出。同样，离散时间系统的系统函数 $H(z)$ 也可以直接由差分方程的 Z 变换求出。

**3. 全响应**

离散系统的全响应为零状态响应与零输入响应的和，即

$$y(n) = y_{zs}(n) + y_{zi}(n) \tag{6-30}$$

【例 6-9】　已知差分方程 $y(n) = by(n-1) + x(n)$，其中 $x(n) = a^n u(n)$，$y(-1) = 2$，求 $y(n)$。

解：将已知差分方程进行 Z 变换，可得

$$Y(z) = bz^{-1} Y(z) + by(-1) + X(z)$$

$$Y(z) = \frac{by(-1)}{1 - bz^{-1}} + \frac{X(z)}{1 - bz^{-1}}$$

则

零输入响应的 Z 变换　　　$Y_{zi}(z) = \dfrac{by(-1)}{1 - bz^{-1}} = \dfrac{2b}{1 - bz^{-1}}$

零输入响应　　　$y_{zi}(n) = IZT[Y_{zi}(z)] = 2b^{n+1}$

零状态响应的 Z 变换 $Y_{zs}(z) = \dfrac{X(z)}{1 - bz^{-1}} = \dfrac{1}{(1 - bz^{-1})(1 - az^{-1})}$

零输入响应　　　$y_{zs}(n) = IZT[Y_{zs}(z)] = \dfrac{1}{a - b}(a^{n+1} - b^{n+1})$

因此　　　$y(n) = y_{zi}(n) + y_{zs}(n) = 2b^{n+1} + \dfrac{1}{a - b}(a^{n+1} - b^{n+1}) \quad n \geq 0$

## 6.5　系统函数与系统稳定性

**1. 单位脉冲响应与系统函数**

一个线性时不变离散系统在时域中可以用线性常系数差分方程来描述。之前已经给出了

这种差分方程的一般形式为

$$\sum_{k=0}^{N} a_k y(n-k) = \sum_{r=a}^{M} b_r x(n-r)$$

若激励 $x(n)$ 是因果系统，且系统处于零状态，此时，由上式的 Z 变换可得

$$Y(z) \sum_{k=0}^{N} a_k z^{-k} = X(z) \sum_{r=0}^{M} b_r z^{-r}$$

于是有

$$H(z) = \frac{Y(z)}{X(z)} = \frac{\sum\limits_{r=0}^{M} b_r z^{-r}}{\sum\limits_{k=0}^{N} a_k z^{-k}} \qquad (6\text{-}31)$$

$$Y(z) = H(z) X(z)$$

式中，$H(z)$ 称为离散系统的系统函数，它表示系统的零状态响应与激励的 Z 变换之比。

式（6-31）的分子与分母多项式经因式分解可以改写为

$$H(z) = G \frac{\prod\limits_{r=1}^{M}(1 - z_r z^{-1})}{\prod\limits_{k=1}^{N}(1 - p_k z^{-1})} \qquad (6\text{-}32)$$

式中，$z_r$ 为 $H(z)$ 的零点；$p_k$ 为 $H(z)$ 的极点。$z_r$、$p_k$ 由差分方程的系数 $a_k$ 与 $b_r$ 决定。

由第 5 章已知，系统的零状态响应也可以用激励与单位脉冲响应的卷积表示，即

$$y(n) = x(n) * h(n)$$

由时域卷积定理，可得

$$Y(z) = H(z) X(z)$$
$$y(n) = IZT[H(z) X(z)] \qquad (6\text{-}33)$$

其中

$$H(z) = ZT[h(n)] = \sum_{n=0}^{\infty} h(n) z^{-n} \qquad (6\text{-}34)$$

可见，系统函数 $H(z)$ 与单位脉冲响应 $h(n)$ 是一对 Z 变换。因此，可以利用卷积求系统的零状态响应，也可以借助系统函数与激励 Z 变换式乘积的逆 Z 变换求此响应。

【例 6-10】 求下列差分方程所描述的离散系统的系统函数和单位脉冲响应。

$$y(n) - ay(n-1) = bx(n)$$

解：将差分方程两边取 Z 变换，并利用位移特性，可得

$$Y(z) - az^{-1}Y(z) - ay(-1) = bX(z)$$
$$Y(z)(1 - az^{-1}) = bX(z) + ay(-1)$$

如果系统处于零状态，即 $y(-1) = 0$，则由式（6-31）可得

$$H(z) = \frac{b}{1 - az^{-1}} = \frac{bz}{z - a}$$
$$h(n) = ba^n u(n)$$

**2. 系统的因果稳定性**

（1）由系统函数的零极点分布确定单位脉冲响应

6-3 系统的
因果稳定性

与拉普拉斯变换在连续系统中的作用类似，在离散系统中，Z 变换建立了时间函数 $x(n)$ 与 z 域函数 $X(z)$ 之间一定的转换关系。因此，可以从 Z 变换函数 $X(z)$ 的形式反映出时间函数 $x(n)$ 的内在性质。对于一个离散系统来说，如果它的系统函数 $H(z)$ 是有理函数，那么分子多项式和分母多项式都可分解为因子形式，它们的因子分别表示 $H(z)$ 的零点和极点的位置，即

$$H(z) = \frac{\sum_{r=0}^{M} b_r z^{-r}}{\sum_{k=0}^{N} a_k z^{-k}} = G \frac{\prod_{r=1}^{M} (1 - z_r z^{-1})}{\prod_{k=1}^{N} (1 - p_k z^{-1})} \tag{6-35}$$

由于系统函数 $H(z)$ 与单位取样响应 $h(n)$ 是一对 Z 变换，即

$$H(z) = ZT[h(n)]$$
$$h(n) = IZT[H(z)]$$

所以，完全可以从 $H(z)$ 的零极点的分布情况，确定单位取样响应 $h(n)$ 的性质。如果把 $H(z)$ 展开成部分分式，那么 $H(z)$ 每个极点将决定一项对应的时间序列。对于具有一阶极点 $p_1$，$p_2$，$\cdots$，$p_N$ 的系统函数，若 $N > M$，则 $h(n)$ 可表示为

$$h(n) = IZT[H(z)]$$

$$= IZT\left[ G \frac{\prod_{r=1}^{M} (1 - z_r z^{-1})}{\prod_{k=1}^{N} (1 - p_k z^{-1})} \right]$$

$$= IZT\left[ \sum_{k=0}^{N} \frac{A_k z}{z - p_k} \right] \tag{6-36}$$

其中，$p_0 = 0$。式（6-36）可表示为

$$h(n) = IZT\left[ A_0 + \sum_{k=1}^{N} \frac{A_k z}{z - p_k} \right]$$

$$= A_0 \delta(n) + \sum_{k=1}^{N} A_k (p_k)^n u(n) \tag{6-37}$$

其中，极点 $p_k$ 可以是实数，但一般情况下，它以成对的共轭复数形式出现。由式（6-37）可见，单位取样响应 $h(n)$ 的特性取决于 $H(z)$ 的极点，其幅度由系数 $A_k$ 决定，而 $A_k$ 与 $H(z)$ 的零点分布有关。与拉普拉斯变换类似，$H(z)$ 的极点决定 $h(n)$ 的波形特征，而零点只影响 $h(n)$ 的幅度与相位。

（2）离散时间系统的稳定性和因果性

前面已从时域特性研究了离散时间系统的稳定性和因果性，下面从 z 域特征考察系统的稳定与因果特性。

离散时间系统稳定的充分必要条件是单位取样响应 $h(n)$ 绝对可和，即

$$\sum_{n=-\infty}^{\infty} |h(n)| < \infty \qquad (6-38)$$

由 Z 变换定义和系统函数定义可知

$$H(z) = \sum_{n=-\infty}^{\infty} |h(n)| z^{-n} \qquad (6-39)$$

当 $z=1$（在 $z$ 平面单位圆上）时，有

$$H(z) = \sum_{n=-\infty}^{\infty} h(n) \qquad (6-40)$$

为使系统稳定应满足

$$\sum_{n=-\infty}^{\infty} h(n) < \infty \qquad (6-41)$$

式（6-41）表明，对于稳定系统 $H(z)$ 的收敛域应包含单位圆在内。

对于因果系统，$h(n) = h(n)u(n)$ 为因果序列，其 Z 变换的收敛域包含 $\infty$ 点，通常收敛域表示为某圆外区 $a < |z| \le \infty$。

实际中经常遇到的稳定因果系统应同时满足以上两方面的条件，即 $H(z)$ 的收敛域既包含单位圆也要包含 $\infty$ 点，即收敛域为

$$a < |z| \le \infty, 0 < a < 1 \qquad (6-42)$$

【例 6-11】 表示某离散系统的差分方程为

$$y(n) + 0.2y(n-1) - 0.24y(n-2) = x(n) + x(n-1)$$

1）求系统函数 $H(z)$。

2）讨论此因果系统 $H(z)$ 的收敛域和稳定性。

3）求单位脉冲响应 $h(n)$。

4）当激励 $x(n)$ 为单位阶跃序列时，求零状态响应 $y(n)$。

解：1）将差分方程两边取 Z 变换，得

$$Y(z) + 0.2z^{-1}Y(z) - 0.24z^{-2}Y(z) = X(z) + z^{-1}X(z)$$

于是

$$H(z) = \frac{Y(z)}{X(z)} = \frac{1 + z^{-1}}{1 + 0.2z^{-1} - 0.24z^{-2}}$$

也可写为

$$H(z) = \frac{z(z+1)}{(z-0.4)(z+0.6)}$$

2）$H(z)$ 的两个极点分别位于 $0.4$ 和 $-0.6$，它们都在单位圆内，该因果系统的收敛域为 $|z| > 0.6$，且包含 $z = \infty$ 点，是一个稳定的因果系统。

3）将 $H(z)/z$ 展开成部分分式，可得

$$H(z) = \frac{1.4z}{z-0.4} - \frac{0.4z}{z+0.6} \qquad |z| > 0.6$$

取逆 Z 变换，可得单位脉冲响应为

$$h(n) = [1.4(0.4)^n - 0.4(-0.6)^n]u(n)$$

4）若激励

$$x(n) = u(n)$$

则

$$X(z) = \frac{z}{z-1} \quad |z| > 1$$

于是

$$Y(z) = H(z)X(z) = \frac{z^2(z+1)}{(z-1)(z-0.4)(z+0.6)}$$

将 $Y(z)$ 展开成部分分式，可得

$$Y(z) = \frac{2.08z}{z-1} - \frac{0.93z}{z-0.4} - \frac{0.15z}{z+0.6} \quad |z| > 1$$

取逆 Z 变换后，可得 $y(n)$ 为

$$y(n) = [2.08 - 0.93(0.4)^n - 0.15(-0.6)^n]u(n)$$

## 6.6　Z 变换在数字滤波器设计中的应用

### 6.6.1　数字滤波器的基本概念

与模拟滤波器相比而言，数字滤波器的输入与输出均为数字信号，通过数值运算处理来改变输入信号所含频率成分的相对比例，从而实现改变信号频谱的目的。因此，数字滤波器和模拟滤波器概念相同，只是信号的形式和实现滤波的方法不同。由于数字滤波器是通过数字运算来实现滤波的，所以数字滤波器的处理精度高、稳定、体积小、灵活，可以实现模拟滤波器无法实现的特殊滤波功能，因此数字滤波器的应用更为广泛。

数字滤波器也可以对模拟信号进行处理，只需要在滤波前将模拟信号经过模/数转换器（A/D 转换器），将其变成离散信号，再经过数字滤波器进行滤波，得到的数字信号再经过数/模转换器（D/A 转换器），将数字信号转换成模拟信号输出。整个过程如图 6-2 所示。

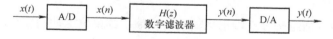

图 6-2　数字滤波器处理模拟信号过程示意图

数字滤波器的分类方法有很多，总体上可以分为经典滤波器和现代滤波器。经典滤波器的特点是其输入信号中有用的频率成分和希望滤除的频率成分各占有不同的频带，这样通过一个合适的滤波器就可以滤除干扰。如果有用信号与干扰的频谱相互重叠，则经典滤波器不能有效地滤除干扰，这时则需要现代滤波器，如维纳滤波器、卡尔曼滤波器等。现代滤波器是根据随机信号的一些统计特性，在某种最佳准则下，最大限度地抑制干扰，从而达到最佳的滤波目的。

经典数字滤波器从滤波特性上分类，可以分为低通、高通、带通和带阻滤波器。它们的理想幅频特性如图 6-3 所示。理想数字滤波器是不可能实现的，只能按照某些准则设计滤波器，使之在误差容限内逼近理想滤波器，理想滤波器可以作为逼近的目标。

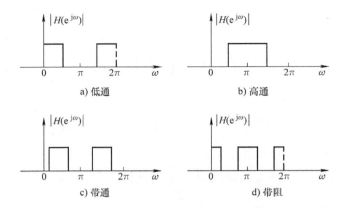

图6-3　理想低通、高通、带通和带阻数字滤波器的幅频特性

数字滤波器根据实现的网络结构或者从单位脉冲响应的长度分类，可以分为无限长单位脉冲响应（IIR）数字滤波器和有限长单位脉冲响应（FIR）数字滤波器。

这里主要讨论最后一种分类，即 IIR 数字滤波器和 FIR 数字滤波器的特点及其设计方法。

**1. IIR 数字滤波器**

IIR 数字滤波器又称为递归型数字滤波器，其特点是输出 $y(n)$ 不仅取决于输入值，而且还取决于输出值，所以 IIR 数字滤波器的差分方程为

$$y(n) = \sum_{i=0}^{m} b_i x(n-i) - \sum_{i=1}^{n} a_i y(n-i) \tag{6-43}$$

其系统函数为

$$H(z) = \frac{\sum_{i=0}^{m} b_i z^{-i}}{1 + \sum_{i=1}^{n} a_i z^{-i}} \tag{6-44}$$

IIR 数字滤波器网络结构存在输出到输入的反馈，其单位脉冲响应长度是无限长的。

**2. FIR 数字滤波器**

当式（6-43）中系数 $a_i = 0$ 时，IIR 数字滤波器的差分方程变为 FIR 数字滤波器的差分方程，即

$$y(n) = \sum_{i=0}^{m} b_i x(n-i) \tag{6-45}$$

其系统函数为

$$H(z) = \sum_{i=0}^{m} b_i z^{-i} \tag{6-46}$$

FIR 数字滤波器的系统函数 $H(z)$ 除了 $z = 0$ 点外，没有零点和极点，属于全零系统。这种系统总是稳定的，网络结构不存在反馈支路，其单位脉冲响应长度是有限长的。这里只介绍数字滤波器的基本概念，更加深入全面的讨论会在后续的"数字信号处理"课程中学习。

**3. 数字滤波器的性能指标**

假设数字滤波器的频率响应函数 $H(e^{j\omega})$ 为

$$H(e^{j\omega}) = |H(e^{j\omega})| e^{j\theta(\omega)} \tag{6-47}$$

式中，$|H(e^{j\omega})|$ 称为幅频特性函数；$\theta(\omega)$ 称为相频特性函数。幅频特性表示信号通过该滤波器后各频率成分振幅衰减的情况，而相频特性反映的是各频率成分通过滤波器后在时间上的延时情况。常用的数字滤波器都是幅频滤波器，一般只考虑幅频特性，对相频特性不做要求。对于图 6-3 中的各种理想滤波器，必须设计一个因果可实现的滤波器去近似实现。因此实际设计时通带和阻带都允许一定的误差，即通带不是完全水平，阻带也不是绝对衰减到零，通带和阻带之间还设置一定宽度的过渡带。

图 6-4 为低通滤波器的幅频特性指标示意图，其中 $\omega_p$ 和 $\omega_s$ 表示通带截止频率和阻带截止频率。通带频率范围为 $0 \le |\omega| \le \omega_p$，在通带中要求 $(1-\delta_1) < |H(e^{j\omega})| < 1$。阻带截止频率范围为 $\omega_s \le |\omega| \le \pi$，在阻带中要求 $|H(e^{j\omega})| < \delta_2$。从 $\omega_p$ 到 $\omega_s$ 称为过渡带。

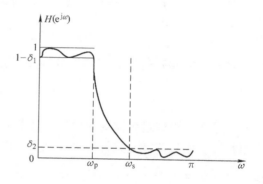

图 6-4　低通滤波器的幅频特性指标示意图

## 6.6.2　数字滤波器的设计

IIR 数字滤波器和 FIR 数字滤波器的设计方法不同。IIR 数字滤波器的设计方法有间接法和直接法：间接法可以借助模拟滤波器去设计，主要的设计方法有脉冲响应不变法和双线性变换法；直接法需要解联立方程，设计时需要计算机辅助。而 FIR 数字滤波器的设计不能采用间接法，常用的方法有窗函数法、频率采样法等。

**1. IIR 数字滤波器的设计**

利用模拟滤波器的成熟理论及其设计技术来设计 IIR 数字滤波器是常用的方法。其设计过程为：按照数字滤波器的技术指标来设计一个过渡的模拟滤波器 $H_a(s)$，再按照一定的转化关系将 $H_a(s)$ 转换为数字滤波器的系统函数 $H(z)$。因此，设计的关键是找到 $s$ 平面到 $z$ 平面的转换关系，而且要求转换后系统函数的稳定性保持不变。对转换关系有以下两点要求：

① 因果稳定的模拟滤波器转换成数字滤波器后，也要保持因果稳定。模拟滤波器因果稳定要求系统函数 $H_a(s)$ 的极点全部位于 $s$ 平面的左半平面，而数字滤波器因果稳定要求系统函数 $H(z)$ 的极点全部位于 $z$ 平面的单位圆内。因此，$s$ 平面的左半平面应该映射到 $z$ 平面的单位圆内。

② 数字滤波器的频率响应要模仿模拟滤波器的频率响应特性，$s$ 平面的虚轴映射为 $z$ 平面的单位圆，相应的频率间呈线性关系。

将模拟滤波器的系统函数 $H_a(s)$ 从 $s$ 平面转换到 $z$ 平面有很多方法，这里只介绍脉冲响应不变法和双线性变换法，以及这两种方法的 MATLAB 仿真。

（1）脉冲响应不变法

脉冲响应不变法的思想是使数字滤波器的单位脉冲响应序列 $h(n)$ 模仿模拟滤波器的冲激

响应 $h_a(t)$，让 $h(n)$ 正好等于 $h_a(t)$ 的采样值，即 $h(n) = h_a(nT)$，其中 $T$ 为采样间隔。如果以 $H_a(s)$ 及 $H(z)$ 分别表示 $h_a(t)$ 的拉普拉斯变换及 $h(n)$ 的 Z 变换，则具体转换过程如下。

假设模拟滤波器 $H_a(s)$ 只有单极点，且分母多项式的阶次比分子高，将 $H_a(s)$ 部分分式展开，可得

$$H_a(s) = \sum_{i=1}^{N} \frac{A_i}{s - s_i} \tag{6-48}$$

式中，$s_i$ 为单极点。将 $H_a(s)$ 进行拉普拉斯变换，可得

$$h_a(t) = \sum_{i=1}^{N} A_i e^{s_i t} u(t) \tag{6-49}$$

对 $h_a(t)$ 进行采样，采样间隔为 $T$，可得

$$h(n) = h_a(nT) = \sum_{i=1}^{N} A_i e^{s_i nT} u(nT) \tag{6-50}$$

对式（6-50）进行 Z 变换，可得数字滤波器的系统函数 $H(z)$，即

$$H(z) = \sum_{i=1}^{N} \frac{A_i}{1 - e^{s_i T} z^{-1}} \tag{6-51}$$

由于整个设计过程需要对模拟滤波器的冲激响应 $h_a(t)$ 进行采样，如果模拟滤波器具有带限特性，而且 $T$ 满足采样定理，则数字滤波器的频率响应完全模仿了模拟滤波器的频率响应。这是脉冲响应不变法的最大优点。但是，一般模拟滤波器不是带限的，即不限于 $\pm\frac{\pi}{T}$ 之间，所以实际上总是存在频谱混叠失真。

（2）双线性变换法

脉冲响应不变法的最大缺点是存在频谱混叠失真。双线性变换法从原理上彻底消除了频谱混叠，所以双线性变换法在 IIR 数字滤波器的设计中得到更广泛的应用。

双线性变换法为了克服频谱混叠，用非线性频率压缩方法，将整个模拟频率轴压缩到 $\pm\frac{\pi}{T}$ 之间。设模拟滤波器系统函数为 $H_a(s)$，$s = j\Omega$，经过非线性频率压缩后用 $H_a(s_1)$ 表示系统函数，$s_1 = j\Omega_1$，用正切变换实现频率压缩，即

$$\Omega = \frac{2}{T} \tan\left(\frac{1}{2}\Omega_1 T\right) \tag{6-52}$$

将 $s$ 平面上整个虚轴全部压缩至 $s_1$ 平面上虚轴的 $\pm\frac{\pi}{T}$ 之间，由式（6-52）可得

$$j\Omega = \frac{2}{T} \frac{1 - e^{-j\Omega_1 T}}{1 + e^{-j\Omega_1 T}} \tag{6-53}$$

代入 $s = j\Omega$，$s_1 = j\Omega_1$，可得

$$s = \frac{2}{T} \frac{1 - e^{-s_1 T}}{1 + e^{-s_1 T}} \tag{6-54}$$

再通过 $z = e^{s_1 T}$ 从 $s_1$ 平面转换到 $z$ 平面，可得到

$$s = \frac{2}{T} \frac{1 - z^{-1}}{1 + z^{-1}} \tag{6-55}$$

所以用双线性变换法直接将模拟滤波器系统函数 $H_a(s)$ 转换成数字滤波器系统函数 $H(z)$ 的变换公式为

$$H(z) = H_a(s) \Big|_{s=\frac{2}{T}\frac{1-z^{-1}}{1+z^{-1}}} \tag{6-56}$$

双线性变换法最大的优点是克服了频谱混叠，但缺点是数字频率与模拟频率之间的非线性映射关系，典型模拟滤波器幅频响应曲线经过双线性变换后，所得数字滤波器幅频响应曲线有较大的失真。

### 2. FIR 数字滤波器的设计

FIR 数字滤波器设计最简单的方法是窗函数法，通常也称为傅里叶级数法。它是在时域进行的，因而必须由理想滤波器的频率响应 $H_d(e^{j\omega})$ 推导出其单位冲激响应 $h_d(n)$，再设计一个 FIR 数字滤波器的单位冲激响应 $h(n)$ 去逼近 $h_d(n)$。

用窗函数法设计 FIR 滤波器的步骤如下：

1）根据过渡带宽及阻带衰减要求，选择窗函数的类型并估计窗口长度 $N$（或阶数 $M = N-1$），窗函数类型可根据最小阻带衰减 $A_s$ 独立选择，因为窗口长度 $N$ 对最小阻带衰减 $A_s$ 没有影响，在确定窗函数类型以后，可根据过渡带宽小于给定指标确定所拟用的窗函数的窗口长度 $N$。设待求滤波器的过渡带宽为 $\Delta\omega$，它与窗口长度 $N$ 近似成反比，窗函数类型确定后，其计算公式即已确定，不过这些公式是近似的，得出的窗口长度还要在计算中逐步修正，原则是在保证阻带衰减满足要求的情况下，尽量选择较小的 $N$，在 $N$ 和窗函数类型确定后，即可调用 MATLAB 中的窗函数求出窗函数 $\omega(n)$。

2）根据待求滤波器的理想频率响应求出理想单位脉冲响应 $h_d(n)$，如果给出待求滤波器频率应为 $H_d(e^{j\omega})$，则理想的单位脉冲响应可以用傅里叶逆变换式求出，即

$$h_d(n) = \frac{1}{2\pi} \int_{-\pi}^{\pi} H_d(e^{j\omega}) e^{j\omega} d\omega \tag{6-57}$$

在一般情况下，$h_d(n)$ 不能用封闭公式表示，需要采用数值方法表示；从 $\omega=0$ 到 $\omega=2\pi$ 采样 $N$ 点，采用离散傅里叶逆变换（IDFT）即可求出。

3）计算滤波器的单位脉冲响应 $h(n)$，它是理想单位脉冲响应和窗函数的乘积。

4）计算技术指标是否满足要求，为了计算数字滤波器在频域中的特性，可调用 freqz 子程序，如果不满足要求，可根据具体情况调整窗函数类型或长度，直到满足要求为止。

使用窗函数法设计时要满足以下两个条件：

1）窗谱主瓣应尽可能地窄，以获得较陡的过渡带。

2）尽量减少窗谱的最大旁瓣的相对幅度，也就是使能量尽量集中于主瓣，减小峰肩和纹波，进行增加阻带的衰减。

窗函数的选择原则是：具有较低的旁瓣幅度，尤其是第一旁瓣的幅度；旁瓣的幅度下降的速率要快，以利于增加阻带的衰减；主瓣的宽度要窄，这样可以得到比较窄的过渡带。

通常上述几点难以同时满足。实际设计 FIR 数字滤波器时往往要求线性相位，因此要求 $\omega(n)$ 满足线性相位的条件，即要求 $\omega(n)$ 满足

$$\omega(n) = \omega(N-1-n) \tag{6-58}$$

所以，窗函数不仅有截短的作用，而且能够起到平滑的作用，因此在很多领域得到了应用。

### 6.6.3 数字滤波器的 MATLAB 仿真

#### 1. IIR 数字滤波器的 MATLAB 仿真

IIR 数字滤波器的设计方法主要有脉冲响应不变法和双线性变换法，这两种设计方法步骤类似：

1）确定数字低通技术指标，即通带边界频率 $\omega_p$、通带衰减 $\alpha_p$、阻带边界频率 $\omega_s$ 和阻带衰减 $\alpha_s$。

2）将数字低通指标转换成模拟低通指标，$\alpha_p$、$\alpha_s$ 不变。如果是脉冲响应不变法，边界频率为：$\Omega_p = \dfrac{\omega_p}{2}$，$\Omega_s = \dfrac{\omega_s}{2}$；如果是双线性变换法，边界频率非线性频率预畸校正为：$\Omega_p = \dfrac{2}{T}\tan\left(\dfrac{\omega_p}{2}\right)$，$\Omega_s = \dfrac{2}{T}\tan\left(\dfrac{\omega_s}{2}\right)$。

3）设计模拟低通滤波器。常用的模拟滤波器的设计函数有：切比雪夫 I 型阶数计算函数 $[N, wn] = cheb1ord(Wc, Wr, \delta, At, 's')$ 及设计函数 $[B, A] = cheby1(N, \delta, wn, 'high', 's')$；巴特沃思滤波器阶数计算函数 $[N, wn] = buttord(Wc, Wr, \delta, At, 's')$ 及设计函数 $[B, A] = butter(N, \delta, wn, 'high', 's')$。

4）转换成数字低通滤波器，即脉冲响应不变法函数 impinvar( ) 或者双线性变换法函数 bilinear( )。

【例 6-12】 $f_c = 0.2\text{kHz}$，$\delta = 1\text{dB}$，$f_r = 0.3\text{kHz}$，$A_t = 25\text{dB}$，$T = 1\text{ms}$；分别用脉冲响应不变法及双线性变换法设计一个巴特沃思（Butterworth）数字低通滤波器，观察所设计数字滤波器的幅频特性曲线，比较这两种方法的优缺点。

解：MATLAB 程序如下：

```
T = 0.001;fs = 1000;
fc = 200;fr = 300;
wp1 = 2 * pi * fc;wr1 = 2 * pi * fr;
[N1,wn1] = buttord(wp1,wr1,1,25,'s')
[B1,A1] = butter(N1,wn1,'s');
[num1,den1] = impinvar(B1,A1,fs);%脉冲响应不变法
[h1,w] = freqz(num1,den1);
wp2 = 2 * fs * tan(2 * pi * fc/(2 * fs))
wr2 = 2 * fs * tan(2 * pi * fr/(2 * fs))
[N2,wn2] = buttord(wp2,wr2,1,25,'s')
[B2,A2] = butter(N2,wn2,'s');
[num2,den2] = bilinear(B2,A2,fs);%双线性变换法
[h2,w] = freqz(num2,den2);
f = w/(2 * pi) * fs;
plot(f,20 * log10(abs(h1)),'-.',f,20 * log10(abs(h2)),'-');
axis([0,500,-100,10]);grid;xlabel('频率/Hz');ylabel('幅度/dB')
        title('巴特沃思数字低通滤波器');
```

legend('脉冲响应不变法','双线性变换法');

运行结果如图 6-5 所示。

**2. FIR 数字滤波器的 MATLAB 仿真**

这里主要介绍用窗函数法设计 FIR 数字滤波器的 MATLAB 仿真。经常用到的窗函数有矩形窗（boxcar）、汉明窗（hamming）、汉字窗（hanning）、布莱克曼窗（blackman）等，不同的窗函数及窗口长度对 FIR 数字滤波器的特性影响也不一样。主要设计步骤如下：

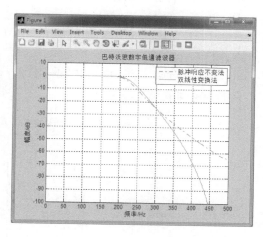

1）根据对过渡带及阻带衰减的指标要求，选择窗函数的类型，并估计窗口长度 $N$。

2）构造希望逼近的频率响应函数 $H_d(e^{j\omega})$。

3）计算 $h_d(n)$。

图 6-5　两种方法设计 IIR 数字低通滤波器结果

4）加窗得到设计结果：$h(n) = h_d(n)\omega(n)$。

【例 6-13】　用窗函数法设计一个线性相位 FIR 低通滤波器，用理想低通滤波器作为逼近滤波器，截止频率 $\omega_c = \pi/4 \text{rad}$，选择窗函数的长度 $N = 33$，画出相应的幅频特性和相频特性曲线。

**解：** MATLAB 程序如下：

```
function hd = ideal_lp(wc,N)
% N 为奇数,理想低通滤波器的脉冲响应 h(n)
alpha = (N - 1)/2;
n = 0:1:N - 1;
m = n - alpha;
hd = sin(wc * m)./(pi * m);
hd(alpha + 1) = wc/pi;
N = 33;
wc = 0.25 * pi;
hd = ideal_lp(wc,N);
w_box = (boxcar(N))';% 矩形窗
h_box = hd. * w_box;
w_han = (hanning(N))';% 汉宁窗
h_han = hd. * w_han;
w_ham = (hamming(N))';% 汉明窗
h_ham = hd. * w_ham;
w_bla = (blackman(N))';% 布莱克曼窗
h_bla = hd. * w_bla;
[H,w] = freqz(h_box);
subplot(221);plot(w/pi,20 * log10(abs(H)));title('由矩形窗设计的 filter 幅度响应');
[H,w] = freqz(h_han);
```

$\text{subplot}(222);\text{plot}(\text{w}/\text{pi},20*\log10(\text{abs}(\text{H})));\text{title}('由汉宁窗设计的 filter 幅度响应');$

$[\text{H},\text{w}]=\text{freqz}(\text{h\_ham});$

$\text{subplot}(223);\text{plot}(\text{w}/\text{pi},20*\log10(\text{abs}(\text{H})));\text{title}('由汉明窗设计的 filter 幅度响应');$

$[\text{H},\text{w}]=\text{freqz}(\text{h\_bla});$

$\text{subplot}(224);\text{plot}(\text{w}/\text{pi},20*\log10(\text{abs}(\text{H})));\text{title}('由布莱克曼窗设计的 filter 幅度响应');$

运行结果如图 6-6 所示。

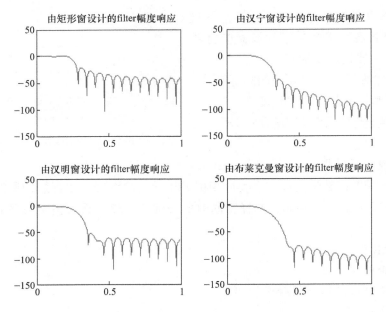

图 6-6　窗函数法设计 FIR 数字低通滤波器结果

## 6.7　MATLAB 仿真

### 1. 正逆 Z 变换

MATLAB 符号数学工具箱提供了计算离散时间信号单边 Z 变换的计算函数 ztrans 和逆 Z 变换函数 iztrans。其用法为

$$Z = \text{ztrans}(x)$$
$$x = \text{iztrans}(Z)$$

式中，x 为时域表达式的符号表示；Z 为 z 域表达式的符号表示。符号表示可以通过 sym 函数定义。

【例 6-14】　试用 iztrans 函数求下列函数的逆 Z 变换。

（1）$X(z)=\dfrac{8z-19}{z^2-5z+6}$　　　　（2）$X(z)=\dfrac{z(2z^2-11z+12)}{(z-1)(z-2)^3}$

解：（1）逆 Z 变换 MATLAB 程序如下：

$Z = \text{sym}('(8*z-19)/(z^2-5*z+6)');$

$x = \text{iztrans}(Z);$

$\text{simplify}(x);$

$\text{ans} =$

$-19/6 * \text{charfcn}[0](n) + 5 * 3^\wedge(n-1) + 3 * 2^\wedge(n-1);$

其中，charfcn $[0]$（n）是 $\delta(n)$ 函数在 MATLAB 符号工具箱中的表示，逆 Z 变换后的函数形式为

$$x(n) = -\frac{19}{6}\delta(n) + (5 \times 3^{n-1} + 3 \times 2^{n-1})u(n)$$

（2）逆 Z 变换的 MATLAB 程序如下：

```
Z = sym('z * (2 * z^2 - 11 * z + 12)/(z - 1)/(z - 2)^3');
x = iztrans(Z);
simplify(x)
ans =
-3 + 3 * 2^n - 1/4 * 2^n * n - 1/4 * 2^n * n^2
```

逆 Z 变换后的函数形式为

$$x(n) = \left(-3 + 3 \times 2^n - \frac{1}{4}n2^n - \frac{1}{4}n^2 2^n\right)u(n)$$

【例 6-15】　试用 MATLAB 命令对函数 $X(z) = \dfrac{18}{18 + 3z^{-1} - 4z^{-2} - z^{-3}}$ 进行部分分式展开，并求出其逆 Z 变换。

解：MATLAB 程序如下：

```
B = [18];
A = [18, 3, -4, -1];
[R, P, K] = residuez(B, A)
R =
  0.3600
  0.2400
  0.4000
P =
  0.5000
 -0.3333
 -0.3333
K =
  [ ]
```

由运行结果可知，$p_2 = p_3$，表明系统有一个二重极点。所以，$X(z)$ 的部分分式展开为

$$X(z) = \frac{0.36}{1 - 0.5z^{-1}} + \frac{0.24}{1 + 0.3333z^{-1}} + \frac{0.4}{(1 + 0.3333z^{-1})^2}$$

因此，其逆 Z 变换为

$$x(n) = [0.36 \times (0.5)^n + 0.24 \times (0.3333)^n + 0.4(n+1)(-0.3333)^n]u(n)$$

**2. 系统函数的零极点分析**

假设系统函数 $H(z)$ 的有理函数表示为

$$H(z) = \frac{b_1 z^m + b_2 z^{m-1} + \cdots + b_m z + b_{m+1}}{a_1 z^n + a_2 z^{n-1} + \cdots + a_n z + a_{n+1}}$$

那么，在 MATLAB 中系统函数的零极点可以通过函数 roots 得到，也可借助函数 tf2zp 得到，tf2zp 的语句格式为

$$[Z, P, K] = \text{tf2zp}(B, A)$$

其中，B、A 为 $H(z)$ 的分子分母多项式的系数向量。

【例6-16】 已知一离散因果 LTI 系统的系统函数为 $H(z) = \dfrac{z+0.32}{z^2+z+0.16}$，试用 MATLAB

命令求该系统的零极点。

解：用 tf2zp 函数求系统的零极点，MATLAB 程序如下：

```
B = [1,0.32];
A = [1,1,0.16];
[R,P,K] = tf2zp(B,A)
R =
  -0.3200
P =
  -0.8000
  -0.2000
K =
  1
```

【例6-17】 已知一离散因果 LTI 系统的系统函数为 $H(z) = \dfrac{z^2-0.36}{z^2-1.52z+0.68}$，试用

MATLAB 命令画出该系统的零极点分布图。

解：用 zplane 函数求系统的零极点，MATLAB 程序如下：

```
B = [1,0,-0.36];
A = [1,-1.52,0.68];
zplane(B,A),grid on
legend('零点','极点')
title('零极点分布图')
```

运行结果如图 6-7 所示。可见，该因果系统的极点全部在单位圆内，故系统是稳定的。

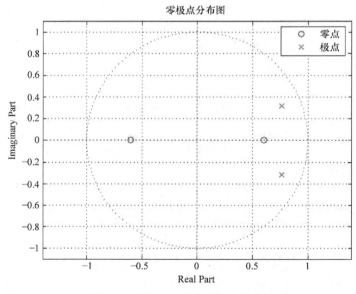

图 6-7　例 6-17 系统零极点分布图

## 习题

1. 根据定义求下列序列的双边 Z 变换，画出零极点图，并注明收敛域。

（1）$x(n) = \delta(n-1)$

（2）$x(n) = \left(-\dfrac{1}{2}\right)^n u(-n-1)$

（3）$x(n) = \left(\dfrac{1}{2}\right)^n [u(n) - u(n-3)]$

（4）$x(n) = \left(\dfrac{1}{2}\right)^{|n|}$

（5）$x(n) = -u(-n-1)$

（6）$x(n) = \left[2^n + \left(\dfrac{1}{2}\right)^n\right] u(n)$

（7）$x(n) = (-1)^n u(n)$

（8）$x(n) = \cos\left(\dfrac{n\pi}{4}\right) u(n)$

（9）$x(n) = \left[\left(\dfrac{1}{3}\right)^n + \left(\dfrac{1}{2}\right)^n\right] u(n)$

（10）$x(n) = u(n) - u(n-N)$

（11）$x(n) = 2^{n-1} u(n-1)$

（12）$x(n) = \delta(n) - \dfrac{1}{8}\delta(n-3)$

2. 下面各序列是系统的单位取样响应，试分别讨论各系统的因果性和稳定性。

（1）$\delta(n-1)$

（2）$\delta(n+1)$

（3）$2u(n-1)$

（4）$-u(3-n)$

（5）$3^n u(-n)$

（6）$\dfrac{1}{n} u(n)$

（7）$\dfrac{1}{n!} u(n)$

（8）$2^n G_{10}(n)$

3. 根据定义求下列序列的双边 Z 变换，画出零极点图，并注明收敛域。

（1）$x(n) = (n-2)u(n)$

（2）$x(n) = n\cos(\omega n)u(n)$

（3）$x(n) = n(n-1)u(n-1)$

（4）$x(n) = (n - 2^n)^2 u(n)$

（5）$x(n) = n2^{n-1} u(n)$

（6）$x(n) = (n+2)u(n+1)$

（7）$x(n) = n(n-1)u(-n+1)$

（8）$x(n) = 2^n u(-n-2)$

4. 求下列 Z 变换 $X(z)$ 的逆变换 $x(n)$。

（1）$X(z) = \dfrac{1}{1 - az^{-1}} \quad |z| > |a|$

（2）$X(z) = \dfrac{1}{1 - az^{-1}} \quad |z| < |a|$

（3）$X(z) = \dfrac{1}{1 + 0.5z^{-1}} \quad |z| > 0.5$

（4）$X(z) = \dfrac{1 - 0.5z^{-1}}{1 + \dfrac{3}{4}z^{-1} + \dfrac{1}{8}z^{-2}} \quad |z| > \dfrac{1}{2}$

（5）$X(z) = \dfrac{1 - \dfrac{1}{3}z^{-1}}{1 - \dfrac{1}{4}z^{-2}} \quad |z| > \dfrac{1}{2}$

（6）$X(z) = \dfrac{1 - az^{-1}}{z^{-1} - a} \quad |z| > \left|\dfrac{1}{a}\right|$

5. 求下列 Z 变换 $X(z)$ 的逆变换 $x(n)$。

（1）$X(z) = \dfrac{10}{1 - \dfrac{3}{4}z^{-1} + \dfrac{1}{8}z^{-2}} \quad \dfrac{1}{4} < |z| < \dfrac{1}{2}$　（2）$X(z) = \dfrac{10}{1 - z^{-2}} \quad |z| < 1$

（3）$X(z) = \dfrac{z^{-2}}{1 + z^{-2}}$    $|z| > 1$

（4）$X(z) = \dfrac{1}{1 - \dfrac{1}{4}z^{-2}}$    $|z| < \dfrac{1}{2}$

（5）$X(z) = \dfrac{z^{-3}}{1 + \dfrac{7}{12}z^{-1} + \dfrac{1}{12}z^{-2}}$    $\dfrac{1}{4} < |z| < \dfrac{1}{3}$

（6）$X(z) = \dfrac{1 - 2z^{-1} + z^{-2}}{z^{-1} - 2}$    $|z| < \dfrac{1}{2}$

6. 画出 $X(z) = \dfrac{-3z^{-1}}{2 - 5z^{-1} + 2z^{-2}}$ 的零极点图，在下列三种收敛域情况下，哪种情况对应左边序列、右边序列、双边序列？并求各对应序列。

（1）$|z| > 2$    （2）$|z| < \dfrac{1}{2}$    （3）$\dfrac{1}{2} < |z| < 2$

7. 求下列函数在不同收敛域下的逆变换。

（1）$X(z) = \dfrac{-z^{-1}}{1 - z^{-1}}$

（2）$X(z) = \dfrac{z^{-2}}{(1 - 2z^{-1})(1 - z^{-1})^2}$

（3）$X(z) = \dfrac{1}{\left(1 - \dfrac{1}{2}z^{-1}\right)\left(1 - \dfrac{1}{3}z^{-1}\right)}$

（4）$X(z) = \dfrac{z^{-1}}{1 - 2.5z^{-1} + z^{-2}}$

8. 已知 $x(n)$ 的 Z 变换为 $X(z)$，求序列的初值 $x(0)$ 和终值 $x(\infty)$。

（1）$X(z) = \dfrac{1 + z^{-1} + z^{-2}}{(1 - 2z^{-1})(1 - z^{-1})}$

（2）$X(z) = \dfrac{1}{(1 - 0.5z^{-1})(1 + 0.5z^{-1})}$

（3）$X(z) = \dfrac{1}{\left(1 - \dfrac{1}{2}z^{-1}\right)\left(1 - \dfrac{1}{3}z^{-1}\right)}$

（4）$X(z) = \dfrac{z^{-1}}{1 - 1.5z^{-1} + 0.5z^{-2}}$

9. 某序列的 Z 变换为

$$X(z) = \dfrac{1}{\left(1 - \dfrac{1}{2}z^{-1}\right)(1 - 2z^{-1})}$$

（1）确定与 $X(z)$ 有关的收敛域可能有几种情况？画出各自的收敛域图。

（2）每种收敛域各对应什么样的离散时间序列？

10. 已知某离散时间 LTI 因果系统的零极点图如图 6-8 所示，且系统单位取样响应满足条件 $h(0) = 2$，求

（1）系统函数 $H(z)$。

（2）系统的单位取样响应 $h(n)$。

（3）系统的差分方程。

（4）若已知激励为 $x(n)$，系统的零状态响应为 $y(n) = 2^n u(n)$，求激励 $x(n)$。

11. 已知某离散时间 LTI 因果系统的零极点图如图 6-9 所示，且系统的 $H(\infty) = 4$，求

（1）系统函数 $H(z)$。

（2）系统的单位取样响应 $h(n)$。

（3）系统的差分方程。

（4）若已知激励为 $x(n)$，系统的零状态响应为 $y(n) = u(n)$，求激励 $x(n)$。

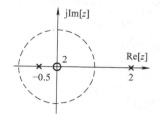

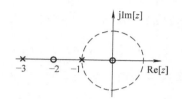

图 6-8　题 10 图　　　　　　图 6-9　题 11 图

12. 已知某离散时间 LTI 因果系统的零极点图如图 6-10 所示，且系统单位取样响应满足条件 $h(0) = 2$，求

（1）系统函数 $H(z)$。

（2）系统的单位取样响应 $h(n)$。

（3）系统的差分方程。

（4）若已知激励为 $x(n)$，系统的零状态响应为 $y(n) = 0.5^n u(n)$，求激励 $x(n)$。

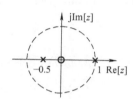

图 6-10　题 12 图

13. 因果系统的系统函数如下，试说明这些系统是否稳定。

（1）$X(z) = \dfrac{1 + 2z^{-1}}{8 - 2z^{-1} - 2z^{-2}}$

（2）$X(z) = \dfrac{8(1 - z^{-1} - z^{-2})}{2 + 5z^{-1} + 2z^{-2}}$

（3）$X(z) = \dfrac{2z^{-1} - 4z^{-2}}{2 + z^{-1} - z^{-2}}$

（4）$X(z) = \dfrac{1 + z^{-1}}{1 - z^{-1} + z^{-2}}$

14. 求系统函数 $H(z) = \dfrac{0.95z^{-1}}{(1 - 0.5z^{-1})(1 - 10z^{-1})}$ 在 $|z| > 10$ 及 $0.5 < |z| < 10$ 两种收敛域情况下系统的单位取样响应，并讨论系统的因果性和稳定性。

15. 已知系统函数为

$$H(z) = \frac{z^{-2}}{2 - 5z^{-1} + 2z^{-2}}$$

（1）画出其零极点图。

（2）写出对应于下列情况下的 $H(z)$ 的收敛域。

① 系统是因果的。

② 系统是逆因果的。

③ 系统是稳定的。

（3）求出对应于以上情况的系统的单位取样响应 $h(n)$。

16. 已知离散时间系统的差分方程为

$$y(n) + \frac{1}{5}y(n-1) - \frac{6}{25}y(n-2) = x(n) + x(n-1)$$

求该系统的系统函数 $H(z)$，画出系统函数 $H(z)$ 的零极点图，并求系统的单位取样响应 $h(n)$。

17. 求下列差分方程所描述的系统的系统函数 $H(z)$，以及单位取样响应 $h(n)$。

（1） $3y(n) - 6y(n-1) = x(n)$

（2） $y(n) = x(n) - 6x(n-1) - 8x(n-2) + 2x(n-3)$

（3） $y(n) - \dfrac{1}{2}y(n-1) = x(n)$

（4） $y(n) - 3y(n-1) + 3y(n-2) - y(n-3) = x(n)$

（5） $y(n) - \dfrac{3}{5}y(n-1) - \dfrac{4}{25}y(n-2) = 2x(n) + x(n-1)$

（6） $y(n) - 5y(n-1) + 6y(n-2) = x(n) - 3x(n-2)$

18. 已知离散时间 LTI 系统的差分方程为

$$y(n) - \frac{\sqrt{2}}{2}y(n-1) + \frac{1}{4}y(n-2) = x(n) - x(n-1)$$

（1） 求系统的频率响应。

（2） 若输入为 $x(n) = (-1)^n$，$-\infty < n < \infty$，求系统响应 $y(n)$。

（3） 若输入为 $x(n) = (-1)^n u(n)$，求系统响应 $y(n)$。

19. 已知离散时间 LTI 因果系统的系统函数 $H(z) = \dfrac{1 - a^{-1}z^{-1}}{1 - az^{-1}}$，$a$ 为实数。

（1） 假设 $0 < a < 1$，画出零极点图，指出收敛域。$a$ 值在哪些范围内才能使系统稳定？

（2） 证明该系统是全通系统，即其频率响应的幅度为常数。

20. 已知一个因果的离散时间 LTI 系统的差分方程为

$$y(n) - y(n-1) - y(n-2) = x(n-1)$$

（1） 求该系统的系统函数 $H(z)$，画出 $H(z)$ 的零极点图，并指出其收敛域。

（2） 求该系统的单位取样响应 $h(n)$。

（3） 验证上述系统是一个不稳定系统，并求满足上述差分方程的一个稳定但非因果的系统的单位取样响应 $h(n)$。

21. 已知一个离散时间 LTI 系统的差分方程为

$$y(n) - \frac{5}{2}y(n-1) + y(n-2) = x(n)$$

（1） 试问该系统是否稳定？是否因果没有限制？

（2） 研究这个差分方程的零极点图，求系统的单位取样响应的三种可能选择方案，并验证每种方案都满足差分方程。

22. 已知一个离散时间 LTI 系统的差分方程为

$$y(n) - \frac{10}{3}y(n-1) + y(n-2) = x(n)$$

已知系统是稳定的，试求其单位取样响应。

23. 已知一个因果的离散时间 LTI 系统的差分方程为

$$y(n) - 2r\cos\theta\, y(n-1) + r^2 y(n-2) = x(n)$$

（1） 求该系统的系统函数 $H(z)$，画出 $H(z)$ 的零极点图。

（2） 求该系统对输入序列 $x(n) = a^n u(n)$ 的响应 $y(n)$。

# 专业术语（中英文对照）

### 第1章专业术语

信号与系统（signals and system）

连续时间信号（continuous time signal）

线性非时变系统（linear time – invariant system）

### 第2章专业术语

单位冲激函数（unit impulse function）

卷积积分（convolution）

零输入响应（zero input response）

零状态响应（zero state response）

单位冲激响应（unit impulse response）

单位阶跃响应（unit step response）

### 第3章专业术语

傅里叶级数（Fourier series，FS）

基波（fundamental）

谐波（harmonic）

奇函数（odd）

偶函数（even）

奇谐函数（odd harmonic）

偶谐函数（even harmonic）

幅度谱（amplitude spectrum）

相位谱（phase spectrum）

周期矩形脉冲信号（periodic rectangular pulse signal）

周期锯齿脉冲信号（periodic sawtooth pulse signal）

周期三角脉冲信号（periodic triangular pulse signal）

频谱密度函数（spectral density function）

傅里叶变换（Fourier transform，FT）

连续谱（continuous spectrum）

离散谱（discrete spectrum）

频谱搬移（spectrum shifting）

无失真传输（lossless transmission）

理想低通滤波器（perfect low pass filter）

调制（modulation）

解调（demodulation）

抽样定理（sampling theorem）

奈奎斯特间隔（Nyquist interval）

奈奎斯特频率（Nyquist frequency）

频分复用（frequency division multiple access，FDMA）

时分复用（time division multiple access，TDMA）

码分复用（code division multiple access，CDMA）

脉冲编码调制（pulse coding modulation，PCM）

归零码（regress zero，RZ）

不归零码（non – return to zero，NRZ）

无人机（unmanned aerial vehicle，UAV）

无线链路（wireless link）

上行（uplink）

下行（downlink）

衰减器（attenuator）

接收机灵敏度（receiver sensitivity）

功率计（power meter）

误码仪（bit error ratio tester）

## 第 4 章专业术语

拉普拉斯变换（Laplace transform）

收敛域（region of convergence）

拉普拉斯逆变换（inverse Laplace transform）

部分分式展开法（partial fraction expansion method）

复频域（complex frequency field）

零点（zero）

极点（pole）

稳定性（stability）

## 第 5 章专业术语

差分方程（difference equation）

离散（discrete）

序列（sequence）

单位序列（unit sequence）

因果序列（causal sequence）

反因果序列（anti – causal sequence）

阶跃序列（step sequence）

周期序列（periodic sequence）

卷积和（convolution sum）

延迟单元（delay unit）

单位取样响应（unit sample response）

阈值（threshold value）

图像平滑（image smoothing）

图像锐化（image sharping）

边缘检测（edge detection）

图像复原（image restoration）

## 第6章专业术语

Z 变换（Z transform）

逆 Z 变换（inverse Z transform）

$z$ 域（Z domain）

$z$ 域分析（Z domain analysis）

$z$ 域微分（Z domain differentiation）

$z$ 域积分（Z domain integration）

零点（zero）

极点（pole）

数字滤波器（digital filter）

无限长单位脉冲响应（infinite impulse response）

有限长单位脉冲响应（finite impulse response）

# 部分习题参考答案

## 第1章习题参考答案

### 一、填空题

1. 连续；不是

2. 离散；不是

3. 离散；是

4. 离散；不是

5. 是；$\dfrac{\pi}{5}$

6. 是；$\dfrac{\pi}{5}$

7. 是；$\dfrac{\pi}{8}$

8. 是；$2T$

9. 是；2

10. 右移；$\dfrac{t_0}{a}$

11. 线性；时不变；因果

12. 线性；时变；因果

13. 非线性；时变；因果

14. 线性；时变；非因果

15. 线性；时变；非因果

### 二、画图题

1.

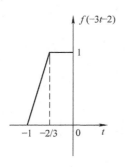

2.

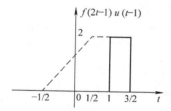

3.

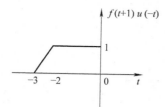

4.

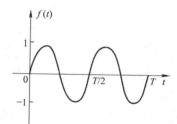

5.

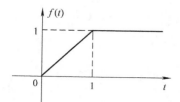

## 三、简答题

1. $f(t) = \begin{cases} 1 + \dfrac{t}{2} & -2 \leqslant t \leqslant 0 \\ 1 - \dfrac{t}{2} & 0 \leqslant t \leqslant 2 \\ 0 & 其他 \end{cases}$

2. $f(t) = u(t) - u(t-1) + 2[u(t-1) - u(t-2)] + 3u(t-2)$

$\quad = u(t) + u(t-1) + u(t-2)$

3. $f(t) = E\sin\left(\dfrac{2\pi}{2T}t\right)[u(t) - u(t-T)] = E\sin\left(\dfrac{\pi}{T}t\right)[u(t) - u(t-T)]$

4. 功率信号，平均功率为 0.5

5. 能量信号，能量为 1

6. 功率信号，平均功率为 4.5

## 四、MATLAB 仿真作业题

1. M1. m

Syms t;%定义符号变量 t

f = cos(18 * pi * t) + cos(20 * pi * t);%计算符号函数 f(t) = cos(18 * pi * t) + cos(20 * pi * t)

ezplot (f, [0 pi]);%绘制 f (t) 的波形

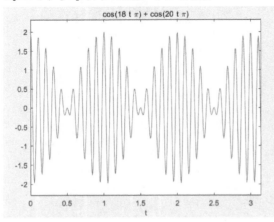

2. M2. m

Syms t;%定义符号变量 t

f = (2 + 2 * sin(4 * pi * t)) * cos(50 * pi * t)%计算符号函数 f(t) = (2 + 2 * sin(4 * pi * t)) * cos(50 * pi * t)

ezplot(f,[0 pi]);%绘制 f(t)的波形

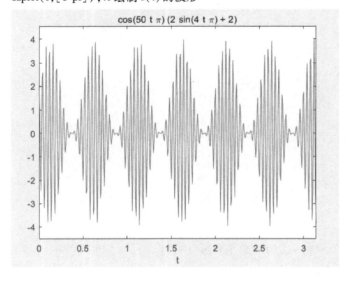

## 第 2 章习题参考答案

### 一、填空题

1. $\cos(\omega t + 45°)$

2. $\cos\omega(t+1) - \cos\omega(t-1)$

3. $\sin\pi(t-1)[u(t-1) - u(t-2)] - \sin\pi(t+2)[u(t+2) - u(t+1)]$

4. $f(t - 2t_0)$

5. $f(t)$

6. $\sin\omega t + \cos2\omega(t + 2t_0)$

7. $\delta(t - 2t_0)$

8. $f''(t - t_0)$

9. $f''(t - 2t_0)$

10. $f''(t - 2t_0)$

### 二、计算题

1. $f_1(t) * f_2(t) = \dfrac{1}{\alpha}(1 - e^{-\alpha t})u(t)$

2. $f_1(t) * f_2(t) = \dfrac{1}{2\pi}(1 - \cos\pi t)[u(t) - u(t-1)]$

3. $f_1(t) * f_2(t) = [1 - e^{-(t-1)}]u(t-1)$

4. $f_1(t) * f_2(t) = tu(t)$

5. $f_1(t) * f_2(t) = \delta(t) - 3e^{-3t}u(t)$

6. $(1 - e^{-2t})u(t)$

7. $[1 - e^{-(t-t_0)}]u(t - t_0)$

8. $\dfrac{d^2}{dt^2}[f(t) * tu(t)] = f(t) * \delta(t) = \dfrac{d^2}{dt^2}[(t + e^{-t} - 1)u(t)] \Rightarrow f(t) = e^{-t}u(t)$

9. $\dfrac{d}{dt}[f(t) * u(t)] = f(t) * \delta(t) = \dfrac{d}{dt}[(e^{-t} - 1)u(t)] \Rightarrow f(t) = -e^{-t}u(t)$

10. $\dfrac{d^2}{dt^2}[f(t) * tu(t)] = f(t) * \delta(t) = \dfrac{d^2}{dt^2}[(1 - e^{-t})u(t)] \Rightarrow f(t) = \delta(t) - e^{-t}u(t)$

### 三、应用题

1. $\alpha^2 + 4\alpha + 3 = 0 \Rightarrow \alpha_1 = -1,\ \alpha_2 = -3 \Rightarrow y(t) = c_1 e^{-t} + c_2 e^{-3t}$

$\begin{cases} c_1 + c_2 = 0 \\ c_1 + 3c_2 = -2 \end{cases} \Rightarrow c_1 = 1,\ c_2 = -1$

$y(t) = (e^{-t} - e^{-3t})u(t)$

2. $\alpha^2 + 2\alpha + 1 = 0 \Rightarrow \alpha_1 = \alpha_2 = -1 \Rightarrow y(t) = (c_1 t + c_2)e^{-t}$

$\begin{cases} c_2 = 1 \\ c_1 - c_2 = 2 \end{cases} \Rightarrow c_1 = 3, c_2 = 1$

$y(t) = (3t + 1)e^{-t}u(t)$

$y(0^+) = y(0^-) = 1 \quad y'(0^+) = y'(0^-) = 3$

3. $\alpha^2 + 7\alpha + 10 = 0 \Rightarrow \alpha_1 = -2, \alpha_2 = -5 \Rightarrow y(t) = c_1 e^{-2t} + c_2 e^{-5t}$

$$\begin{cases} c_1 + c_2 = 1 \\ 2c_1 + 5c_2 = -3 \end{cases} \Rightarrow c_1 = \frac{8}{3}, c_2 = -\frac{5}{3}$$

$$y(t) = \left( \frac{8}{3} e^{-2t} - \frac{5}{3} e^{-5t} \right) u(t)$$

4. $y_{zi}(t) = 3e^{-t} \quad y_{zs}(t) = -e^{-t} + \cos 2t$

$y(t) = 4(-e^{-t} + \cos 2t) u(t)$

5. $y_{zi}(t) = 3e^{-3t} u(t) \quad y_{zs}(t) = (-e^{-3t} + \sin 2t) u(t)$

$y(t) = 0.5[-e^{-3t} + \sin 2t] u(t)$

6. $y_{zi}(t) = 3e^{-3t} u(t) \quad y_{zs}(t) = (-e^{-3t} + \sin 2t) u(t)$

$y(t) = 2[3e^{-t} u(t)] + 0.5[-e^{-3t} + \sin 2t] u(t) = (5.5e^{-3t} + 0.5\sin 2t) u(t)$

7. $y_{zi}(t) = 3e^{-3t} u(t) \quad y_{zs}(t) = (-e^{-3t} + \sin 2t) u(t)$

$y(t) = 3e^{-t} u(t) + [-e^{-3(t-t_0)} + \sin 2(t-t_0)] u(t-t_0)$

8. $y_{zi}(t) = 3e^{-3t} u(t) \quad y_{zs}(t) = (-e^{-3t} + \sin 2t) u(t)$

$y(t) = 2[3e^{-t} u(t)] + 0.5[-e^{-3t} + \sin 2t] u(t) = (5.5e^{-3t} + 0.5\sin 2t) u(t)$

## 四、画图题

1.

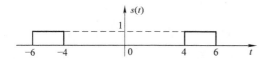

2.

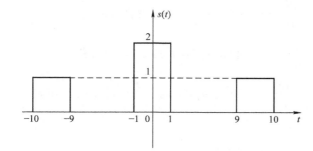

3.

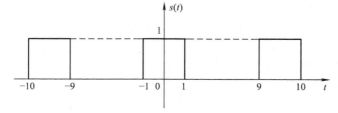

4.

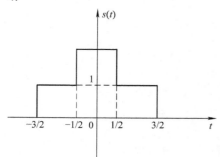

5.

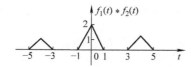

6.

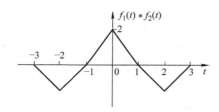

## 五、MATLAB 仿真作业题

1. M1. m

p = 0.01; % 取样时间间隔

nf = 0:p:1; % f(t)对应的时间向量

f = 2 * ((nf > = 0) - (nf > = 1)); % 序列 f(n)的值

nh = 0:p:2; % h(t)对应的时间向量

h = (nh > = 0) - (nh > = 2); % 序列 h(n)的值

[y,k] = sconv(f,h,nf,nh,p); % 计算 y(t) = f(t) * h(t)

subplot(3,1,1),stairs(nf,f); % 绘制 f(t)的波形

title('f(t)');axis([0 3 0 2.1]);

subplot(3,1,2),stairs(nh,h); % 绘制 h(t)的波形

title('h(t)');axis([0 3 0 1.1]);

subplot(3,1,3),plot(k,y); % 绘制 y(t) = f(t) * h(t)的波形

title('y(t) = f(t) * h(t)');axis([0 3 0 2.1]);

子程序 sconv. m

% 此函数用于计算连续信号的卷积 y(t) = f(t) * h(t)

function [y,k] = sconv(f,h,nf,nh,p)

% y:卷积积分 y(t)对应的非零样值向量

% k:y(t)对应的时间向量

% f:f(t)对应的非零样值向量

% nf:f(t)对应的时间向量

% h:h(t)对应的非零样值向量

% nh:h(t)对应的时间向量

% p:取样时间间隔

y = conv(f,h); % 计算序列 f(n)与 h(n)的卷积和 y(n)

y = y * p; % y(n)变成 y(t)

left = nf(1) + nh(1) % 计算序列 y(n)非零样值的起点位置

right = length(nf) + length(nh) - 2 % 计算序列 y(n)非零样值的终点位置

k = p * (left:right); % 确定卷积和 y(n)非零样值的时间向量

运行结果：

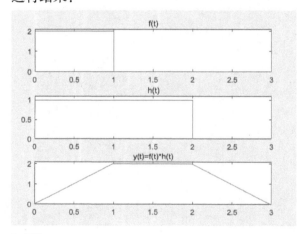

2. M2. m

yzs = dsolve('D2y + 5 * Dy + 6 * y = 2 * exp( - t)','y(0) = 0,Dy(0) = 0')

ezplot(yzs,[0 8]);

运行结果：

yzs = exp( - t) + exp( - 3 * t) - 2 * exp( - 2 * t)

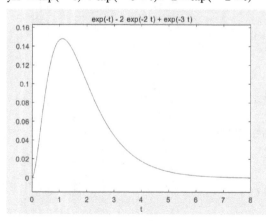

**第 3 章习题参考答案**

## 一、填空题

1. 奇函数且为奇谐函数

2. 余弦项；正弦项

3. 离散性；收敛性

4. 周期；反比

5. 脉冲宽度；反比

6. 一常数；一通过原点的直线

7. $\dfrac{\pi}{200}$, $\dfrac{200}{\pi}$

8. $\dfrac{\pi}{120}$, $\dfrac{120}{\pi}$

9. $\dfrac{3\omega_{\mathrm{m}}}{\pi}$

## 二、分析计算题

1. 只含有基波和奇次谐波的余弦分量

2. 只含有基波和奇次谐波的正弦分量

3. 只含有基波和奇次谐波分量

4. 只含有正弦分量

5. 只含有基波和偶次谐波的余弦分量

6. 只含有基波和偶次谐波的正弦分量

7. $1\mathrm{V}$

8. $4\mathrm{Hz}$ 和 $12\mathrm{Hz}$

9. 要求 $H(s)$ 在虚轴上及右半平面无极点，即要求系统是稳定系统

10.

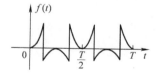

11.

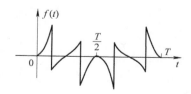

12.

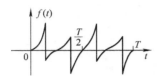

13.

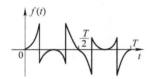

14. $f = \dfrac{1}{T} = 1000\text{kHz}$, $B_f = \dfrac{1}{\tau} = 2000\text{kHz}$

15. $f = \dfrac{1}{T} = \dfrac{1000}{3}\text{kHz}$, $B_f = \dfrac{1}{\tau} = \dfrac{2000}{3}\text{kHz}$

16. $F(\omega) = \dfrac{Ej}{2}\left[ G(\omega + \omega_1)\,\mathrm{e}^{-\mathrm{j}(\omega + \omega_1)\frac{T}{2}} - G(\omega - \omega_1)\,\mathrm{e}^{-\mathrm{j}(\omega - \omega_1)\frac{T}{2}} \right]$

17. $f(t) = \dfrac{A\omega_0}{\pi} Sa\left[ \omega_0(t + t_0) \right]$

18. $F(\omega) = \dfrac{\tau}{2} Sa^2\left( \dfrac{\omega\tau}{4} \right)$

19. $F(\omega) = E\tau Sa\left( \dfrac{\omega\tau}{2} \right)\left[ 1 - 2\cos(\omega T) \right]$

20. $F_2(\omega) = F_1(-\omega)\mathrm{e}^{-\mathrm{j}\omega t_0}$

21. $\varphi(\omega) = -\omega$

22. $F(0) = 4$

23. $\displaystyle\int_{-\infty}^{\infty} F(\omega)\,\mathrm{d}\omega = 2\pi$

$$F(\omega) = \dfrac{1}{2}G_4(\omega)$$

24. $Y_1(\omega) = \dfrac{1}{4}G_4(\omega - 1000) + \dfrac{1}{4}G_4(\omega + 1000)$

$Y_2(\omega) = \dfrac{1}{4}G_2(\omega - 1000) + \dfrac{1}{4}G_2(\omega + 1000)$

$y_2(t) = \dfrac{1}{2\pi}Sa(t)\cos(1000t)$

25. $Y_1(\omega) = \dfrac{1}{2}G_4(\omega - 3) + \dfrac{1}{2}G_4(\omega + 3)$

$Y_2(t) = \dfrac{1}{2}G_2(\omega - 2) + \dfrac{1}{2}G_2(\omega + 2)$

$y_2(t) = \dfrac{1}{2\pi}Sa(t)\mathrm{e}^{\mathrm{j}2t} + \dfrac{1}{2\pi}Sa(t)\mathrm{e}^{-\mathrm{j}2t} = \dfrac{\sin t}{\pi t}\cos 2t$

26. $16\mathrm{rad/s}$，$\dfrac{16}{\pi}\mathrm{Hz}$，$\dfrac{\pi}{16}\mathrm{s}$

27. $4\mathrm{rad/s}$，$\dfrac{4}{\pi}\mathrm{Hz}$，$\dfrac{\pi}{4}\mathrm{s}$

28.

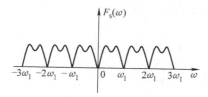

29. （1）$T_{\max}=\dfrac{1}{3000}\mathrm{s}$

（2）
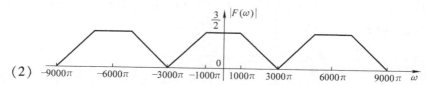

## 第 4 章习题参考答案

### 一、填空题

1. 代数方程

2. $-\infty$；整个 $s$ 平面

3. $\dfrac{\omega}{(s+a)^2+\omega^2}$

4. $\dfrac{s+\alpha}{(s+\alpha)^2+\omega^2}$

5. 增长；衰减

6. 全部落于左半平面

### 二、分析计算题

1. （1）$F(s)=\dfrac{s+1}{s+2}\quad \sigma>-2$

（2）$F(s)=\dfrac{1}{s}-\dfrac{1}{s}\mathrm{e}^{-s}\quad \sigma>0$

（3）$F(s)=\dfrac{s+1}{s+2}\quad \sigma>-2$

（4）$F(s)=\dfrac{1}{s+2}-\dfrac{1}{s+1}\quad \sigma>-1$

2. （1）$F(s)=\dfrac{1}{s+3}$

（2）$F(s)=\dfrac{\mathrm{e}^{-3}}{s+3}\mathrm{e}^{-s}$

（3）$F(s)=\dfrac{\mathrm{e}^{3}}{s+3}$

（4）$F(s)=\dfrac{1}{s+3}\mathrm{e}^{-s}$

3. （1）$F(s)=aF(as+1)$

（2）$F(s)=aF(as+a^2)$

（3）$F(s)=\dfrac{1}{a}F\left(\dfrac{s}{a}+\dfrac{1}{a^2}\right)$

（4）$F(s)=\dfrac{1}{a}F\left(\dfrac{s+a}{a}\right)$

4. a）$\mathscr{L}[f(t)]=-\dfrac{\mathrm{e}^{-2s}+1}{s}$

b）$\mathscr{L}[f(t)]=\dfrac{2\mathrm{e}^{-s\pi}}{\mathrm{j}(1-s^2)}$

$\quad$ c) $\mathscr{L}[f(t)] = \dfrac{1}{s} + \dfrac{e^{-2s}}{s} - \dfrac{2e^{-3s}}{s}$ $\qquad$ d) $\mathscr{L}[f(t)] = \dfrac{1}{s^2} - \dfrac{e^{-s}}{s^2} + \dfrac{2e^{-2s}}{s^2} + \dfrac{e^{-s}}{s}$

5. (1) $f(0_+) = 1,\ f(\infty) = 0$ $\qquad$ (2) $f(0_+) = 0,\ f(\infty) = 0$

$\quad$ (3) $f(0_+) = 0,\ f(\infty) = 0$ $\qquad$ (4) $f(0_+) = 0,\ f(\infty) = 1$

$\quad$ (5) $f(0_+) = 0,\ f(\infty) = \dfrac{1}{6}$ $\qquad$ (6) $f(0_+) = 0,\ f(\infty) = 3$

6. (1) $f_1(t) * f_2(t) = \dfrac{1}{4}e^{-2t} + \dfrac{t}{2} - \dfrac{1}{4}$ $\qquad$ (2) $f_1(t) * f_2(t) = t^2$

$\quad$ (3) $f_1(t) * f_2(t) = t^2 - 1 - (t-2)^2$ $\qquad$ (4) $f_1(t) * f_2(t) = e^{-2t} - e^{-3t}$

$\quad$ (5) $f_1(t) * f_2(t) = \dfrac{(e^{-j4\omega} - 1)}{2\omega}e^{j\omega t} + \dfrac{(1 - e^{-j4\omega})}{2\omega}e^{-j\omega t}$

$\quad$ (6) $f_1(t) * f_2(t) = (t-1)^2 u(t-1) - (t-1)u(t-1) - 2(t-2)^2 u(t-2) + (t-2)$
$\qquad u(t-2) + (t-3)^2 u(t-3)$

$\quad$ (7) $f_1(t) * f_2(t) = \dfrac{\omega}{(a^2 + \omega^2)}e^{-at} - \dfrac{e^{j\omega t}}{2\omega} + \dfrac{e^{-j\omega t}}{2\omega}$

$\quad$ (8) $f_1(t) * f_2(t) = (t-2)u(t-2) - 2(t-3)u(t-3) + (t-4)u(t-4)$

7. (1) $f(t) = e^{-t}(1 - t + t^2)u(t) - e^{-2t}u(t)$

$\quad$ (2) $f(t) = \left(\dfrac{100}{3} - 20e^{-t} - \dfrac{10}{3}e^{-3t}\right)u(t)$

$\quad$ (3) $f(t) = \delta'(t) + 2\delta(t) + (2e^{-t} - e^{-2t})u(t)$

$\quad$ (4) $f(t) = \dfrac{7}{5}e^{-2t}u(t) - 2e^{-t}\left[\dfrac{1}{5}\cos(2t) + \dfrac{2}{5}\sin(2t)\right]u(t)$

8. (1) 冲激响应 $h(t) = (2e^{-t} - 2e^{-2t})u(t)$
$\quad\quad$ 阶跃响应 $g(t) = [1 - 2e^{-t} + e^{-2t}]u(t)$

$\quad$ (2) 冲激响应 $h(t) = (e^{-t}\cos t - e^{-t}\sin t)u(t)$
$\quad\quad$ 阶跃响应 $g(t) = (e^{-t}\sin t)u(t)$

$\quad$ (3) 冲激响应 $h(t) = (-e^{-t} + 5e^{-2t} - 4e^{-3t})u(t)$

$\quad\quad$ 阶跃响应 $g(t) = \left(\dfrac{1}{6} + e^{-t} - \dfrac{5}{2}e^{-2t} + \dfrac{4}{3}e^{-3t}\right)u(t)$

$\quad$ (4) 冲激响应 $h(t) = \delta'(t) + \delta(t) - e^{-2t}u(t)$

$\quad\quad$ 阶跃响应 $g(t) = \left(\dfrac{1}{2} + e^{-2t}\right)u(t)$

9. (1) 零输入响应 $y_{zi}(t) = (3e^{-2t} - 2e^{-4t})u(t)$

$\quad\quad$ 零状态响应 $y_{zs}(t) = \left(\dfrac{5}{8} - \dfrac{1}{4}e^{-2t} - \dfrac{3}{8}e^{-4t}\right)u(t)$

$\quad\quad$ 完全响应 $y(t) = y_{zi}(t) + y_{zs}(t) = \left(\dfrac{5}{8} + \dfrac{11}{4}e^{-2t} - \dfrac{19}{8}e^{-4t}\right)u(t)$

$\quad$ (2) 零输入响应 $y_{zi}(t) = \left(\dfrac{11}{2}e^{-2t} - \dfrac{7}{2}e^{-4t}\right)u(t)$

零状态响应 $y_{zs}(y) = \left(\dfrac{1}{2}e^{-2t} + e^{-3t} - \dfrac{3}{2}e^{-4t}\right)u(t)$

完全响应 $y(t) = y_{zi}(t) + y_{zs}(t) = \left(6e^{-2t} + e^{-3t} - 5e^{-4t}\right)u(t)$

10. $f(t) = (2 - e^{-2t})u(t)$

11. （1）系统的零状态响应 $y_{zs}(t) = \mathscr{L}^{-1}[Y_{zs}(s)] = \left(\dfrac{1}{6}e^{-1t} - \dfrac{1}{2}e^{-2t} + \dfrac{1}{2}e^{-3t} - \dfrac{1}{6}e^{-4t}\right)u(t)$

（2）系统的零输入响应 $y_{zi}(t) = \mathscr{L}^{-1}[Y_{zi}(s)] = \left(10e^{-1t} - 30e^{-2t} + 21e^{-3t}\right)u(t)$

（3）系统的完全响应 $y(t) = \left(\dfrac{61}{6}e^{-1t} - \dfrac{61}{2}e^{-2t} + \dfrac{43}{2}e^{-3t} - \dfrac{1}{6}e^{-4t}\right)u(t)$

12. $y(t) = (t - 1 - 3e^{-t})u(t)$

13. $y_2(t) = te^{-t}u(t)$

14. $H(s) = \dfrac{1}{2\left[(s + 0.5)^2 + 0.5^2\right]}$

15. （1）$H(s) = \dfrac{I(s)}{X(s)} = \dfrac{s + 1}{s^2 + s + 1}$ 　　　　（2）$H(s) = \dfrac{V(s)}{X(s)} = \dfrac{2s^2 + 2s + 1}{s^2 + s + 1}$

16. a）$H(s) = \dfrac{s}{s^2 + s + 1}$ 　　　　　　　b）$H(s) = \dfrac{s^2}{s^2 + s + 1}$

　　c）$H(s) = \dfrac{5(s + 2)}{2(4s^2 + 8s + 5)}$ 　　　　d）$H(s) = \dfrac{5}{s^2 + s + 5}$

17. $H(s) = \dfrac{2s + 1}{(s + 1)(s + 3)}$, $h(t) = \left(-\dfrac{1}{2}e^{-t} + \dfrac{5}{2}e^{-3t}\right)u(t)$

18. $H(s) = \dfrac{10(s - 1)}{s(s + 1)}$

19. （1）$H(s) = \dfrac{Ks}{s^2 + (4 - K)s + 4}$

（2）$K < 4$

（3）当 $K = 4$ 为临界稳定条件时，$h(t) = 4\cos 2t\, u(t)$

20. （1）$F(\omega) = \dfrac{1}{-\omega^2} + \pi\delta(\omega)$

（2）$F(\omega) = \dfrac{2}{-\omega^2 + 1} + j\pi[\delta(\omega + 1) + \delta(\omega - 1)]$

（3）$F(\omega) = \dfrac{3}{-\omega^2} + 3\pi\delta(\omega) + \dfrac{3}{j\omega + 3} - \dfrac{5}{j\omega + 1}$

（4）$F(\omega) = \dfrac{1}{j\omega} - \dfrac{j\omega}{-\omega^2 + 1} - \dfrac{\pi}{2}[\delta(\omega + 1) + \delta(\omega - 1)]$

（5）$F(\omega) = \dfrac{9}{j4\omega} - \dfrac{j\omega}{-\omega^2 + 1} - \dfrac{\pi}{2}[\delta(\omega + 2) + \delta(\omega - 2)]$

21 ~ 26 题答案略。

**第 5 章习题参考答案**

1. 解：（1）$x(n) = \left(\dfrac{1}{2}\right)^n u(n)$

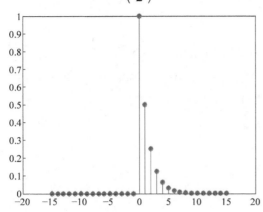

（2）$x(n) = 2^n u(n)$

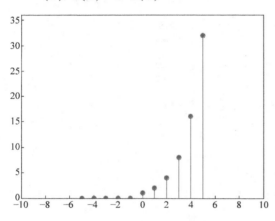

（3）$x(n) = \left(-\dfrac{1}{2}\right)^n u(n)$

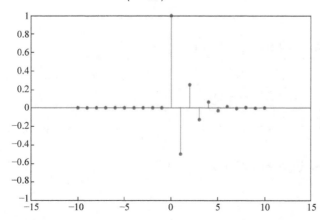

(4) $x(n) = (-2)^n u(n)$

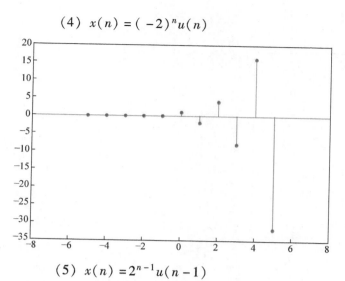

(5) $x(n) = 2^{n-1} u(n-1)$

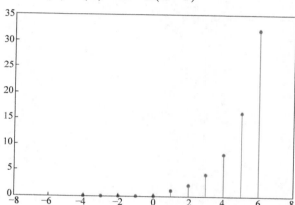

(6) $x(n) = \left(\dfrac{1}{2}\right)^{n-1} u(n)$

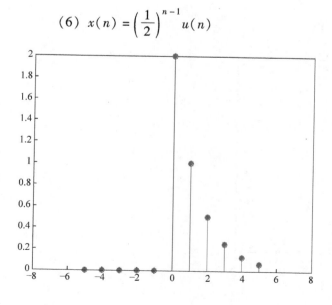

（7）$x(n) = nu(n)$

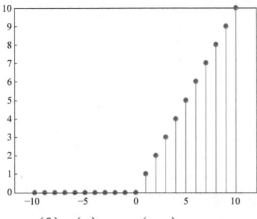

（8）$x(n) = -nu(-n)$

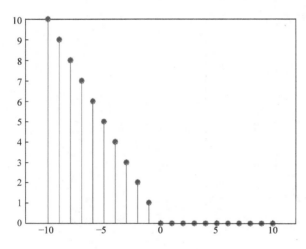

（9）$x(n) = 2^{-n}u(-n-1)$

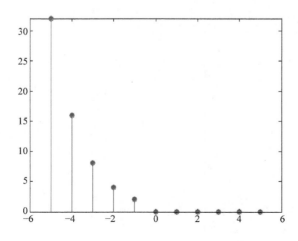

（10） $x(n) = \left(-\dfrac{1}{2}\right)^{-n} u(n)$

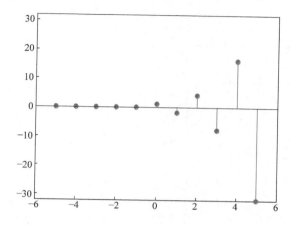

2. 解： $x(n) = -2\delta(n+2) - \delta(n) + 3\delta(n-1) + 2\delta(n-3)$

3.

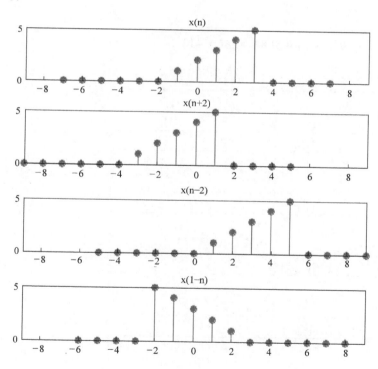

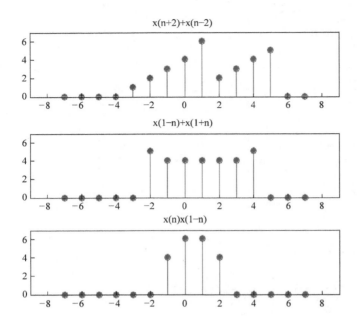

4. 解：$x(n) = 3\delta(n+2) + 2\delta(n+1) + \delta(n) + 2\delta(n-1)$

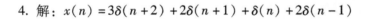

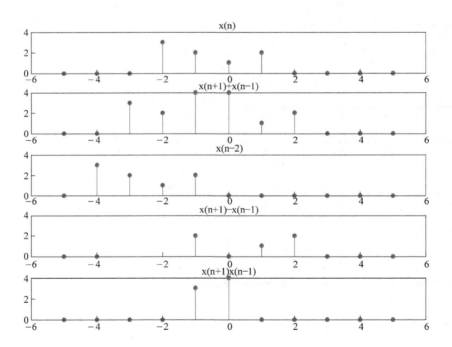

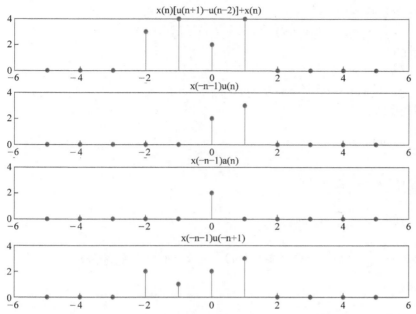

5. 解：（1） $y(n) = 8x(n) + 6$

线性： $x_1(n) \rightarrow y_1(n) = 8x_1(n) + 6$

$x_2(n) \rightarrow y_2(n) = 8x_2(n) + 6$

$k_1 x_1(n) + k_2 x_2(n) \rightarrow 8[k_1 x_1(n) + k_2 x_2(n)] + 6$

但 $k_1 y_1(n) + k_2 y_2(n) = 8k_1 x_1(n) + 6k_1 + k_2 x_2(n) + 6k_2$

所以系统是非线性的。

时变性： $x(n) \rightarrow y(n) = 8x(n) + 6$

则 $x(n-m) \rightarrow y'(n) = 8x(n-m) + 6 = y(n-m)$

所以系统是非移变系统。

（2） $y(n) = x(n) \cos\left(\dfrac{2n\pi}{5} + \dfrac{\pi}{10}\right)$

线性： $x_1(n) \rightarrow y_1(n) = x_1(n) \cos\left(\dfrac{2n\pi}{5} + \dfrac{\pi}{10}\right)$

$x_2(n) \rightarrow y_2(n) = x_2(n) \cos\left(\dfrac{2n\pi}{5} + \dfrac{\pi}{10}\right)$

则 $k_1 x_1(n) + k_2 x_2(n) \rightarrow [k_1 x_1(n) + k_2 x_2(n)] \cos\left(\dfrac{2n\pi}{5} + \dfrac{\pi}{10}\right) = k_1 y_1(n) + k_2 y_2(n)$

所以系统是线性的。

时变性： $x(n) \rightarrow y(n) = x(n) \cos\left(\dfrac{2n\pi}{5} + \dfrac{\pi}{10}\right)$

则 $x(n-m) \rightarrow y'(n) = x(n-m) \cos\left(\dfrac{2n\pi}{5} + \dfrac{\pi}{10}\right) \neq y(n-m)$

所以系统是移变系统。

（3） $y(n) = [x(n)]^2$

线性： $x_1(n) \rightarrow y_1(n) = [x_1(n)]^2$

$$x_2(n) \rightarrow y_2(n) = [x_2(n)]^2$$
$$kx_1(n) + k_2x_2(n) \rightarrow [k_1x_1(n) + k_2x_2(n)]^2 \neq k_1y_1(n) + k_2y_2(n)$$

所以系统是非线性的。

时变性：$x(n) \rightarrow y(n) = [x(n)]^2$

则 $x(n-m) \rightarrow y'(n) = [x(n-m)]^2 = y(n-m)$

所以系统是非移变系统。

(4) $y(n) = \sum\limits_{m=-\infty}^{n} x(m)$

线性：$x_1(n) \rightarrow y_1(n) = \sum\limits_{m=-\infty}^{n} x_1(m)$

$$x_2(n) \rightarrow y_2(n) = \sum\limits_{m=-\infty}^{n} x_2(m)$$

$$kx_1(n) + k_2x_2(n) \rightarrow \sum\limits_{m=-\infty}^{n} [k_1x_1(m) + k_2x_2(m)] = k_1y_1(n) + k_2y_2(n)$$

所以系统是线性的。

时变性：$x(n) \rightarrow y(n) = \sum\limits_{m=-\infty}^{n} x(m)$

则 $x(n-k) \rightarrow y'(n) = \sum\limits_{m=-\infty}^{n} x(m-k) \underset{\overline{\quad m-k=p \quad}}{=} \sum\limits_{p=-\infty}^{n-k} x(p) = \sum\limits_{m=-\infty}^{n-k} x(m) = y(n-k)$

所以系统是非移变的。

6. (1) 解：初始条件 $y(0) - \frac{1}{2}y(-1) = x(0) = \delta(0) = 1$ 所以 $y(0) = 1$

齐次解 $y_h(n) = c\left(\frac{1}{2}\right)^n$

特解 $y_p(n) = 0$

所以 $y(n) = c\left(\frac{1}{2}\right)^n$

由初始条件得 $y(0) = c = 1$

所以 $y(n) = c\left(\frac{1}{2}\right)^n$ $n \geq 0$ 或 $y(n) = c\left(\frac{1}{2}\right)^n u(n)$

(2) 解：初始条件 $y(0) - \frac{1}{2}y(n-1) = x(0) = u(0) = 1$

所以 $y(0) = 1$

齐次解 $y_h(n) = c\left(\frac{1}{2}\right)^n$

特解 $y_p(n) = E$

代入方程 $y(n) - \frac{1}{2}y(n-1) = x(n)$

$E - \frac{1}{2}E = 1 \Rightarrow c = -1$

所以 $y(n) = 2 - \left(\frac{1}{2}\right)^n$ $n \geq 0$ 或 $y(n) = 2u(n) - \left(\frac{1}{2}\right)^n u(n)$

244

（3）解：可以利用线性时不变系统的线性叠加性质。由于 $y(-1)=0$，所以题（2）求得的是系统的零状态响应，而本题也是求零状态响应。

根据题（2），有

$$u(n) \rightarrow 2u(n) - \left(\frac{1}{2}\right)^n u(n)$$

$$u(n-5) \rightarrow 2u(n-5) - \left(\frac{1}{2}\right)^{n-5} u(n-5)$$

所以 $y(n) = 2u(n) - 2u(n-5) + \left(\frac{1}{2}\right)^{n-5} u(n-5) - \left(\frac{1}{2}\right)^n u(n)$

7.（1）$y(n) - \frac{1}{2}y(n-1) = 0, y(0) = 1$

解：$y(n) = y_h(n) = c\left(\frac{1}{2}\right)^n$

$y(0) = 1 \Rightarrow c = 1$

$y(n) = \left(\frac{1}{2}\right)^n \quad n \geqslant 0$

（2）$y(n) - \frac{3}{4}y(n-1) + \frac{1}{8}y(n-2) = 0, y(0) = 1, y(1) = 2$

解：$y(n) = y_h(n) = c_1\left(\frac{1}{2}\right)^n + c_2\left(\frac{1}{4}\right)^n$

$\left.\begin{array}{l} y(0) = 1 \\ y(1) = 2 \end{array}\right\} \Rightarrow \left\{\begin{array}{l} c_1 + c_2 = 1 \\ \frac{1}{2}c_1 + \frac{1}{4}c_2 = 2 \end{array}\right. \Rightarrow \left\{\begin{array}{l} c_1 = 7 \\ c_2 = -6 \end{array}\right.$

$y(n) = 7\left(\frac{1}{2}\right)^n - 6\left(\frac{1}{4}\right)^n \quad n \geqslant 0$

（3）$y(n) + 3y(n-1) = 0, y(0) = 1$

解：$y(n) = c(-3)^n$

$y(0) = 1 \Rightarrow c = 1$

$y(n) = (-3)^n \quad n \geqslant 0$

（4）$y(n) + 3y(n-1) + 2y(n-2) = 0, y(-1) = 2, y(-2) = 1$

解：

$y(0) = -3y(-1) - 2y(-2) = -3 \times 2 - 2 \times 1 = -8$

$y(1) = -3y(0) - 2y(-1) = -3 \times (-8) - 2 \times 2 = 20$

$y(n) = c_1(-1)^n + c_2(-2)^n$

$\left.\begin{array}{l} y(0) = -8 \\ y(1) = 20 \end{array}\right\} \Rightarrow \left\{\begin{array}{l} c_1 + c_2 = -8 \\ -c_1 - 2c_2 = 20 \end{array}\right. \Rightarrow \left\{\begin{array}{l} c_1 = 4 \\ c_2 = -12 \end{array}\right.$

$y(n) = 4(-1)^n - 12(-2)^n \quad n \geqslant 0$

（5）$y(n) + 2y(n-1) + y(n-2) = 0, y(0) = y(-1) = 1$

解：$y(1) = -2y(0) - y(-1) = -2 \times 1 - 1 = -3$

$\alpha^2 + 2\alpha + 1 = 0 \Rightarrow \alpha_{1,2} = -1$

$y(n) = (c_1 + c_2 n)(-1)^n$

$$y(0) = 1 \atop y(1) = -3 \Bigg\} \Rightarrow \begin{cases} c_1 = 1 \\ (c_1 + c_2)(-1) = -3 \end{cases} \Rightarrow \begin{cases} c_1 = 1 \\ c_2 = 2 \end{cases}$$

$$y(n) = (1 + 2n)(-1)^n \quad n \geqslant 0$$

(6) $y(n) + y(n-2) = 0, y(0) = 1, y(1) = 2$

解：$\alpha^2 + 1 = 0$，$\alpha_{1,2} = \pm j$

$$y(n) = c_1(j)^n + c_2(-j)^n$$

$$y(0) = 1 \atop y(1) = 2 \Bigg\} \Rightarrow \begin{cases} c_1 + c_2 = 1 \\ c_1 j - c_2 j = 2 \end{cases} \Rightarrow \begin{cases} c_1 = \dfrac{1 - 2j}{2} \\ c_2 = \dfrac{1 + 2j}{2} \end{cases}$$

$$y(n) = \frac{1 - 2j}{2}(j)^n + \frac{1 + 2j}{2}(-j)^n$$

(7) $y(n) - 7y(n-1) + 16y(n-2) - 12y(n-3) = 0, y(0) = -1, y(1) = -3, y(2) = -5$

解：

$$\alpha^3 - 7\alpha^2 + 16\alpha - 12 = 0, (\alpha - 2)^2(\alpha - 3) = 0$$

$$y(n) = (c_1 + c_2 n)2^n + c_3 3^n$$

$$y(0) = -1 \atop y(1) = -3 \atop y(2) = -5 \Bigg\} \Rightarrow \begin{cases} c_1 + c_3 = -1 \\ 2c_1 + 2c_2 + 3c_3 = -3 \\ 4c_1 + 8c_2 + 9c_3 = -5 \end{cases} \Rightarrow \begin{cases} c_1 = -4 \\ c_2 = -2 \\ c_3 = 3 \end{cases}$$

$$y(n) = (-4 - 2n)2^n + 3^{n+1} \quad n \geqslant 0$$

(8) $y(n) + 2y(n-1) + 2y(n-2) = 0, y(0) = 1, y(-1) = 0$

解：$y(0) = 1, y(1) = -2y(0) - 2y(-1) = -2$

$$\alpha^2 + 2\alpha + 2 = 0, (\alpha + 1)^2 + 1 = 0, \alpha_{1,2} = -1 \pm j$$

$$y(n) = c_1(-1+j)^n + c_2(-1-j)^n$$

$$y(0) = 1 \atop y(1) = -2 \Bigg\} \Rightarrow \begin{cases} c_1 + c_2 = 1 \\ c_1(-1+j) + c_2(-1-j) = -2 \end{cases} \Rightarrow \begin{cases} c_1 = \dfrac{1}{2} + \dfrac{1}{2}j \\ c_2 = \dfrac{1}{2} - \dfrac{1}{2}j \end{cases}$$

$$y(n) = \left(\frac{1}{2} + \frac{1}{2}j\right)(-1+j)^n + \left(\frac{1}{2} - \frac{1}{2}j\right)(-1-j)^n$$

8. (1) $y(n) + 5y(n-1) = n, y(0) = 1$

解：齐次解 $y_h(n) = k(-5)^n$

特解 $\begin{cases} y_p(n) = c_1 n + c_2 \\ y_p(n-1) = c_1(n-1) + c_2 \end{cases}$

$$c_1 n + c_2 + 5c_1 n - 5c_1 + 5c_2 = n$$

$$\begin{cases} c_1 + 5c_1 = 1 \\ 6c_2 - 5c_1 = 0 \end{cases} \Rightarrow \begin{cases} c_1 = \dfrac{1}{6} \\ c_2 = \dfrac{5}{36} \end{cases}$$

$$y_p(n) = \frac{1}{6}n + \frac{5}{36}$$

$$y(n) = k(-5)^n + \frac{1}{6}n + \frac{5}{36}$$

$$y(0) = 1 \Rightarrow k + \frac{5}{36} = 1 \Rightarrow k = \frac{31}{36}$$

$$y(n) = \frac{31}{36}(-5)^n + \frac{1}{6}n + \frac{5}{36} \quad n \geq 0$$

（2）$y(n) + 2y(n-1) = n-2, y(0) = 1$

解：齐次解 $y_p(n) = k(-2)^n$

特解 $\begin{cases} y_p(n) = c_1 n + c_2 \\ y_p(n-1) = c_1(n-1) + c_2 \end{cases}$

$$c_1 n + c_2 + 2c_1 n - 2c_1 + 2c_2 = n-2$$

$$\begin{cases} 3c_1 = 1 \\ 3c_2 - 2c_1 = -2 \end{cases} \Rightarrow \begin{cases} c_1 = \frac{1}{3} \\ c_2 = -\frac{4}{9} \end{cases}$$

$$y(n) = k(-2)^n + \frac{1}{3}n - \frac{4}{9}$$

$$y(0) = 1 \Rightarrow k - \frac{4}{9} = 1 \Rightarrow k = \frac{13}{9}$$

$$y(n) = \frac{13}{9}(-2)^n + \frac{1}{3}n - \frac{4}{9} \quad n \geq 0$$

（3）$y(n) + 2y(n-1) + y(n-2) = 3^n$, $y(0) = y(-1) = 0$

解：$y(0) = 0, y(1) + 2y(0) + y(-1) = 3$

齐次解：$\alpha^2 + 2\alpha + 1 = 0$, $\alpha_{1,2} = -1$

$$y_h(n) = (k_1 + k_2 n)(-1)^n$$

特解 $\begin{cases} y_p(n) = c3^n \\ y_p(n-1) = \frac{1}{3}c3^n \\ y_p(n-2) = \frac{1}{9}c3^n \\ y_p(n) = \frac{9}{16}3^n \end{cases}$

$$\left(c + \frac{2}{3}c + \frac{1}{9}c\right)3^n = 3^n \Rightarrow c = \frac{9}{16}$$

$$y(n) = \frac{9}{16}3^n + (k_1 + k_2 n)(-1)^n$$

$$\left.\begin{array}{l} y(0) = 0 \\ y(1) = 3 \end{array}\right\} \Rightarrow \begin{cases} \frac{9}{16} + k_1 = 0 \\ \frac{27}{16} - (k_1 + k_2) = 3 \end{cases} \Rightarrow \begin{cases} k_1 = -\frac{9}{16} \\ k_2 = -\frac{12}{16} \end{cases}$$

$$y(n) = \frac{9}{16}3^n + \left(-\frac{9}{16} - \frac{3}{4}n\right)(-1)^n \quad n \geq 0$$

(4) $y(n) - 5y(n-1) + 6y(n-2) = u(n)$, $y(-1) = 3$, $y(-2) = 5$

解：$y(0) = 5y(-1) - 6y(-2) + 1 = 15 - 30 + 1 = -14$

$y(1) = 5y(0) - 6y(-1) + 1 = -70 - 18 + 1 = -87$

齐次解 $\alpha^2 - 5\alpha + 6 = 0$，$\alpha_1 = 2$，$\alpha_2 = 3$

$y_p(n) = k_1 2^n + k_2 3^n$

$$\left.\begin{array}{l} y(0) = -14 \\ y(1) = -87 \end{array}\right\} \Rightarrow \left\{\begin{array}{l} \dfrac{1}{2} + k_1 + k_2 = -14 \\ \dfrac{1}{2} + 2k_1 + 3k_2 = -87 \end{array}\right. \Rightarrow \left\{\begin{array}{l} k_1 = 44 \\ k_2 = -\dfrac{117}{2} \end{array}\right.$$

$$y(n) = \frac{1}{2} + 44 \times 2^n - \frac{117}{2}3^n \quad n \geq 0$$

(5) $y(n) - 5y(n-1) + 6y(n-2) = 2(0.5)^n u(n)$, $y(-1) = 0$, $y(-2) = 2$

解：$y(0) = 5y(-1) - 6y(-2) + 3 = -12 + 3 = -9$

$y(1) = 5y(0) - 6y(-1) + \dfrac{3}{2} = -45 + \dfrac{3}{2} = -\dfrac{87}{2}$

齐次解 $y_h(n) = k_1 2^n + k_2 3^n$

特解 $y_p(n) = c 0.5^n$

$$c 0.5^n - 5c 0.5^{n-1} + 6c 0.5^{n-2} = 3 \times 0.5^n \Rightarrow c = \frac{1}{5}$$

$$y(n) = \frac{1}{5}0.5^n + k_1 2^n + k_2 3^n$$

$$\left.\begin{array}{l} y(0) = -9 \\ y(1) = -\dfrac{87}{2} \end{array}\right\} \Rightarrow \left\{\begin{array}{l} \dfrac{1}{5} + k_1 + k_2 = -9 \\ \dfrac{1}{10} + 2k_1 + 3k_2 = -\dfrac{87}{2} \end{array}\right. \Rightarrow \left\{\begin{array}{l} k_1 = 16 \\ k_2 = -\dfrac{126}{5} \end{array}\right.$$

$$y(n) = \frac{1}{5}0.5^n + 16 \times 2^n - \frac{126}{5}3^n \quad n \geq 0$$

(6) $y(n) = 3y(-1) + 2y(n-2) = u(n) + 3u(n-1)$, $y(0) = 1$, $y(1) = 1$

解：齐次解 $\alpha^2 - 3\alpha + 2 = 0 \Rightarrow \alpha_1 = 1$，$\alpha_2 = 2$

$y(n) = k_1 2^n + k_2$

特解 $y(n) - 3y(n-1) + 2y(n-2) = 4$

因为特解项与齐次解项相同，所以 $y_p(n) = An$

$An - 3A(n-1) + 2A(n-2) = 4$

$3A - 4A = 4 \Rightarrow A = -4$

$y(n) = k_1 2^n + k_2 - 4n$

$$\left.\begin{array}{l} y(0) = 1 \\ y(1) = 1 \end{array}\right\} \Rightarrow \left\{\begin{array}{l} k_1 + k_2 = 1 \\ 2k_1 + k_2 - 4 = 1 \end{array}\right. \Rightarrow \left\{\begin{array}{l} k_1 = 4 \\ k_2 = -3 \end{array}\right.$$

$y(n) = 2^{n+2} - 3 - 4n \quad n \geq 0$

9. 解：$h(n) = g(n) - g(n-1)$

$n = 0$ 时，$h(0) = g(0) = 2 - 1 + 1 = 2$

$n \geqslant 1$ 时，$h(n) = g(n) - g(n-1) = 2 - \left(\dfrac{1}{2}\right)^n + \left(-\dfrac{3}{2}\right)^n - 2 + \left(\dfrac{1}{2}\right)^{n-1} - \left(-\dfrac{3}{2}\right)^{n-1} = \left(\dfrac{1}{2}\right)^n + \dfrac{5}{3}\left(-\dfrac{3}{2}\right)^n$

$$h(n) = \left[\left(\dfrac{1}{2}\right)^n + \dfrac{5}{3}\left(-\dfrac{3}{2}\right)^n\right]u(n) - \dfrac{3}{2}\delta(n)$$

10. 解：$H(z) = \dfrac{Y(z)}{X(z)} = \dfrac{\dfrac{1}{1 - \dfrac{1}{3}z^{-1}}}{\dfrac{1}{1 - \dfrac{1}{2}z^{-1}} - \dfrac{1}{4}\dfrac{1}{1 - \dfrac{1}{2}z^{-1}}z^{-1}} = \dfrac{1 - \dfrac{1}{2}z^{-1}}{1 - \dfrac{7}{12}z^{-1} + \dfrac{1}{12}z^{-2}}$

$$y(n) - \dfrac{7}{12}y(n-1) + \dfrac{1}{12}y(n-2) = x(n) - \dfrac{1}{2}x(n-1)$$

$$H(z) = \dfrac{-2}{1 - \dfrac{1}{3}z^{-1}} + \dfrac{3}{1 - \dfrac{1}{4}z^{-1}} \Rightarrow h(n) = -2\left(\dfrac{1}{3}\right)^n u(n) + 3\left(\dfrac{1}{4}\right)^n u(n)$$

11. 解：$H(z) = \dfrac{Y(z)}{X(z)} = \dfrac{\left(1 - \dfrac{1}{2}z^{-1}\right)^2}{\left(1 - \dfrac{1}{4}z^{-1}\right)^2\left(2 - \dfrac{1}{2}z^{-1}\right)^2}$

$$X_1(z) = \dfrac{Y_1(z)}{H(z)} = \dfrac{\dfrac{1}{1 - \dfrac{1}{4}z^{-1}}}{\dfrac{\left(1 - \dfrac{1}{2}z^{-1}\right)^2}{\left(1 - \dfrac{1}{4}z^{-1}\right)^2\left(2 - \dfrac{1}{2}z^{-1}\right)^2}} = \dfrac{z^{-1} - \dfrac{1}{2}z^{-2} + \dfrac{1}{16}z^{-3}}{1 - \dfrac{1}{2}z^{-1} - \dfrac{1}{4}z^{-2} + \dfrac{1}{8}z^{-3}}$$

$$= \dfrac{1}{2} + \dfrac{\dfrac{3}{8}}{1 - \dfrac{1}{2}z^{-1}} + \dfrac{\dfrac{1}{4}}{\left(1 - \dfrac{1}{2}z^{-1}\right)^2} - \dfrac{\dfrac{8}{9}}{1 + \dfrac{1}{2}z^{-1}}$$

$$x_1(n) = \dfrac{1}{2}\delta(n) + \left[\dfrac{1}{8}(2n+5)\left(\dfrac{1}{2}\right)^n - \dfrac{8}{9}\left(-\dfrac{1}{2}\right)^n\right]u(n)$$

12. 解：$y(n) - y(n-1) = x(n) + r$

13. 解：（1）原式

$$= \sum_{k=-\infty}^{\infty} e^{-2k}u(k)e^{-3(n-k)}u(n-k) = u(n)\sum_{k=0}^{n} e^{-2k}e^{-3(n-k)} = u(n)\sum_{k=0}^{n} e^{-3n+k}$$

$$= u(n)\sum_{k=0}^{n} e^{-2n-k} = e^{-2n}\dfrac{1 - e^{-n-1}}{1 - e^{-1}}$$

（2）原式 $= \displaystyle\sum_{k=-\infty}^{\infty} 2^k u(k)2^{n-k}u(n-k) = u(n)\sum_{k=0}^{n} 2^k 2^{n-k} = (n+1)2^n u(n)$

（3）原式 $= \displaystyle\sum_{k=-\infty}^{\infty} \left(\dfrac{1}{2}\right)^k u(k)u(n-k) = u(n)\sum_{k=0}^{n} \left(\dfrac{1}{2}\right)^k = \left[2 - \left(\dfrac{1}{2}\right)^n\right]u(n)$

(4) 原式 $=[\delta(n)+\delta(n-1)+\delta(n-2)+\delta(n-3)]*[\delta(n)+\delta(n-1)+\delta(n-2)+\delta(n-3)]$

$\qquad =\delta(n)+2\delta(n-1)+3\delta(n-2)+4\delta(n-3)+3\delta(n-4)+2\delta(n-5)+\delta(n-6)$

(5) 原式 $=\sum_{k=-\infty}^{n}ku(k)(n-k)u(n-k)=u(n)\sum_{k=0}^{n}k(n-k)=u(n)\left[\sum_{k=0}^{n}kn-\sum_{k=0}^{n}k^2\right]$

$\qquad =\dfrac{n^3-n}{6}$

(6) 原式 $=[\delta(n)+\delta(n-1)+\delta(n-2)+\delta(n-3)]*\sin\left(\dfrac{n\pi}{2}\right)$

$\qquad =\sin\dfrac{\pi n}{2}+\sin\dfrac{\pi(n-1)}{2}+\sin\dfrac{\pi(n-2)}{2}\sin\dfrac{\pi(n-3)}{2}$

(7) 原式 $=\sum_{k=-\infty}^{\infty}\dfrac{e^{j\frac{\pi}{2}k}-e^{-j\frac{\pi}{2}k}}{2j}u(k)\dfrac{e^{j\frac{\pi}{2}(n-k)}-e^{-j\frac{\pi}{2}(n-k)}}{2j}u(n-k)$

$\qquad =u(n)\sum_{k=0}^{n}\dfrac{e^{j\frac{\pi}{2}k}-e^{-j\frac{\pi}{2}k}}{2j}\dfrac{e^{j\frac{\pi}{2}(n-k)}-e^{-j\frac{\pi}{2}(n-k)}}{2j}$

$\qquad =u(n)\sum_{k=0}^{n}\dfrac{e^{j\frac{\pi}{2}n}-e^{-j\frac{\pi}{2}(n-2k)}-e^{j\frac{\pi}{2}(n-2k)}+e^{-j\frac{\pi}{2}n}}{-4}$

$\qquad =-\dfrac{n}{2}\cos\left(\dfrac{\pi}{2}n\right)$

(8) $\mathscr{Z}\left[\sin\left(\dfrac{n\pi}{2}\right)u(n)*2^n u(n)\right]=\dfrac{Z}{Z^2+1}\dfrac{Z}{Z-2}=\dfrac{\dfrac{2}{5}}{Z-2}-\dfrac{\dfrac{1}{5}+\dfrac{1}{10}i}{Z-i}+\dfrac{-\dfrac{1}{5}+\dfrac{1}{10}i}{Z+i}$

$\sin\left(\dfrac{n\pi}{2}\right)u(n)*2^n u(n)=\mathscr{Z}^{-1}\left[\dfrac{\dfrac{2}{5}}{Z-2}-\dfrac{\dfrac{1}{5}+\dfrac{1}{10}i}{Z-i}+\dfrac{-\dfrac{1}{5}+\dfrac{1}{10}i}{Z+i}\right]$

$\qquad =\left[\dfrac{2}{5}2^n-\left(\dfrac{1}{5}+\dfrac{1}{10}i\right)i^n+\left(-\dfrac{1}{5}+\dfrac{1}{10}i\right)(-i)^n\right]u(n)$

14.

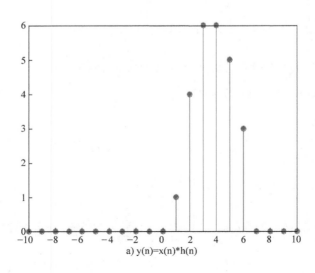

a) y(n)=x(n)*h(n)

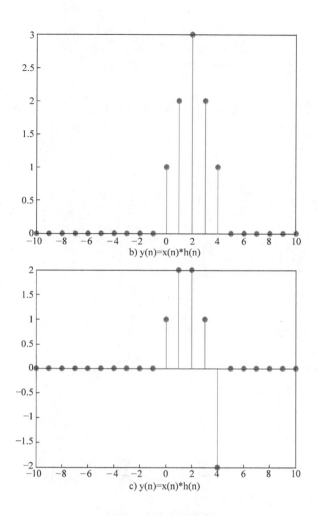

b) y(n)=x(n)*h(n)

c) y(n)=x(n)*h(n)

## 第 6 章习题参考答案

1. 解：（1） $x(n) = \delta(n-1)$

$X(z) = \sum_{n=-\infty}^{\infty} \delta(n-1)z^{-n} = z^{-1}$，极点 $z=0$，收敛域 $z \neq 0$

（2） $x(n) = \left( -\dfrac{1}{2} \right)^n u(-n-1)$

$X(z) = \sum_{n=-\infty}^{\infty} \left( -\dfrac{1}{2} \right)^n u(-n-1)z^{-n} = \sum_{n=-\infty}^{-1} \left( -\dfrac{1}{2} \right)^n z^{-n} = \sum_{n=1}^{\infty} (-2z)^n = -\dfrac{2z}{1+2z}$

极点 $z = -\dfrac{1}{2}$，零点 $z=0$，收敛域 $|-2z| < 1 \Rightarrow |z| < \dfrac{1}{2}$

（3） $x(n) = \left( \dfrac{1}{2} \right)^n [u(n) - u(n-3)]$

$X(z) = \sum_{n=-\infty}^{\infty} \left( \dfrac{1}{2} \right)^n [u(n) - u(n-3)]z^{-n} = \sum_{n=0}^{2} \left( \dfrac{1}{2} \right)^n z^{-n} = \sum_{n=0}^{2} \left( \dfrac{1}{2}z^{-1} \right)^n = \dfrac{1 - \dfrac{1}{8}z^{-3}}{1 - \dfrac{1}{2}z^{-1}}$

$$= 1 + \frac{1}{2}z^{-1} + \frac{1}{4}z^{-2} = \frac{z^2 + \frac{1}{2}z + \frac{1}{4}}{z^2}$$

极点 $z_1 = z_2 = 0$，零点 $z_{1,2} = -\frac{1}{4} \pm j\frac{\sqrt{3}}{4}$，收敛域 $\left| \frac{1}{2}z^{-1} \right| < 1 \Rightarrow |z| > \frac{1}{2}$

（4）$x(n) = \left( \frac{1}{2} \right)^{|n|}$

$$X(z) = \sum_{n=-\infty}^{\infty} \left( \frac{1}{2} \right)^{|n|} z^{-n} = \sum_{n=-\infty}^{-1} \left( \frac{1}{2}z \right)^{-n} + \sum_{n=0}^{\infty} \left( \frac{1}{2}z^{-1} \right)^n = \frac{\frac{1}{2}}{1 - \frac{1}{2}}z + \frac{1}{1 - \frac{1}{2}z^{-1}}$$

$$= \frac{\left( z - \frac{1}{2} + \frac{\sqrt{3}}{2} \right)\left( z - \frac{1}{2} - \frac{\sqrt{3}}{2} \right)}{\left( z - \frac{1}{2} \right)(z - 2)}$$

极点 $z_1 = \frac{1}{2}$，$z_2 = 2$，零点 $z_{1,2} = \frac{1}{2} \pm \frac{\sqrt{3}}{2}$

收敛域 $\begin{cases} \left| \frac{1}{2}z \right| < 1 \\ \left| \frac{1}{2}z^{-1} \right| < 1 \end{cases} \Rightarrow \frac{1}{2} < |z| < 2$

（5）$x(n) = -u(-n-1)$

$$X(z) = \sum_{n=-\infty}^{\infty} -u(-n-1)z^{-n} = \sum_{n=-\infty}^{-1} -z^{-n} = \sum_{n=1}^{\infty} -z^n = -\frac{z}{1-z}$$

极点 $z = 1$，零点 $z = 0$，收敛域 $|z| < 1$

（6）$x(n) = \left[ 2^n + \left( \frac{1}{2} \right)^n \right] u(n)$

$$X(z) = \sum_{n=-\infty}^{\infty} \left[ 2^n + \left( \frac{1}{2} \right)^n \right] u(n)z^{-n} = \sum_{n=0}^{\infty} 2^n z^{-n} + \sum_{n=0}^{\infty} \left( \frac{1}{2} \right)^n z^{-n}$$

$$= \frac{1}{1 - 2z^{-1}} + \frac{1}{1 - \frac{1}{2}z^{-1}} = \frac{2z\left( z - \frac{5}{4} \right)}{\left( z - \frac{1}{2} \right)(z - 2)}$$

极点 $z_1 = \frac{1}{2}$，$z_2 = 2$，零点 $z_1 = 0$，$z_2 = \frac{5}{4}$，收敛域 $|z| > 2$

（7）$x(n) = (-1)^n u(n)$

$$X(z) = \sum_{n=-\infty}^{\infty} (-1)^n u(n)z^{-n} = \sum_{n=0}^{\infty} (-1)^n z^{-n} = \frac{1}{1 - z^{-1}} = \frac{z}{z-1}$$

极点 $z = 1$，零点 $z = 0$，收敛域 $|z| > 1$

（8）$x(n) = \cos\left( \frac{n\pi}{4} \right) u(n)$

$$X(z) = \frac{z^2 - \sqrt{2}}{z^2 - \sqrt{2}z + 1}$$

极点 $z_{1,2} = \frac{\sqrt{2}}{2} \pm j\frac{\sqrt{2}}{2}$，零点 $z_{1,2} = \pm\sqrt[4]{2}$，收敛域 $|z| > 1$

（9） $x(n) = \left[\left(\frac{1}{3}\right)^n + \left(\frac{1}{2}\right)^n\right]u(n)$

$$X(z) = \sum_{n=-\infty}^{\infty}\left[\left(\frac{1}{3}\right)^n + \left(\frac{1}{2}\right)^n\right]u(n)Z^{-n} = \sum_{n=0}^{\infty}\left(\frac{1}{3}\right)^n z^{-n} + \sum_{n=0}^{\infty}\left(\frac{1}{2}\right)^n z^{-n} = \frac{1}{1 - \frac{1}{3}z^{-1}} + \frac{1}{1 - \frac{1}{2}z^{-1}}$$

$$= \frac{2z\left(z - \frac{5}{12}\right)}{\left(z - \frac{1}{3}\right)\left(z - \frac{1}{2}\right)}$$

极点 $z_1 = \frac{1}{3}$，$z_2 = \frac{1}{2}$，零点 $z_1 = 0$，$z_2 = \frac{5}{12}$，收敛域 $|z| > \frac{1}{2}$

（10） $x(n) = u(n) - u(n - N)$

$$X(z) = \sum_{n=-\infty}^{\infty}\left[u(n) - u(n - N)\right]z^{-n} = \sum_{n=0}^{N-1}z^{-n} = \frac{1 - z^{-N}}{1 - z^{-1}}$$

极点 $z = 1$，收敛域 $|z| > 1$

（11） $x(n) = 2^{n-1}u(n - 1)$

$$X(z) = \sum_{n=-\infty}^{\infty}2^{n-1}u(n - 1)z^{-n} = \sum_{n=1}^{\infty}2^{n-1}z^{-n} = \frac{1}{2}\frac{2z^{-1}}{1 - 2z^{-1}} = \frac{1}{z - 2}$$

极点 $z = 2$，收敛域 $|z| > 2$

（12） $x(n) = \delta(n) - \frac{1}{8}\delta(n - 3)$

$$X(z) = \sum_{n=-\infty}^{\infty}\left[\delta(n) - \frac{1}{8}\delta(n - 3)\right]z^{-n} = 1 - \frac{1}{8}z^{-3} = \frac{z^3 - \frac{1}{8}}{z^3}$$

极点 $z_{1,2,3} = 0$，零点 $z_1 = \frac{1}{2}$，$z_{2,3} = -\frac{1}{4} \pm j\frac{\sqrt{3}}{4}$，收敛域 $|z| \neq 0$

2. 解：（1） $h(n) = \delta(n - 1) = 0$，$n < 0$，是因果系统。

$S = \sum_{n=-\infty}^{\infty}|h(n)| = \sum_{n=-\infty}^{\infty}|\delta(n - 1)| = 1 < \infty$，系统稳定。

（2） $h(n) = \delta(n + 1) \neq 0$，$n < 0$，不是因果系统。

$S = \sum_{n=-\infty}^{\infty}|h(n)| = \sum_{n=-\infty}^{\infty}|\delta(n + 1)| = 1 < \infty$，系统稳定。

（3） $h(n) = 2u(n - 1) = 0$，$n < 0$，是因果系统。

$S = \sum_{n=-\infty}^{\infty}|h(n)| = \sum_{n=-\infty}^{\infty}|2u(n - 1)| = \infty$，系统不稳定。

（4） $h(n) = -u(3 - n) \neq 0$，$n < 0$，不是因果系统。

$$S = \sum_{n=-\infty}^{\infty} |h(n)| = \sum_{n=-\infty}^{\infty} |-u(3-n)| = \infty , \text{系统不稳定。}$$

（5） $h(n) = 3^n u(-n) \neq 0$，$n < 0$，不是因果系统。

$$S = \sum_{n=-\infty}^{\infty} |h(n)| = \sum_{n=-\infty}^{\infty} |3^n u(-n)| = \sum_{n=-\infty}^{0} 3^n = \frac{3}{2} < \infty , \text{系统稳定。}$$

（6） $h(n) = \dfrac{1}{n} u(n) = 0$，$n < 0$，是因果系统。

$$S = \sum_{n=-\infty}^{\infty} |h(n)| = \sum_{n=-\infty}^{\infty} \left| \frac{1}{n} u(n) \right| = \sum_{n=0}^{\infty} \frac{1}{n} = \infty , \text{系统不稳定。}$$

（7） $h(n) = \dfrac{1}{n!} u(n) = 0$，$n < 0$，是因果系统。

$$S = \sum_{n=-\infty}^{\infty} |h(n)| = \sum_{n=-\infty}^{\infty} \left| \frac{1}{n!} u(n) \right| = \sum_{n=0}^{\infty} \frac{1}{n!} = \infty , \text{系统不稳定。}$$

（8） $h(n) = 2^n G_{10}(n) = 0$，$n < 0$，是因果系统。

$$S = \sum_{n=-\infty}^{\infty} |h(n)| = \sum_{n=-\infty}^{\infty} |2^n G_{10}(n)| < \infty , \text{系统稳定。}$$

3. 解：（1） $x(n) = (n-2)u(n)$

$$X(z) = \sum_{n=-\infty}^{\infty} (n-2)u(n)z^{-n} = \sum_{n=0}^{\infty} nz^{-n} - \sum_{n=0}^{\infty} 2z^{-n} = \frac{z}{(z-1)^2} - \frac{2}{1-z^{-1}}$$

$$= \frac{z(-2z+3)}{(z-1)^2}$$

极点 $z_{1,2} = 1$，零点 $z_1 = 0$，$z_2 = \dfrac{3}{2}$，收敛域 $|z| > 1$

（2） $x(n) = n\cos(\omega n)u(n)$

$x_1(n) = \cos(\omega n)u(n)$，$X(z) = \dfrac{z^2 - 2\cos\omega}{z^2 - 2z\cos\omega + 1}$，$|z| > 1$

$$X(z) = -z\frac{\mathrm{d}X_1(z)}{\mathrm{d}z} = \frac{-2z^2}{(z^2 - 2z\cos\omega + 1)^2} = \frac{-2z^2}{[(z-\cos\omega+\mathrm{j}\sin\omega)(z-\cos\omega-\mathrm{j}\sin\omega)]^2}$$

极点 $z_{1,2} = \cos\omega + \mathrm{j}\sin\omega$，$z_{3,4} = \cos\omega - \mathrm{j}\sin\omega$，零点 $z_{1,2} = 0$，收敛域 $|z| > 1$

（3） $x(n) = n(n-1)u(n-1) = (n-1)^2 u(n-1) + (n-1)u(n-1)$

$x_1(n) = nu(n)$，$x_2(n) = x_1(n-1)$，$x(n) = nx_2(n) + x_2(n)$

$$X_1(z) = \frac{z}{(z-1)^2} , \quad X_2(z) = z^{-1}X_1(z) = \frac{1}{(z-1)^2}$$

$$X(z) = -z\frac{\mathrm{d}X_2(z)}{\mathrm{d}z} + \frac{1}{(z-1)^2} = \frac{3z-1}{(z-1)^3} + \frac{1}{(z-1)^2} = \frac{4z-2}{(z-1)^3} , \quad |z| < 1$$

极点 $z_{1,2,3} = 1$，零点 $z = \dfrac{1}{2}$，收敛域 $|z| < 1$

（4） $x(n) = (n-2^n)^2 u(n) = (n^2 - 2n2^n + 4^n)u(n)$

$x_1(n) = n^2 u(n)$，$x_2(n) = n2^n u(n)$，$x_3(n) = 4^n u(n)$

$$X_1(z) = -z\frac{\mathrm{d}}{\mathrm{d}z}\Big[\frac{z}{(z-1)^2}\Big] = \frac{z(z+1)}{(z-1)^3}, \quad X_2(z) = \frac{2z}{(z-2)^2}, \quad X_3(z) = \frac{z}{z-4}$$

$$X(z) = \frac{z(z+1)}{(z-1)^3} - \frac{4z}{(z-2)^2} + \frac{z}{z-4}$$

极点 $z_{1,2,3} = 1$，$z_{4,5} = 2$，$z_6 = 4$

（5） $x(n) = n2^{n-1}u(n)$

$x_1(n) = 2^n u(n)$，$x(n) = \frac{1}{2}nx_1(n)$

$$X_1(z) = \frac{z}{z-2}, \quad X(z) = -\frac{1}{2}z\frac{\mathrm{d}X_1(z)}{\mathrm{d}z} = \frac{z}{(z-2)^2}$$

极点 $z_{1,2} = 2$，零点 $z = 0$，收敛域 $|z| > 1$

（6） $x(n) = (n+2)u(n+1)$

$x(n) = (n+2)u(n+1) = u(n+1) + (n+1)u(n+1)$

$x_1(n) = u(n+1)$，$x_2(n) = (n+1)x_1(n)$，$x(n) = x_1(n) + x_2(n)$

$$X_1(z) = \sum_{n=-\infty}^{\infty} u(n+1)z^{-n} = \sum_{n=-1}^{\infty} z^{-n} = \frac{z}{1-z^{-1}} = \frac{z^2}{z-1}, \quad |z^{-1}| < 1, \text{ 即 } |z| > 1$$

$$X_2(z) = -z\frac{\mathrm{d}X_1(z)}{\mathrm{d}z} = -\frac{z^2(z-2)}{(z-1)^2}$$

$$X(z) = X_1(z) + X_2(z) = \frac{2z^2\left(z - \dfrac{3}{2}\right)}{(z-1)^2}$$

极点 $z_{1,2} = 1$，零点 $z_{1,2} = 0$，$z_3 = \dfrac{3}{2}$，收敛域 $|z| > 1$

（7） $x(n) = n(n-1)u(-n+1)$

$x(n) = (n-1)^2 u(-n+1) + (n-1)u(-n+1)$

$x_1(n) = u(-n+1)$，$x_2(n) = nx_1(n)$，$x(n) = nx_2(n) - x_2(n)$

$$X_1(z) = \sum_{n=-\infty}^{\infty} u(-n+1)z^{-n} = -\frac{1}{z(z-1)}, \quad X_2(z) = \frac{-2z+1}{z(z-1)^2}, |z| < 1$$

$$X(z) = -\frac{4z^3 - 7z^2 + 4z - 1}{z(z-1)^4} + \frac{-2z+1}{z(z-1)^2} = \frac{-6z^3 + 12z^2 - 8z + 2}{z(z-1)^4}$$

极点 $z_{1,2,3,4} = 1$，$z_5 = 0$，收敛域 $|z| < 1$

（8） $x(n) = 2^n u(-n-2)$

$$X(z) = \sum_{n=-\infty}^{\infty} 2^n u(-n-2)z^{-n} = \sum_{n=-\infty}^{-2} 2^n z^{-n} = \sum_{n=2}^{\infty}\left(\frac{1}{2}z\right)^n = \frac{\dfrac{1}{4}z^2}{1 - \dfrac{1}{2}z}, |z| < 2$$

极点 $z = 2$，零点 $z_{1,2} = 0$，收敛域 $|z| < 2$

4. 解：（1） $x(n) = a^n u(n)$，右边序列

（2） $x(n) = -a^n u(n)$，左边序列

（3）$x(n) = \left( -\dfrac{1}{2} \right)^n u(n)$，右边序列

（4）$x(n)$为右边序列

$$X(z) = \frac{1 - \dfrac{1}{2}z^{-1}}{\left( 1 + \dfrac{1}{4}z^{-1} \right)\left( 1 + \dfrac{1}{2}z^{-1} \right)} = \frac{-3}{1 + \dfrac{1}{4}z^{-1}} + \frac{4}{1 + \dfrac{1}{2}z^{-1}}$$

$$x(n) = \left[ -3\left( -\frac{1}{4} \right)^n + 4\left( -\frac{1}{2} \right)^n \right] u(n)$$

（5）$x(n)$为右边序列

$$X(z) = \frac{1 - \dfrac{1}{3}z^{-1}}{\left( 1 - \dfrac{1}{2}z^{-1} \right)\left( 1 + \dfrac{1}{2}z^{-1} \right)} = \frac{\dfrac{5}{6}}{1 - \dfrac{1}{2}z^{-1}} + \frac{\dfrac{1}{6}}{1 + \dfrac{1}{2}z^{-1}}$$

$$x(n) = \left[ \frac{5}{6}\left( -\frac{1}{2} \right)^n + \frac{1}{6}\left( \frac{1}{2} \right)^n \right] u(n)$$

（6）将$X(z)$化为$z$的正幂次，可得

$$X(z) = \frac{z - a}{1 - az} = -\frac{1}{a}\frac{z - a}{z - \dfrac{1}{a}}$$

所以 $\quad X(z)z^{n-1} = z^{n-1}\dfrac{z - a}{1 - az} = -\dfrac{1}{a}\dfrac{z^{n-1}(z - a)}{\left( z - \dfrac{1}{a} \right)}$

$n \geqslant 1$ 时，$X(z)z^{n-1}$在 $C$ 内有一阶极点 $z = \dfrac{1}{a}$，所以有

$$x(n) = -\frac{1}{a}z^{n-1}(z - a)\bigg|_{z = \frac{1}{a}} = \frac{1}{a^{n-1}} - \frac{1}{a^{n+1}}$$

$n = 0$ 时，$X(z)z^{n-1}$在 $C$ 内有一阶极点 $z = \dfrac{1}{a}$和 $z = 0$，所以有

$$x(0) = -\frac{1}{a}\frac{(z - a)}{z}\bigg|_{z = \frac{1}{a}} - \frac{1}{a}\frac{(z - a)}{z - \dfrac{1}{a}}\bigg|_{z = 0} = -\frac{1}{a}$$

$n < 0$ 时，$X(z)z^{n-1}$在 $C$ 外没有极点，所以 $x(n) = 0$。

综合以上有 $x(n) = -\dfrac{1}{a}\delta(n) + \left( \dfrac{1}{a^{n-1}} - \dfrac{1}{a^{n+1}} \right)u(n-1)$

注意：当 $n = 0$ 时该题要单独求解。

5. 解：（1）$X(z) = \dfrac{10z^2}{\left( z - \dfrac{1}{2} \right)\left( z - \dfrac{1}{4} \right)}$，$X(z)z^{n-1} = \dfrac{10z^{n+1}}{\left( z - \dfrac{1}{2} \right)\left( z - \dfrac{1}{4} \right)}$

$n \geqslant 0$ 时，$X(z)z^{n-1}$在 $C$ 内有一阶极点 $z = \dfrac{1}{4}$，所以有

$$x(n) = \left. \frac{10z^{n+1}}{z - \frac{1}{2}} \right|_{z = \frac{1}{4}} = -10\left(\frac{1}{4}\right)^n$$

$n < 0$ 时，$X(z)z^{n-1}$ 在 $C$ 内有一阶极点 $z = \frac{1}{2}$，所以有

$$x(n) = \left. \frac{10z^{n+1}}{z - \frac{1}{4}} \right|_{z = \frac{1}{2}} = 20\left(\frac{1}{2}\right)^n$$

所以 $x(n) = 20\left(\frac{1}{2}\right)^n u(-n-1) = 10\left(\frac{1}{4}\right)^n u(n)$

（2）$x(n)$ 为左边序列

$$X(z) = \frac{10}{(1+z^{-1})(1-z^{-1})} = \frac{5}{1+z^{-1}} + \frac{5}{1-z^{-1}}$$

$$x(n) = \left[-5(-1)^n - 5\right]u(-n-1)$$

（3）$x(n)$ 为右边序列

$$X(z) = \frac{1}{z^2+1} = \frac{z}{z^2+1}z^{-1},$$

$$\mathscr{Z}^{-1}\left[\frac{z}{z^2+1}\right] = \sin\left(\frac{\pi}{2}n\right)u(n), \quad \mathscr{Z}^{-1}\left[\frac{z}{z^2+1}z^{-1}\right] = \sin\left[\frac{\pi}{2}(n-1)\right]u(n-1)$$

$$x(n) = \sin\left[\frac{\pi}{2}(n-1)\right]u(n-1)$$

（4）$x(n)$ 为左边序列

$$X(z) = \frac{1}{1 - \frac{1}{4}z^{-2}} = \frac{1}{\left(1 + \frac{1}{2}z^{-1}\right)\left(1 - \frac{1}{2}z^{-1}\right)} = \frac{\frac{1}{2}}{1 + \frac{1}{2}z^{-1}} + \frac{\frac{1}{2}}{1 - \frac{1}{2}z^{-1}}$$

$$x(n) = \left[-\frac{1}{2}\left(-\frac{1}{2}\right)^n - \frac{1}{2}\left(\frac{1}{2}\right)^n\right]u(-n-1)$$

（5）$X(z) = \dfrac{1}{z\left(z + \frac{1}{3}\right)\left(z + \frac{1}{4}\right)}$, $X(z)z^{n-1} = \dfrac{z^{n-2}}{\left(z + \frac{1}{3}\right)\left(z + \frac{1}{4}\right)}$

$n \geqslant 2$ 时，$X(z)z^{n-1}$ 在 $C$ 内有一阶极点 $z = -\frac{1}{4}$，所以有

$$x(n) = \left. \frac{z^{n-2}}{z + \frac{1}{3}} \right|_{z = -\frac{1}{4}} = 12\left(-\frac{1}{4}\right)^{n-2}$$

$n = 1$ 时，$X(z)z^{n-1}$ 在 $C$ 内有一阶极点 $z = -\frac{1}{4}$ 和 $z = 0$，所以有

$$x(n) = \left. \frac{1}{z\left(z + \frac{1}{3}\right)} \right|_{z = -\frac{1}{4}} + \left. \frac{1}{\left(z + \frac{1}{3}\right)\left(z + \frac{1}{4}\right)} \right|_{z = 0} = -48 + 12 = -36$$

$n=0$ 时，$X(z)z^{n-1}$ 在 $C$ 内有一阶极点 $z=-\dfrac{1}{4}$ 和二阶极点 $z=0$，所以有

$$x(n)=\left.\frac{1}{z^2\left(z+\dfrac{1}{3}\right)}\right|_{z=-\frac{1}{4}}+\frac{\mathrm{d}}{\mathrm{d}z}\left[\frac{1}{\left(z+\dfrac{1}{3}\right)\left(z+\dfrac{1}{4}\right)}\right]\Bigg|_{z=0}=192-84=108$$

$n<0$ 时，$X(z)z^{n-1}$ 在 $C$ 外有一阶极点 $z=-\dfrac{1}{3}$，所以有

$$x(n)=-\left.\frac{z^{n-2}}{z+\dfrac{1}{4}}\right|_{z=-\frac{1}{3}}=12\left(-\frac{1}{3}\right)^{n-2}$$

所以　$x(n)=12\left(-\dfrac{1}{4}\right)^{n-2}u(n-2)-36\delta(n-1)+108\delta(n)+12\left(-\dfrac{1}{3}\right)^{n-2}u(-n-1)$

（6）$X(z)=\dfrac{(z-1)^2}{-2z\left(z-\dfrac{1}{2}\right)}$，$X(z)z^{n-1}=-\left.\dfrac{(z-1)^2z^{n-2}}{-2}\right|_{z=\frac{1}{2}}=-\left(\dfrac{1}{2}\right)^{n+1}$

$$x(n)=-\left(\frac{1}{2}\right)^{n+1}u(-n-1)$$

6. 解：$X(z)=\dfrac{-\dfrac{3}{2}z}{\left(z-\dfrac{1}{2}\right)(z-2)}$，$X(z)z^{n-1}=\dfrac{-\dfrac{3}{2}z^n}{\left(z-\dfrac{1}{2}\right)(z-2)}$

（1）$|z|>2$，右边序列

当 $n\geqslant0$ 时，$C$ 内有一阶极点 $z=\dfrac{1}{2}$ 和 $z=2$，所以有

$$x(n)=\left.\frac{-\dfrac{3}{2}z^n}{z-2}\right|_{z=\frac{1}{2}}+\left.\frac{-\dfrac{3}{2}z^n}{z-\dfrac{1}{2}}\right|_{z=2}=\left(\frac{1}{2}\right)^n-2^n$$

所以　$x(n)=\left[\left(\dfrac{1}{2}\right)^n-2^n\right]u(n)$

（2）$|z|<\dfrac{1}{2}$，左边序列

当 $n<0$ 时，$C$ 外有一阶极点 $z=\dfrac{1}{2}$ 和 $z=2$，所以有

$$x(n)=-\left[\left.\frac{-\dfrac{3}{2}z^n}{z-2}\right|_{z=\frac{1}{2}}+\left.\frac{-\dfrac{3}{2}z^n}{z-\dfrac{1}{2}}\right|_{z=2}\right]=-\left(\frac{1}{2}\right)^n+2^n$$

所以　$x(n)=\left[-\left(\dfrac{1}{2}\right)^n+2^n\right]u(-n-1)$

（3）$\dfrac{1}{2}<|z|<2$，双边序列

当 $n \geqslant 0$ 时，$C$ 内有一阶极点 $z = \dfrac{1}{2}$，所以有

$$x(n) = \left. \frac{-\dfrac{3}{2} z^n}{z - 2} \right|_{z = \frac{1}{2}} = \left( \frac{1}{2} \right)^n$$

当 $n < 0$ 时，$C$ 外有一阶极点 $z = 2$，所以有

$$x(n) = - \left. \frac{-\dfrac{3}{2} z^n}{z - \dfrac{1}{2}} \right|_{z = 2} = 2^n$$

所以 $x(n) = \left( \dfrac{1}{2} \right)^n u(n) + 2^n u(-n-1)$

7. 解：（1）$X(z) = \dfrac{-1}{z-1}$，$X(z) z^{n-1} = \dfrac{-z^{n-1}}{z-1}$

$|z| > 1$，$x(n)$ 为右边序列

当 $n \geqslant$ 时，$C$ 内有一阶极点 $z = 1$，所以有

$x(n) = -z^{n-1} \big|_{z=1} = -1$

当 $n = 0$ 时，$C$ 内有一阶极点 $z = 1$ 和 $z = 0$，所以有

$x(n) = -z^{-1} \big|_{z=1} + \dfrac{-1}{z-1} \big|_{z=0} = -1 + 1 = 0$

所以 $x(n) = -u(n-1)$

$|z| < 1$，$x(n)$ 为左边序列

当 $n < 0$ 时，$C$ 外有一阶极点 $z = 1$，所以有

$x(n) = z^{n-1} \big|_{z=1} = 1$

所以 $x(n) = u(-n-1)$

（2）$X(z) = \dfrac{z}{(z-2)(z-1)^2}$，$X(z) z^{n-1} = \dfrac{z^n}{(z-2)(z-1)^2}$

$|z| < 1$，$x(n)$ 为左边序列

当 $n < 0$ 时，$C$ 外有一阶极点 $z = 2$ 和二阶极点 $z = 1$，所以有

$$x(n) = - \frac{\mathrm{d}}{\mathrm{d}z} \left[ \frac{z^n}{z-2} \right] \bigg|_{z=1} - \frac{z^n}{(z-1)^2} \bigg|_{z=2} = 2 - 2^n$$

所以 $x(n) = [2 - 2^n] u(-n-1)$

$1 < |z| < 2$，$x(n)$ 为双边序列

当 $n \geqslant 0$ 时，$C$ 内有二阶极点 $z = 1$，所以有

$$x(n) = \frac{\mathrm{d}}{\mathrm{d}z} \left[ \frac{z^n}{z-2} \right] \bigg|_{z=1} = -2$$

当 $n < 0$ 时，$C$ 外有一阶极点 $z = 2$，所以有

$$x(n) = - \frac{z^n}{(z-1)^2} \bigg|_{z=2} = -2^n$$

所以 $x(n) = -2u(n) - 2^n u(-n-1)$

$|Z| > 2$，$x(n)$为右边序列

当$n \geqslant 1$时，$C$内有一阶极点$z = 2$和二阶极点$z = 1$，所以有

$$x(n) = \frac{z^n}{(z-1)^2}\bigg|_{z=2} + \frac{\mathrm{d}}{\mathrm{d}z}\left[\frac{z^n}{z-2}\right]\bigg|_{z=1} = 2^n - 2$$

所以　$x(n) = [2^n - 2]u(n)$

（3）$X(z) = \dfrac{z^2}{\left(z - \dfrac{1}{2}\right)\left(z - \dfrac{1}{3}\right)}$，$X(z)z^{n-1} = \dfrac{z^{n+1}}{\left(z - \dfrac{1}{2}\right)\left(z - \dfrac{1}{3}\right)}$

$|z| < \dfrac{1}{3}$，$x(n)$为左边序列

当$n < 0$时，$C$外有一阶极点$z = \dfrac{1}{3}$和$z = \dfrac{1}{2}$，所以有

$$x(n) = -\frac{z^{n+1}}{z - \dfrac{1}{2}}\bigg|_{z=\frac{1}{3}} - \frac{z^{n+1}}{z - \dfrac{1}{3}}\bigg|_{z=\frac{1}{2}} = 2\left(\frac{1}{3}\right)^n - 3\left(\frac{1}{2}\right)^n$$

所以　$x(n) = \left[2\left(\dfrac{1}{3}\right)^n - 3\left(\dfrac{1}{2}\right)^n\right]u(-n-1)$

$\dfrac{1}{3} < |z| < \dfrac{1}{2}$，$x(n)$为双边序列

当$n \geqslant 0$时，$C$内有一阶极点$z = \dfrac{1}{3}$，所以有

$$x(n) = \frac{z^{n+1}}{z - \dfrac{1}{2}}\bigg|_{z=\frac{1}{3}} = -2\left(\frac{1}{3}\right)^n$$

当$n < 0$时，$C$外有一阶极点$z = \dfrac{1}{2}$，所以有

$$x(n) = -\frac{z^{n+1}}{z - \dfrac{1}{3}}\bigg|_{z=\frac{1}{3}} = -3\left(\frac{1}{2}\right)^n$$

所以　$x(n) = -2\left(\dfrac{1}{3}\right)^n u(n) - 3\left(\dfrac{1}{2}\right)^n u(-n-1)$

$|z| > \dfrac{1}{2}$，$x(n)$为右边序列

当$n \geqslant 0$时，$C$内有一阶极点$z = \dfrac{1}{3}$和$z = \dfrac{1}{2}$，所以有

$$x(n) = \frac{z^{n+1}}{z - \dfrac{1}{2}}\bigg|_{z=\frac{1}{3}} + \frac{z^{n+1}}{z - \dfrac{1}{3}}\bigg|_{z=\frac{1}{2}} = -2\left(\frac{1}{3}\right)^n + 3\left(\frac{1}{2}\right)^n$$

所以　$x(n) = \left[-2\left(\dfrac{1}{3}\right)^n + 3\left(\dfrac{1}{2}\right)^n\right]u(n)$

（4）$X(z) = \dfrac{z}{\left(z - \dfrac{1}{2}\right)(z - 2)}$，$X(z)z^{n-1} = \dfrac{z^n}{\left(z - \dfrac{1}{2}\right)(z - 2)}$

$|z| < \dfrac{1}{2}$，$x(n)$ 为左边序列

当 $n < 0$ 时，$C$ 外有一阶极点 $z = \dfrac{1}{2}$ 和 $z = 2$，所以有

$$x(n) = -\dfrac{z^n}{z-2}\Big|_{z=\frac{1}{2}} - \dfrac{z^n}{z-\dfrac{1}{2}}\Big|_{z=2} = \dfrac{2}{3}\left(\dfrac{1}{2}\right)^n - \dfrac{2}{3}2^n$$

所以　　$x(n) = \left[\dfrac{2}{3}\left(\dfrac{1}{2}\right)^n - \dfrac{2}{3}2^n\right]u(-n-1)$

$\dfrac{1}{2} < |z| < 2$，$x(n)$ 为双边序列

当 $n \geqslant 0$ 时，$C$ 内有一阶极点 $z = \dfrac{1}{2}$，所以有

$$x(n) = \dfrac{z^n}{z-2}\Big|_{z=\frac{1}{2}} = -\dfrac{2}{3}\left(\dfrac{1}{2}\right)^n$$

当 $n < 0$ 时，$C$ 外有一阶极点 $z = 2$，所以有

$$x(n) = -\dfrac{z^n}{z-\dfrac{1}{2}}\Big|_{z=2} = -\dfrac{2}{3}2^n$$

所以　　$x(n) = -\dfrac{2}{3}\left(\dfrac{1}{2}\right)^n u(n) - \dfrac{2}{3}2^n u(-n-1)$

$|z| > 2$，$x(n)$ 为右边序列

当 $n \geqslant 0$ 时，$C$ 内有一阶极点 $z = \dfrac{1}{2}$ 和 $z = 2$，所以有

$$x(n) = \dfrac{z^n}{z-2}\Big|_{z=\frac{1}{2}} + \dfrac{z^n}{z-\dfrac{1}{2}}\Big|_{z=2} = -\dfrac{2}{3}\left(\dfrac{1}{2}\right)^n + \dfrac{2}{3}2^n$$

所以　　$x(n) = \left[-\dfrac{2}{3}\left(\dfrac{1}{2}\right)^n + \dfrac{2}{3}(2)^n\right]u(n)$

8. 解：（1）根据初值定理有 $x(0) = \lim\limits_{z\to\infty} X(z) = 1$，因为 $X(z)$ 存在极点 $z = 2$，不满足终值定理的条件，$x(\infty)$ 不存在。

（2）根据初值定理有 $x(0) = \lim\limits_{z\to\infty} X(z) = 1$，因为 $X(z)$ 的极点都在单位圆内，满足终值定理的条件，$x(\infty) = \lim\limits_{z\to1}(z-1)X(z) = 0$。

（3）根据初值定理有 $x(0) = \lim\limits_{z\to\infty} X(z) = 1$，因为 $X(z)$ 的极点都在单位圆内，满足终值定理的条件，$x(\infty) = \lim\limits_{z\to1}(z-1)X(z) = 0$。

（4）根据初值定理有 $x(0) = \lim\limits_{z\to\infty} X(z) = 1$，因为 $X(z)$ 的极点 $z = 0.5$ 和 $z = 1$ 满足终值定理的条件，$x(\infty) = \lim\limits_{z\to1}(z-1)X(z) = 2$。

9. 解：$X(z)$ 的极点为 $z = \dfrac{1}{2}$ 和 $z = 2$

（1）$X(z)$ 的收敛域有三种情况：$|z| < \dfrac{1}{2}$，$\dfrac{1}{2} < |z| < 2$，$|z| > 2$。

（2）$|z| < \dfrac{1}{2}$ 对应的是左边序列，$\dfrac{1}{2} < |z| < 2$ 对应的是双边序列，$|z| > 2$ 对应的右边序列。

10. 解：（1）$H(z) = \dfrac{Kz^2}{(z + 0.5)(z - 2)} = \dfrac{K}{(1 + 0.5z^{-1})(1 - 2z^{-1})}$

由 $h(0) = \lim\limits_{z \to \infty} H(z) = 2$，得 $K = 2$，所以有

$$H(z) = \dfrac{2}{(1 + 0.5z^{-1})(1 - 2z^{-1})}$$

（2）$H(z) = \dfrac{\dfrac{2}{5}}{1 + 0.5z^{-1}} + \dfrac{\dfrac{8}{5}}{1 - 2z^{-1}}$

$$h(n) = \left[ \dfrac{2}{5}\left(\dfrac{1}{2}\right)^n + \dfrac{8}{5}2^n \right] u(n)$$

（3）$H(z) = \dfrac{Y(z)}{X(z)} = \dfrac{2}{1 - \dfrac{3}{2}z^{-1} - z^{-2}}$

$$y(n) - \dfrac{3}{2}y(n - 1) - y(n - 2) = 2x(n)$$

（4）$Y(z) = \dfrac{1}{1 - 2z^{-1}}$，由 $H(z) = \dfrac{Y(z)}{X(z)}$，可得

$$X(z) = \dfrac{Y(z)}{H(z)} = \dfrac{\dfrac{1}{1 - 2z^{-1}}}{\dfrac{2}{\left(1 + \dfrac{1}{2}z^{-1}\right)(1 - 2z^{-1})}} = \dfrac{1}{2} + \dfrac{1}{4}z^{-1}$$

$$x(n) = \dfrac{1}{2}\delta(n) + \dfrac{1}{4}\delta(n - 1)$$

11. 解：（1）$H(z) = \dfrac{Kz(z + 2)}{(z + 3)(z + 1)}$

由 $H(\infty) = 4$，解得 $K = 4$，所以有

$$H(z) = \dfrac{4z(z + 2)}{(z + 3)(z + 1)}$$

（2）$H(z) = \dfrac{-6}{1 + z^{-1}} + \dfrac{10}{1 + 3z^{-1}}$

$$h(n) = \left[ -6(-1)^n + 10(-3)^n \right] u(n)$$

（3）$H(z) = \dfrac{Y(z)}{X(z)} = \dfrac{4 - 8z^{-1}}{1 + 4z^{-1} + 3z^{-2}}$

$$y(n) + 4y(n - 1) + 3y(n - 2) = 4x(n) - 8x(n - 1)$$

（4）$H(z) = \dfrac{Y(z)}{X(z)}$，可得

$$X(z) = \frac{Y(z)}{H(z)} = \frac{\dfrac{1}{1 - z^{-1}}}{\dfrac{4 - 8z^{-1}}{1 - 4z^{-1} + 3z^{-2}}} = \frac{3}{8} + \frac{\dfrac{15}{8}}{1 - 2z^{-1}} + \frac{-2}{1 - z^{-1}}$$

$$x(n) = \frac{3}{8}\delta(n) + \left[\frac{15}{8}2^n - 2\right]u(n)$$

12. 解：（1）令 $H(z) = \dfrac{Kz}{(z-1)(z+0.5)} = \dfrac{Kz^{-1}}{(1 - z^{-1})(1 + 0.5z^{-1})}$

由 $h(0) = \lim\limits_{z \to \infty} H(z) = 2$，得 $K = 2$，所以有

$$H(z) = \frac{2z^{-1}}{(1 - z^{-1})(1 + 0.5z^{-1})}$$

（2）$H(z) = \dfrac{2z^{-1}}{(1 - z^{-1})(1 + 0.5z^{-1})} = \dfrac{-\dfrac{4}{3}}{1 + 0.5z^{-1}} + \dfrac{\dfrac{4}{3}}{1 - z^{-1}}$

$$h(n) = \left[-\frac{4}{3} - (0.5)^n + \frac{4}{3}\right]u(n)$$

（3）$H(z) = \dfrac{Y(z)}{X(z)} = \dfrac{2z^{-1}}{1 - 0.5z^{-1} - 0.5z^{-2}}$

$$y(n) - 0.5y(n-1) - 0.5y(n-2) = 2x(n-1)$$

（4）$H(z) = \dfrac{Y(z)}{X(z)}$，可得

$$X(z) = \frac{Y(z)}{H(z)} = \frac{\dfrac{1}{1 - 0.5z^{-1}}}{\dfrac{2z^{-1}}{(1 - z^{-1})(1 + 0.5z^{-1})}} = 0.5 - \frac{0.5}{1 - 0.5z^{-1}} + \frac{0.5}{1 - z^{-1}}$$

$$x(n) = 0.5\delta(n) + \left[0.5 - (0.5)^{n+1}\right]u(n)$$

13. 解：（1）$H(z) = \dfrac{z(z+2)}{8\left[\left(z - \dfrac{1}{8} + \mathrm{j}\dfrac{\sqrt{17}}{8}\right)\left(z - \dfrac{1}{8} - \mathrm{j}\dfrac{\sqrt{17}}{8}\right)\right]}$

极点 $z_{1,2} = \dfrac{1}{8} \pm \mathrm{j}\dfrac{\sqrt{17}}{8}$

因果系统的系统函数 $H(z)$ 的极点都在单位圆内，所以系统稳定。

（2）$H(z) = \dfrac{8(z - z - 1)}{2\left(z + \dfrac{1}{2}\right)(z + 2)}$

极点 $z_1 = -\dfrac{1}{2}$，$z_2 = -2$

因果系统的系统函数 $H(z)$ 的极点 $z_2 = -2$ 在单位圆外，所以系统不稳定。

（3）$H(z) = \dfrac{2(z-2)}{2\left(z - \dfrac{1}{2}\right)(z+1)}$

极点 $z_1 = \dfrac{1}{2}$，$z_2 = -1$

因果系统的系统函数 $H(z)$ 的极点 $z_2 = -1$ 在单位圆上，所以系统不稳定。

（4）$H(z) = \dfrac{z(z+1)}{8\left[\left(z - \dfrac{1}{2} + j\dfrac{\sqrt{3}}{2}\right)\left(z - \dfrac{1}{2} - j\dfrac{\sqrt{3}}{2}\right)\right]}$

极点 $z_{1,2} = \dfrac{1}{2} \pm j\dfrac{\sqrt{3}}{2}$

因果系统的系统函数 $H(z)$ 的极点都在单位圆内，所以系统稳定。

14. 解：$H(z) = \dfrac{0.95z}{(z-0.5)(z-10)}$，$H(z)z^{n-1} = \dfrac{0.95z^n}{(z-0.5)(z-10)}$

$|z| > 10$ 时，右边序列

当 $n \geq 0$ 时，$C$ 内有一阶极点 $z=0.5$ 和 $z=10$，所以有

$$h(n) = \dfrac{0.95z^n}{z-10}\Big|_{z=0.5} + \dfrac{0.95z^n}{z-0.5}\Big|_{z=10} = -0.1 \times (0.5) + 0.1 \times 10^n$$

$$h(n) = \left[-0.1 \times (0.5) + 0.1 \times 10^n\right]u(n)$$

显然系统是因果系统，极点 $z=10$ 不满足因果系统稳定的充分必要条件，系统不稳定。

$0.5 < |z| < 10$ 时，双边序列

当 $n \geq 0$ 时，$C$ 内有一阶极点 $z=0.5$，所以有

$$h(n) = \dfrac{0.95z^n}{z-10}\Big|_{z=0.5} = -0.1 \times (0.5)^n$$

当 $n < 0$ 时，$C$ 外有一阶极点 $z=10$，所以有

$$h(n) = -\dfrac{0.95z^n}{z-0.5}\Big|_{z=10} = -0.1 \times 10^n$$

$$h(n) = -0.1 \times (0.5)u(n) - 0.1 \times 10^n u(-n-1)$$

显然系统是非因果系统，系统的收敛域包含单位圆，系统稳定。

15. 解：（1）$H(z) = \dfrac{1}{2(z-0.5)(z-2)}$

极点为 $z = \dfrac{1}{2}$ 和 $z=2$

（2）①系统是因果的，$H(z)$ 收敛域 $|z| > 2$；②系统是逆因果的，$H(z)$ 收敛域 $|z| < \dfrac{1}{2}$；③系统是稳定的，$H(z)$ 收敛域 $\dfrac{1}{2} < |z| < 2$。

（3）$H(z)z^{n-1} = \dfrac{z^{n-1}}{2(z-0.5)(z-2)}$

①$|z| > 2$，右边序列

当 $n \geq 1$ 时，$X(z)z^{n-1}$ 在 $C$ 内有一阶极点 $z = \dfrac{1}{2}$ 和 $z=2$，所以有

$$h(n) = \dfrac{z^{n-1}}{z-2}\Big|_{z=\frac{1}{2}} + \dfrac{z^{n-1}}{z-\dfrac{1}{2}}\Big|_{z=2} = -\dfrac{2}{3}\left(\dfrac{1}{2}\right)^{n-1} + \dfrac{1}{3}2^{n-1}$$

当 $n=0$ 时，$X(z)z^{n-1}$ 在 $C$ 内有一阶极点 $z=\dfrac{1}{2}$、$z=2$ 和 $z=0$，所以有

$$h(n)=\frac{1}{2(z-0.5)(z-2)}\Big|_{z=0}+\frac{1}{2z(z-2)}\Big|_{z=0.5}+\frac{1}{2z(z-0.5)}\Big|_{z=2}$$

$$=\frac{1}{2}-\frac{2}{3}+\frac{1}{6}=0$$

$$h(n)=\Big[-\frac{2}{3}\Big(\frac{1}{2}\Big)^{n-1}+\frac{1}{3}2^{n-1}\Big]u(n-1)$$

② $|z|<\dfrac{1}{2}$，左边序列

当 $n<0$ 时，$X(z)z^{n-1}$ 在 $C$ 外有一阶极点 $z=\dfrac{1}{2}$ 和 $z=2$，所以有

$$h(n)=-\Bigg[\frac{z^{n-1}}{z-2}\Big|_{z=\frac{1}{2}}+\frac{z^{n-1}}{z-\frac{1}{2}}\Big|_{z=2}\Bigg]=\frac{2}{3}\Big(\frac{1}{2}\Big)^{n-1}-\frac{1}{3}2^{n-1}$$

$$h(n)=\Big[\frac{2}{3}\Big(\frac{1}{2}\Big)^{n-1}-\frac{1}{3}2^{n-1}\Big]u(-n-1)$$

③ $\dfrac{1}{2}<|z|<2$，双边序列

当 $n\geqslant1$ 时，$X(z)z^{n-1}$ 在 $C$ 内有一阶极点 $z=\dfrac{1}{2}$，所以有

$$h(n)=\frac{z^{n-1}}{z-2}\Big|_{z=\frac{1}{2}}=-\frac{2}{3}\Big(\frac{1}{2}\Big)^{n-1}$$

当 $n=0$ 时，$X(z)z^{n-1}$ 在 $C$ 内有一阶极点 $z=\dfrac{1}{2}$ 和 $z=0$，所以有

$$h(n)=\frac{1}{2(z-0.5)(z-2)}\Big|_{z=0}+\frac{1}{2z(z-2)}\Big|_{z=0.5}$$

$$=\frac{1}{2}-\frac{2}{3}=-\frac{1}{6}$$

当 $n<0$ 时，$X(z)z^{n-1}$ 在 $C$ 外有一阶极点 $z=2$，所以有

$$h(n)=-\Bigg[\frac{z^{n-1}}{z-\frac{1}{2}}\Big|_{z=2}\Bigg]=-\frac{1}{3}2^{n-1}$$

$$h(n)=-\frac{2}{3}\Big(\frac{1}{2}\Big)^{n-1}u(n-1)-\frac{1}{6}\delta(n)-\frac{1}{3}2^{n-1}u(-n-1)$$

16. 解：对差分方程求 Z 变换，可得

$$Y(z)+\frac{1}{5}z^{-1}Y(z)-\frac{6}{25}z^{-2}Y(z)=X(z)+z^{-1}X(z)$$

$$H(z)=\frac{Y(z)}{X(z)}=\frac{1+z^{-1}}{1+\frac{1}{5}z^{-1}-\frac{6}{25}z^{-2}}=\frac{z(z+1)}{\Big(z-\frac{2}{5}\Big)\Big(z+\frac{3}{5}\Big)}$$

极点 $z_1 = \frac{2}{5}$，$z_2 = -\frac{3}{5}$；零点 $z_1 = 0$，$z_2 = 1$

$$H(z) = \frac{1 + z^{-1}}{1 + \frac{1}{5}z^{-1} - \frac{6}{25}z^{-2}} = \frac{\frac{7}{5}}{1 - \frac{2}{5}z^{-1}} - \frac{\frac{2}{5}}{1 + \frac{3}{5}z^{-1}}$$

所以 $h(n) = \left[\frac{7}{5}\left(\frac{2}{5}\right)^n - \frac{2}{5}\left(-\frac{3}{5}\right)^n\right]u(n)$

17. 解：（1）对差分方程求 Z 变换，可得

$$Y(z) - 6z^{-1}Y(z) = X(z)$$

$$H(z) = \frac{Y(z)}{X(z)} = \frac{1}{3 - 6z^{-1}} = \frac{\frac{1}{3}}{1 - 2z^{-1}}$$

所以 $h(n) = \frac{1}{3}2^n u(n)$

$$H(e^{j\omega}) = H(z)\big|_{z=e^{j\omega}} = \frac{\frac{1}{3}}{1 - 2e^{-j\omega}}$$

（2）对差分方程求 Z 变换，可得

$$Y(z) = X(z) - 6z^{-1}X(z) - 8z^{-2}X(z) + 2z^{-3}X(z)$$

$$H(z) = \frac{Y(z)}{X(z)} = 1 - 6z^{-1} - 8z^{-2} + 2z^{-3}$$

所以 $h(n) = \delta(n) - 6\delta(n-1) - 8\delta(n-2) + 2\delta(n-3)$

$$H(e^{j\omega}) = H(z)\big|_{z=e^{j\omega}} = 1 - 6e^{-j\omega} - 8e^{-j2\omega} + 2e^{-j3\omega}$$

（3）对差分方程求 Z 变换，可得

$$Y(z) - \frac{1}{2}z^{-1}Y(z) = X(z)$$

$$H(z) = \frac{Y(z)}{X(z)} = \frac{1}{1 - \frac{1}{2}z^{-1}}$$

所以 $h(n) = \left(\frac{1}{2}\right)^n u(n)$

$$H(e^{j\omega}) = H(z)\big|_{z=e^{j\omega}} = \frac{1}{1 - \frac{1}{2}e^{-j\omega}}$$

（4）对差分方程求 Z 变换，可得

$$Y(z) - 3z^{-1}Y(z) + 3z^{-2}Y(z) - z^{-3}Y(z) = X(z)$$

$$H(z) = \frac{Y(z)}{X(z)} = \frac{1}{1 - 3z^{-1} + 3z^{-2} - z^{-3}}$$

由长除法，可得

$$1 - 3z^{-1} + 3z^{-2} - z^{-3} \sqrt{\begin{array}{l} 1 + 3z^{-1} + 6z^{-2} + 10z^{-3} \cdots \\ \hline 1 \\ 1 - 3z^{-1} + 3z^{-2} - z^{-3} \\ \quad 3z^{-1} - 9z^{-2} + 9z^{-3} - 3z^{-4} \\ \quad\quad 6z^{-2} - 18z^{-3} + 18z^{-4} - 6z^{-5} \\ \quad\quad\quad 10z^{-3} - 30z^{-4} + 30z^{-5} - 10z^{-6} \\ \quad\quad\quad\quad \cdots \end{array}}$$

所以 $h(n) = \dfrac{n(n+1)}{2} u(n)$

$$H(e^{j\omega}) = H(z) \big|_{z = e^{j\omega}} = \frac{1}{1 - 3e^{-j\omega} + 3e^{-j2\omega} - e^{-j3\omega}}$$

（5）对差分方程求 Z 变换，可得

$$Y(z) - \frac{3}{5}z^{-1}Y(z) - \frac{4}{25}z^{-2}Y(z) = 2X(z) + z^{-1}X(z)$$

$$H(z) = \frac{Y(z)}{X(z)} = \frac{2 + z^{-1}}{1 - \dfrac{3}{5}z^{-1} - \dfrac{4}{25}z^{-2}} = \frac{-\dfrac{3}{5}}{1 + \dfrac{1}{5}z^{-1}} + \frac{\dfrac{13}{5}}{1 - \dfrac{4}{5}z^{-1}}$$

所以 $h(n) = -\dfrac{3}{5}\left(-\dfrac{1}{5}\right)^n + \dfrac{13}{5}\left(\dfrac{4}{5}\right)^n u(n)$

$$H(e^{j\omega}) = H(z) \big|_{z = e^{j\omega}} = \frac{2 + e^{-j\omega}}{1 - \dfrac{3}{5}e^{-j\omega} - \dfrac{4}{25}e^{-j2\omega}}$$

（6）对差分方程求 Z 变换，可得

$$Y(z) - 5z^{-1}Y(z) + 6z^{-2}Y(z) = X(z) - 3z^{-2}X(z)$$

$$H(z) = \frac{Y(z)}{X(z)} = \frac{1 - 3z^{-2}}{1 - 5z^{-1} + 6z^{-2}} = -\frac{1}{2} + \frac{-\dfrac{1}{2}}{1 - 2z^{-1}} + \frac{2}{1 - 3z^{-1}}$$

所以 $h(n) = -\dfrac{1}{2}\delta(n) + \left[-\dfrac{1}{2}2^n + 2 \times 3^n\right]u(n)$

18. 解：（1）对差分方程求 Z 变换，可得

$$Y(z) - \frac{\sqrt{2}}{2}z^{-1}Y(z) + \frac{1}{4}z^{-2}Y(z) = X(z) - z^{-1}X(z)$$

$$H(z) = \frac{Y(z)}{X(z)} = \frac{1 - z^{-1}}{1 - \dfrac{\sqrt{2}}{2}z^{-1} + \dfrac{1}{4}z^{-2}}$$

$$H(e^{j\omega}) = H(z) \big|_{z = e^{j\omega}} = \frac{1 - e^{-j\omega}}{1 - \dfrac{\sqrt{2}}{2}e^{-j\omega} + \dfrac{1}{4}e^{-j2\omega}}$$

（2）$x(n) = (-1)^n = (\cos\pi)^n = \cos n\pi$

对于 $x(n) = \cos n\pi$，相当于 $\omega = \pi$，所以有

$$H(e^{j\pi}) = \frac{1 - 2e^{-j\pi}}{1 + 0.5e^{-j\pi}} = 6$$

$$y_{ss}(n) = 6\cos(n\pi)$$

(3) $x(n) = (-1)^n u(n)$，$X(z) = \dfrac{1}{1 + z^{-1}}$

$$Y(z) = X(z)H(z) = \frac{1}{1 + z^{-1}} \frac{1 - z^{-1}}{1 - \frac{\sqrt{2}}{2}z^{-1} + \frac{1}{4}z^{-2}}$$

$$= \frac{8}{5 + \sqrt{2}} \frac{1}{1 + z^{-1}} + \frac{1 - \sqrt{2}(1 + j)}{1 + 2\sqrt{2} - j} \frac{1}{1 - \frac{\sqrt{2}}{4}(1 - j)z^{-1}} + \frac{1 - \sqrt{2}(1 - j)}{1 + 2\sqrt{2} - j} \frac{1}{1 - \frac{\sqrt{2}}{4}(1 + j)z^{-1}}$$

$$y(n) = \left\{ \frac{8}{5 + \sqrt{2}}(-1)^n + \frac{1 - \sqrt{2}(1 + j)}{1 + 2\sqrt{2} - j}\left[\frac{\sqrt{2}}{4}(1 - j)\right]^n + \frac{1 - \sqrt{2}(1 - j)}{1 + 2\sqrt{2} - j}\left[\frac{\sqrt{2}}{4}(1 + j)\right]^n \right\} u(n)$$

19. 解：(1) $H(z) = \dfrac{z - a^{-1}}{z - a}$

极点 $z = a$，零点 $z = a^{-1}$，收敛域 $|z| \neq a$

因果系统稳定，则 $|a| < 1$，因而 $0 < a < 1$ 能使系统稳定。

(2) $H(e^{j\omega}) = H(z)\big|_{z = e^{j\omega}} = \dfrac{1 - a^{-1}e^{-j\omega}}{1 - ae^{-j\omega}}$

$$|H(e^{j\omega})| = \frac{1}{a}$$

所以系统稳定。

20. 解：(1) 对差分方程求 Z 变换，可得

$$Y(z) - \frac{1}{2}z^{-1}Y(z) - z^{-2}Y(z) = z^{-1}X(z)$$

$$H(z) = \frac{Y(z)}{X(z)} = \frac{z^{-1}}{1 - z^{-1} - z^{-2}}$$

$$H(z) = \frac{z}{\left(z - \frac{1}{2} + \frac{\sqrt{5}}{2}\right)\left(z - \frac{1}{2} - \frac{\sqrt{5}}{2}\right)}$$

极点 $z_{1,2} = \dfrac{1}{2} \pm \dfrac{\sqrt{5}}{2}$，零点 $z = 0$，收敛域 $|z| > \dfrac{1}{2} + \dfrac{\sqrt{5}}{2}$

(2) $H(z) = \dfrac{z^{-1}}{1 - z^{-1} - z^{-2}} = \dfrac{\frac{\sqrt{5}}{5}}{1 - \left(\frac{1}{2} + \frac{\sqrt{5}}{2}\right)z^{-1}} - \dfrac{\frac{\sqrt{5}}{5}}{1 - \left(\frac{1}{2} - \frac{\sqrt{5}}{2}\right)z^{-1}}$

$$h(n) = \left[\frac{\sqrt{5}}{5}\left(\frac{1}{2} + \frac{\sqrt{5}}{2}\right)^n - \frac{\sqrt{5}}{5}\left(\frac{1}{2} - \frac{\sqrt{5}}{2}\right)^n\right] u(n)$$

（3）因果系统的极点不全在单位圆内，系统不稳定。收敛域为 $-\frac{1}{2}+\frac{\sqrt{5}}{2}<|z|<\frac{1}{2}+\frac{\sqrt{5}}{2}$ 时，系统稳定但非因果。

$$h(n)=-\frac{\sqrt{5}}{5}\left(\frac{1}{2}-\frac{\sqrt{5}}{2}\right)^n u(n)-\frac{\sqrt{5}}{5}\left(\frac{1}{2}+\frac{\sqrt{5}}{2}\right)^n u(-n-1)$$

21. 解：对差分方程求 Z 变换，可得

$$Y(z)-\frac{5}{2}z^{-1}Y(z)+z^{-2}Y(z)=X(z)$$

$$H(z)=\frac{Y(z)}{X(z)}=\frac{1}{1-\frac{5}{2}z^{-1}+z^{-2}}$$

$$H(z)=\frac{z^2}{z^2-\frac{5}{2}z+1}=\frac{z^2}{\left(z-\frac{1}{2}\right)(z-2)}$$

极点 $z_1=\frac{1}{2}$，$z_2=2$，零点 $z_{1,2}=0$

（1）当 $\frac{1}{2}<|z|<2$ 时，系统稳定。当 $|z|>2$ 时，系统为因果系统。

（2）$H(z)=\dfrac{-\frac{1}{3}}{1-\frac{1}{2}z^{-1}}+\dfrac{\frac{4}{3}}{1-2z^{-1}}$

当 $|z|<\frac{1}{2}$ 时，$h(n)=\left[\frac{1}{3}\left(\frac{1}{2}\right)^n-\frac{4}{3}2^n\right]u(-n-1)$

当 $\frac{1}{2}<|z|<2$ 时，$h(n)=-\frac{1}{3}\left(\frac{1}{2}\right)^n u(n)-\frac{4}{3}2^n u(-n-1)$

当 $|z|>2$ 时，$h(n)=\left[-\frac{1}{3}\left(\frac{1}{2}\right)^n+\frac{4}{3}2^n\right]u(n)$

验证：

当 $|z|<\frac{1}{2}$ 时，$H(z)=\sum_{n=-\infty}^{\infty}h(n)z^{-n}=\sum_{n=-\infty}^{-1}\left[\frac{1}{3}\left(\frac{1}{2}\right)^n-\frac{4}{3}2^n\right]z^{-n}=\frac{z^2}{z^2-\frac{5}{2}z+1}$

当 $\frac{1}{2}<|z|<2$ 时，$H(z)=\sum_{n=-\infty}^{\infty}h(n)z^{-n}=\sum_{n=-\infty}^{-1}\left[-\frac{4}{3}2^n\right]z^{-n}+\sum_{n=0}^{\infty}\left[\frac{1}{3}\left(\frac{1}{2}\right)^n\right]z^{-n}$
$$=\frac{z^2}{z^2-\frac{5}{2}z+1}$$

当 $|z|>2$ 时，$H(z)=\sum_{n=-\infty}^{\infty}h(n)z^{-n}=\sum_{n=0}^{\infty}\left[-\frac{1}{3}\left(\frac{1}{2}\right)^n+\frac{4}{3}2^n\right]z^{-n}=\frac{z^2}{z^2-\frac{5}{2}z+1}$

22. 解：对差分方程求 Z 变换，可得

$$Y(z) - \frac{10}{3}z^{-1}Y(z) + z^{-2}Y(z) = X(z)$$

$$H(z) = \frac{Y(z)}{X(z)} = \frac{1}{1 - \frac{10}{3}z^{-1} + z^{-2}}$$

$$H(z) = \frac{z^2}{\left(z - \frac{1}{3}\right)(z - 3)}$$

极点 $z_1 = \frac{1}{3}$，$z_2 = 3$；零点 $z_{1,2} = 0$

系统稳定，收敛域 $\frac{1}{3} < |z| < 3$

$$H(z) = \frac{-\dfrac{1}{8}}{1 - \dfrac{1}{3}z^{-1}} + \frac{\dfrac{9}{8}}{1 - 3z^{-1}}$$

所以 $h(n) = -\dfrac{1}{8}\left(\dfrac{1}{3}\right)^n u(n) - \dfrac{9}{8}3^n u(-n-1)$

23. 解：（1）对差分方程求 Z 变换，可得

$$Y(z) - 2r\cos\theta z^{-1}Y(z) + r^2 z^{-2}Y(z) = X(z)$$

$$H(z) = \frac{Y(z)}{X(z)} = \frac{1}{1 - 2\cos\theta z^{-1} + r^2 z^{-2}}$$

$$H(z) = \frac{z^2}{[z - r(\cos\theta + \mathrm{j}\sin\theta)][z - r(\cos\theta - \mathrm{j}\sin\theta)]}$$

极点 $z_{1,2} = r(\cos\theta \pm \mathrm{j}\sin\theta)$，零点 $z_{1,2} = 0$

（2）$X_1(z) = \dfrac{1}{1 - az^{-1}}$

$$Y_1(z) = X_1(z)H(z) = \frac{1}{1 - az^{-1}}\frac{1}{1 - 2\cos\theta z^{-1} + r^2 z^{-2}}$$

$$= \frac{a^2}{a^2 - 2r\cos\theta a + r^2}\frac{1}{1 - az^{-1}} + \frac{r(\cos\theta + \mathrm{j}\sin\theta)}{\mathrm{j}2r\sin\theta[r(\cos\theta + \mathrm{j}\sin\theta) - a]}\frac{1}{1 - r(\cos\theta + \mathrm{j}\sin\theta)z^{-1}} -$$

$$\frac{r(\cos\theta - \mathrm{j}\sin\theta)}{\mathrm{j}2r\sin\theta[r(\cos\theta - \mathrm{j}\sin\theta) - a]}\frac{1}{1 - r(\cos\theta - \mathrm{j}\sin\theta)z^{-1}}$$

$$y_1(n) = \left\{\frac{a^2}{a^2 - 2r\cos\theta a + r^2}a^n + \frac{r(\cos\theta + \mathrm{j}\sin\theta)}{\mathrm{j}2r\sin\theta[r(\cos\theta + \mathrm{j}\sin\theta) - a]}[r(\cos\theta + \mathrm{j}\sin\theta)]^n -\right.$$

$$\left.\frac{r(\cos\theta - \mathrm{j}\sin\theta)}{\mathrm{j}2r\sin\theta[r(\cos\theta - \mathrm{j}\sin\theta) - a]}[r(\cos\theta - \mathrm{j}\sin\theta)]^n\right\}u(n)$$

# 参 考 文 献

[1] OPPENHEIM A V, WILLSKY A S, NAWAB S H. 信号与系统：第二版 英文版 [M]. 北京：电子工业出版社，2015.

[2] OPPENHEIM A V, WILLSKY A S, NAWAB S H. 信号与系统 [M]. 刘树棠，译. 2 版. 北京：电子工业出版社，2014.

[3] 郑君里，应启珩，杨为理. 信号与系统 [M]. 3 版. 北京：高等教育出版社，2011.

[4] 吴大正，等. 信号与线性系统分析 [M]. 5 版. 北京：高等教育出版社，2019.

[5] 陈后金，等. 信号与系统 [M]. 3 版. 北京：高等教育出版社，2017.

[6] 管致中，等. 信号与系统 [M]. 6 版. 北京：高等教育出版社，2016.

[7] 解培中，周波. 信号与系统分析 [M]. 2 版. 北京：人民邮电出版社，2020.

[8] 沈元隆，周井泉. 信号与系统 [M]. 2 版. 北京：人民邮电出版社，2009.

[9] 徐守时，谭勇，郭武. 信号与系统：理论、方法和应用 [M]. 3 版. 合肥：中国科学技术大学出版社，2018.

[10] 谭鸽伟，冯桂，黄公彝，等. 信号与系统：基于 MATLAB 的方法 [M]. 北京：清华大学出版社，2018.

[11] 杨晓非，何丰. 信号与系统 [M]. 2 版. 北京：科学出版社，2020.

[12] 孟繁杰，郭宝龙，张玲霞，等. 新时代"信号与系统"课程教学探索 [J]. 电气电子教学学报，2020，42（3）：38-40.

[13] 张弨，任帅，胡欣. 对"信号与系统"课程双语教学的启发 [J]. 电气电子教学学报，2020，42（2）：32-35.

[14] 冯英翘，宋超，黄晓红，等. 面向专业应用型人才培养的信号与系统课程改革 [J]. 华北理工大学学报（社会科学版），2020，20（2）：85-88；126.

[15] 张艳萍，常建华. 信号与系统：MATLAB 实现 [M]. 北京：清华大学出版社，2019.

[16] 尹霄丽，张健明. MATLAB 在信号与系统中的应用 [M]. 北京：清华大学出版社，2015.

[17] 高西全，丁玉美. 数字信号处理 [M]. 4 版. 西安：西安电子科技大学出版社，2016.

[18] 李静，翟亚芳. 信号与系统 [M]. 成都：电子科技大学出版社，2016.

[19] 高西全，丁玉美，阔永红. 数字信号处理：原理、实现及应用 [M]. 3 版. 北京：电子工业出版社，2016.

[20] 孙晓艳，王稚慧，等. 数字信号处理及其 MATLAB 实现：慕课版 [M]. 北京：电子工业出版社，2018.

[21] 李静，翟亚芳. 信号与系统 [M]. 成都：电子科技大学出版社，2016.

[22] 陆文骏. 无人机无线数据链路校准设备的设计与实现 [J]. 皖西学院学报，2020，36（2）：80-86.

[23] 李从利，易维宁. 数字图像处理：理论、算法及实现 [M]. 合肥：安徽人民出版社，2012.